高等职业教育“十四五”规划教材



# 土壤污染修复技术

杨光梅　马爱军　何任红　朱晓彦　编著

中国农业大学出版社
·北京·

## 内 容 简 介

本教材共分9章，内容包括土壤污染修复概论、土壤污染调查、污染物土壤环境行为、土壤污染风险评估、污染土壤物理修复技术、污染土壤化学修复技术、污染土壤微生物修复技术、污染土壤植物修复技术、污染土壤修复项目实施与管理。教材一方面从污染土壤修复的整个过程出发，对污染土壤的采样分析、风险评估和修复管理等环节所采取的具体方法进行了系统阐述；另一方面从理论联系实践的角度，针对不同的目标污染物和不同的修复方法分别给予理论指导和应用案例启示。

本教材适合作为高等职业院校农业类、环境保护类等专业学生的课程教材，也适合作为土壤污染修复相关从业人员、研究人员的参考书。

**图书在版编目（CIP）数据**

土壤污染修复技术/杨光梅等编著. --北京：中国农业大学出版社，2023.11（2025.4重印）
ISBN 978-7-5655-3115-6

Ⅰ. ①土…　Ⅱ. ①杨…　Ⅲ. ①土壤污染-修复-高等职业教育-教材　Ⅳ. ①X53

中国国家版本馆CIP数据核字（2023）第232917号

**书　名**　土壤污染修复技术
**作　者**　杨光梅　马爱军　何任红　朱晓彦　编著

**策划编辑**　张　玉　　**责任编辑**　郭建鑫
**封面设计**　中通世奥图文设计中心
**出版发行**　中国农业大学出版社
**社　址**　北京市海淀区圆明园西路2号　　**邮政编码**　100193
**电　话**　发行部 010-62733489，1190　　读者服务部 010-62732336
编辑部 010-62732617，2618　　出　版　部 010-62733440
**网　址**　http://www.caupress.cn　　**E-mail** cbsszs@cau.edu.cn
**经　销**　新华书店
**印　刷**　运河（唐山）印务有限公司
**版　次**　2024年5月第1版　2025年4月第2次印刷
**规　格**　185 mm×260 mm　16开本　15.25印张　381千字
**定　价**　46.00元

# 前　言

《土壤污染防治行动计划》（简称“土十条”）于 2016 年 5 月由国务院印发并实施。《中华人民共和国土壤污染防治法》由第十三届全国人大常委会第五次会议于 2018 年 8 月 31 日通过，自 2019 年 1 月 1 日起施行。这一系列政策、法律的出台，体现了我国对土壤污染防治工作的高度重视，从控制土壤污染、加强保护到修复和利用，对土壤环境的保护正成为美丽中国建设的重要支撑。党的二十大报告指出“深入推进环境污染防治”“持续深入打好蓝天、碧水、净土保卫战”。我国深刻认识到蓝天、碧水、净土保卫战的复杂性、艰巨性和长期性，并稳妥地提出了基本消除重污染天气、基本消除城市黑臭水体、加强土壤污染源头防控的战略目标。

土壤是人类赖以生存的最重要的自然资源，土壤安全是保障粮食安全、生态环境安全和人居安全，乃至经济社会发展的重要基础。各种污染物可以通过大气的干沉降、湿沉降以及污水灌溉、废弃物的填埋等途径进入土壤。进入土壤中的污染物可以发生一系列物理、化学、生物的转化等，这些污染物通过地表径流污染地表水，甚至下渗影响地下水的安全。与此同时，土壤中的污染物可以通过挥发作用进入大气，还可以通过土壤-植物系统进入农产品，影响农产品质量安全。土壤中的污染物，特别是挥发性的有机污染物，能够通过挥发作用进入建筑物室内，影响人居安全。因此土壤污染可以对大气环境、水环境产生次生污染，也可以影响生态环境安全、粮食安全和人居安全。近年来，我国一些地方的农田、场地土壤污染危害事件暴露出我国土壤污染防控形势依然严峻。

针对日趋严重的土壤污染问题，国内外形成了一系列修复理论、方法、技术和工程管理等相对独立的体系。随着土壤环境健康等民生问题的日趋突出，土壤污染修复研究内容也在不断丰富和完善，土壤修复的研究越来越得到重视，并获得了重要进展。目前，重金属、持久性有机污染物、农药和石油等污染土壤的修复是当今国内外土壤修复的研究重点，物理修复、化学修复、微生物修复、植物修复、自然衰减修复以及生态工程修复等都是重要的技术手段，因此，本书主要针对以上这些内容进行系统的阐述，以期为读者提供条理清晰的理论和技术指导。

本书共分9章，即第一章土壤污染修复概论、第二章土壤污染调查、第三章土壤中污染物的环境行为、第四章土壤污染风险评估、第五章污染土壤物理修复技术、第六章污染土壤化学修复技术、第七章污染土壤微生物修复技术、第八章污染土壤植物修复技术、第九章污染土壤修复项目实施与管理。本书一方面从污染土壤修复的整个过程出发，对污染土壤的采样分析、风险评估和修复管理等环节所采取的具体方法进行了系统阐述；另一方面从理论联系实践的角度，针对不同的目标污染物（重金属、持久性有机物等）和不同的修复方法（物理化学修复、微生物修复、植物修复等）分别给予理论指导和应用案例启示。

本书由杨光梅、马爱军、何任红、朱晓彦共同编著，由郭正兵担任主审。在本书成书过程中，得到了生态环境部南京环境科学研究所林玉锁研究员、中国科学院南京土壤研究所滕应研究员的热情帮助和支持，在此一并表示衷心的感谢。

由于编者水平有限，加之编写时间仓促，书中错误和疏漏之处在所难免，敬请广大读者批评指正！

编　者

2024年3月

# 目　　录

# 第一章　土壤污染修复概论

## 第一节　土壤及其功能

### 一、土壤和土壤圈

土壤是自然环境的重要组成部分，它与大气、水、岩石和生物共同形成自然界五大圈层（图 1-1）。覆盖于地球陆地表面和浅水域底部的土壤所形成的连续体称为土壤圈，因为土壤圈处于地球圈层物质交换的中心位置，所以土壤圈在维持陆地表层系统的结构和功能方面起到主要作用。

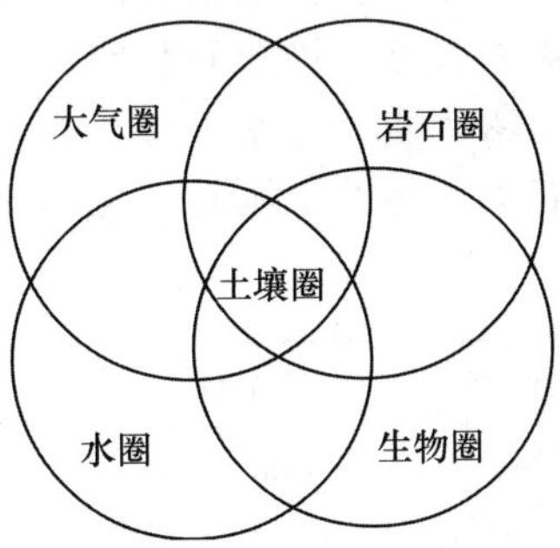


图 1-1　自然界五大圈层

不同学科背景的科研人员对土壤有着不一样的观点和认识。例如，地质学家和工程师认为，土壤是建筑物的基础和工程材料的来源；水文学家则将土壤作为影响集水区水量平衡的储水库；生态学家认为土壤是地球系统中生物多样性最丰富、能量交换和物质循环最活跃的生态要素；农业科学家则关注土壤影响作物生长和农畜健康的多种方式；环境科学家认为，土壤是陆地表层系统中的环境要素，是具有吸附、消减环境污染物功能的缓冲带和过滤器。随着现代科学技术的快速发展，人们对土壤的认知水平也在不断地深化与拓展，认为土壤是地球系统的组成部分，支持和调节生物圈中的生物过程，提供植物生长必要的条件；土壤影响大气圈的化学组成、水分和热量平衡；土壤影响水圈的化学组成、影响降水在陆地和水体的重新分配；土壤作为地球的皮肤，对岩石圈有一定的保护作用，而土壤的性质又受到岩石圈的影响。

因此，土壤具有下列特征：①具有生产力，含有植物生长必需的营养元素、水分等；②具有生命力，是生物多样性最丰富，能量交换、物质循环最活跃的地球表层；③具有环境净化力，是具有吸附、消减环境污染物功能的净化库；④具有环境要素支撑力，土壤作为一个开放系统，是支撑自然环境要素的中心环节。基于这些特征，土壤是历史自然体，是位于地球陆地表面的具有生命力、生产力的疏松且不均匀的聚积层，是地球系统的重要组成部分和调控环境质量的中心要素。

## 二、土壤的组成

土壤组成复杂，由固、液、气三相组成。固相物质包括岩石风化后的产物，即土壤矿物质、土壤中植物和动物残体的分解产物和再合成的物质，以及生活在土壤中的微生物。前者构成土壤的无机体，后两者构成土壤的有机体。固相物质的颗粒之间有大小不同的孔隙，孔隙间充满着土壤空气与土壤溶液。一般情况下，土壤固相物质与孔隙约占土壤总体积的一半，而土壤液相物质与气相物质之和约占一半。

### （一）土壤矿物质组成

土壤矿物质是由岩石经风化形成的，一般占土壤固体部分质量的95%～98%。矿物质直接影响土壤性质，又是植物矿质养分的主要来源，故同土壤肥力有密切关系。土壤矿物质可分为原生矿物和次生矿物两大类。

**1. 原生矿物**

原生矿物是原始成岩矿物，在风化过程中仅受到不同程度的机械破碎，矿物晶格、结构及化学成分没有发生变化。常见原生矿物有以下四大类：①硅酸盐类，包括长石、云母、辉石、角闪石、橄榄石和方解石等；②氧化物类，包括石英、髓石、赤铁矿、磁铁矿和钛铁矿等；③硫化物类，包括黄铁矿等；④磷酸盐类，包括氟磷灰石、氯磷灰石等。原生矿物构成了土壤的骨骼（砂粒和粉粒），为植物提供营养元素。

土壤矿质养分水平与营养元素的有效性和释放速率有关，即与矿物风化阶段和土壤成熟程度有关。年幼土壤易风化的原生矿物多，养分比年老的土壤丰富。表1-1列出了土壤原生

**表1-1　土壤原生矿物的稳定性和常量、微量元素组成**

| 原生矿物 | 稳定性 | 常量元素 | 微量元素 |
|---|---|---|---|
| 橄榄石 | 易风化↑ | Mg，Fe，Si | Ni，Co，Mn，Li，Zn，Cu，Mo |
| 角闪石 | | Mg，Fe，Ca，Al，Si | Ni，Co，Mn，Se，Li，V，Zn，Cu，Ga |
| 辉石 | | Ca，Mg，Fe，Al，Si | Ni，Co，Mn，Se，Li，V，Zn，Pb，Cu，Ga |
| 黑云母 | | K，Mg，Fe，Al，Si | Rb，Ba，Ni，Co，Se，Li，Mn，V，Zn |
| 中长石 | | Ca，Mg，Al，Si | Sr，Cu，Ga |
| 奥长石 | | Na，Ca，Al，Si | Cu，Ga |
| 钠长石 | | Na，Al，Si | Cu，Ga |
| 石榴石 | 较稳定 | Ca，Mg，Fe，Al，Si | Mn，Cr，Ga |
| 正长石 | | K，Al，Si | Rb，Ba，Sr，Cu，Ga |
| 白云母 | | K，Al，Si | F，Rb，Ba，Sr，Ga |
| 钛铁矿 | | Fe，Ti | Co，Ni，Cr，V |
| 磁铁矿 | | Fe | Zn，Co，Ni，Cr，V |
| 电气石 | | Ca，Mg，Fe，Al，Si | Li，F，Ga |
| 锆石 | | Zr，Si | Hf |
| 石英 | 极稳定↓ | Si | |

矿物的稳定性和常量、微量元素组成，可以看出，原生矿物可以提供10多种常量元素和20多种微量元素。

**2. 次生矿物**

土壤中次生矿物是岩石原生矿物风化过程中形成的新矿物。土壤颗粒中黏粒大多是次生矿物，是土壤胶体中最重要的组成部分。次生矿物包括次生层状硅酸盐类（如蒙脱石、高岭石等）、晶质和非晶质的含水氧化物类及少量简单盐类（如碳酸盐、重碳酸盐、硫酸盐等）。其中，层状硅酸盐类和含水氧化物类是构成土壤黏粒的主要成分，在土壤学上被称为次生黏粒矿物，是土壤矿物中最活跃的组分。次生黏粒矿物的种类和数量随土壤类型而异。

### （二）土壤有机质组成

土壤有机质（SOM）由土壤中组成和结构不均一、主要成分为C和N的一些有机化合物组成。土壤有机质的成分中既有化学结构单一的单糖或多糖，也有结构复杂的腐殖质类物质，既包括主要成分为纤维素、半纤维素的正在腐解的植物残体，也包括与土壤矿质颗粒和团聚体结合的植物残体降解产物、根系分泌物和菌丝体。土壤腐殖质是土壤有机质的主要组成部分，也是土壤中主要的有机胶体，对土壤特性、性质及在能量转化物质迁移过程中起着重要的作用。

土壤有机质是土壤固相部分的重要组成成分，是植物营养的主要来源之一，能促进植物的生长发育，改善土壤物理性质，促进土壤生物活动，促进土壤中营养元素的分解，提高土壤保肥性和缓冲性。它与土壤的结构性、通气性、渗透性和吸附性、缓冲性有密切的关系，是土壤肥力的基础。

### （三）土壤生物组成

土壤生物是土壤具有生命力的主要成分，在土壤形成和发育过程中起主导作用。同时，它也是净化土壤有机污染物的主力军。土壤生物是栖息在土壤中的生物体的总称，主要包括土壤微生物、土壤动物和高等植物根系。

**1. 土壤微生物**

土壤微生物是土壤中一切肉眼看不见或看不清楚的微小生物的总称，包括细菌、古菌、真菌、病毒和藻类。其个体微小，一般以微米或纳米来计算，通常1 g土壤中有几亿到几百亿个微生物，其种类和数量随成土环境及其土层深度的不同而变化。土壤微生物的长度可以小到1 μm，宽度可以达到0.2 μm，因此，它们大都生活在土壤颗粒周围的水膜中。它们可以是运动的或非运动的，球状的（圆形的）或棒状的，并且可以在有利的条件下在土壤中非常快速地繁殖，一个单细胞通过8～24 h可以生产两个子代生物体。因此，只要生活条件合适，特别是营养供应充足，微生物在土壤中的数量是巨大的。土壤微生物是土壤生物中最活跃的部分。

（1）细菌　土壤细菌是指栖于土壤中的微小单细胞原核生物，个体甚小（直径0.5～2 μm）。细菌可分为有芽孢细菌和无芽孢细菌两大类。按形状又可分为球菌、杆菌、弧菌与螺旋菌等。按营养方式可分为自养、兼性自养与异养细菌。按对空气中氧的需要程度，还可分为需氧菌、厌氧菌。细菌为土壤微生物中最多的一类。种类最多，数量极大。每克土壤可以含有几百万个到几亿个细菌，肥沃土壤中细菌含量更高。细菌代谢强、繁殖快，与土壤接触的表面积大，是土壤中最活跃的因素。

土壤细菌的影响因子包括土壤有机碳、土壤总氮、含水量和电导率等，其中土壤有机碳和土壤总氮对细菌有显著影响。因细菌可利用各种有机物为碳源和能源，富集土壤重金属或降解有机污染物，因而在污染土壤修复研究中备受关注。

（2）真菌　生活于土壤中呈菌丝状的单细胞或多细胞的异养性微生物，在土壤中的数量仅次于细菌，种类繁多，主要有藻菌纲、子囊菌纲、担子菌纲、半知菌纲。最适于在通气良好的酸性土壤中生存，表土层分布最多，营腐生、寄生或共生生活，可分解糖类、淀粉、纤维素、木质素、单宁等有机物，参与腐殖质的形成和分解，进行氨化作用和硝化作用，在酸性森林土壤的有机质转化中起重要作用。

有许多土壤真菌是重要的植物病原菌，另外，还有与植物共生的菌根菌，它们对植树造林起着重要作用。土壤真菌也参与动、植物残体的分解，成为土壤中氮、碳循环不可缺少的动力，特别是在植物有机体分解的早期阶段，真菌比细菌和放线菌更为活跃。

（3）放线菌　土壤放线菌是单细胞原核微生物，具有直径 0.5～0.8 μm、呈分枝状的菌丝。典型丝状放线菌主要属于链霉菌属（*Streptomyces*）和小单孢菌属（*Micromonospora*）。放线菌除极少数是寄生型外，均属需氧异养型，能够广泛利用纤维素、半纤维素、蛋白质、木质素等含碳和含氮的化合物。最适 pH 6.8～7.5，最适温度 25～30 ℃。农田土壤中检出的放线菌主要是链霉菌属。

（4）藻类　土壤中的藻类大都是单细胞生物，也有多细胞丝状体，直径 3～50 μm，喜湿，多栖居于土壤表面或表土层中，数量较菌类少。土壤中常见的有绿藻、蓝藻和硅藻。蓝藻中有的种类能固定空气中的氮素。

**2. 土壤动物**

土壤动物是土壤中和落叶下生存着的各种动物的总称，是生态系统物质循环中的重要消费者，一方面积极同化各种有用的物质以保持自我繁殖；另一方面又将其排泄产物归还到土壤中改善土壤环境。

（1）土壤原生动物　原生动物是一类单细胞动物，结构简单，数量多，分布广，形态差异大，大小由几微米到 1 cm 以上。可以无性繁殖，也可有性繁殖。在不良条件下形成孢囊，抵御不良环境因子。各类土壤中都有原生动物，不同地区和不同类型的土壤中原生动物的种类和数量有差异。土壤中原生动物的总数一般为 $10^4$～$10^5$ 个/g，表土中数量最多，下层土壤中很少。原生动物在土壤中的作用包括：调节细菌数量；促进土壤的生物活性；参与土壤植物残体的分解，促进营养元素的转化。

（2）土壤后生动物

①线虫　线虫又称圆虫、丝线虫或发状虫，是土壤中广泛存在的原体腔动物中的一个重要类群。植食性线虫以细菌、单细胞藻类、真菌、植物根及腐败有机物为食，肉食性线虫以原生动物、轮虫及其他线虫为食，可寄生在植物、动物的各种器官中。土壤线虫体形很小，最小的体长只有 2 mm，线虫一般生活在土壤的大孔隙中。寄生线虫较大。

线虫是土壤后生动物中数量最多的种类，每平方米可达几百万个，大多数寄生于高等植物和动物体上，常常引起多种植物根部的线虫病。食真菌线虫在取食真菌原生质体过程中，可将空菌丝细胞壁中的养分释放出来。线虫影响秸秆分解和养分释放的方式主要有：(a) 机械破碎作用，适度取食刺激微生物活动，传播真菌；(b) 选择性取食，改变微生物群体的组成。

②螨虫　螨虫是节肢动物门蛛形纲蜱螨目动物。螨虫的特征是体形小，通常只有0.5～2.0 mm，圆形或椭圆形，全身不分节，头胸部和腹部相互愈合。地球上现存的螨类可能有50万种之多。陆地上的螨类以栖息于土壤中的最多。土壤螨类的食性与蚯蚓一样，也是分解植物残体的重要成员，对土壤腐殖质化及土壤物质、能量的转化起着重要作用。

螨类是很好的土壤指示动物，土壤污染常常可以通过螨类的变化表现出来，如受铜、锌、汞污染的土壤中螨类数量明显减少。其中，甲螨是土壤螨类中最主要的类群，数量大、分布广，对环境变化十分敏感，是指示环境变化的合适物种。

③蚯蚓　蚯蚓是温带土壤中生物量最大的无脊椎动物，每天通过其肠道的土壤可达其体重的3～20倍。蚯蚓取食富含有机物的土壤颗粒，通过挖掘和排泄活动，将有机物质运往下层土壤，而蚯蚓排泄物中无机氮的浓度远远高于周围土壤。通过蚯蚓肠道后有机物残体破碎度增大，影响微生物活性。蚯蚓粪中有机碳和全氮含量一般高于周围土壤，这种富集作用增加了土壤有机质的空间变异性。蚯蚓是食腐者，但同时它们也取食相当数量的真菌及真菌代谢物。

### （四）土壤溶液物质组成

土壤溶液是土壤水分及其所含溶质和悬浮物质的总称。其溶质包括各种可溶性盐和营养物质，以及可溶性污染物质，这些物质大体有无机胶体如铁铝氧化物等；无机盐类如碳酸盐、重碳酸盐、硫酸盐、氯化物、硝酸盐、磷酸盐等；有机化合物类如腐殖酸、有机酸、碳水化合物、蛋白质等。土壤水分是土壤的重要组成部分，是土壤的“血液”。主要来自降水和灌溉以及接近地面2～3 m的地下水，它既是植物养分的主要来源，也是进入土壤的污染物向其他环境圈层迁移的介体。不同土壤持水能力不同，沙土水分容易流失，黏土水分不容易流失。

土壤溶液是物质转化与运输的载体。第一，土壤溶液是大多数土壤化学反应和土壤形成过程发生的场所，是土壤与环境间物质交换的载体，是物质迁移与运动的基础。第二，土壤溶液是植物根系获取养分的源泉。植物根系直接从土壤溶液中吸收营养物质，是养分循环的开端。土壤溶液中养分不断向根系转移，这使土壤溶液的组成发生变化，土壤固相养分不断释放补充到土壤溶液中，实现养分的动态平衡。

影响土壤溶液的组成和含量的因素较多，包括成土母质、气候、地下水、降水、灌溉、施肥、农药、作物品种及生育期、耕作措施等，土壤溶液的成分和浓度经常处于变化之中。同时，影响土壤溶液变化的因素主要包括土壤温度、土壤湿度、土壤酸碱度、土壤溶液组成成分间的相互作用和土壤生物活动。

### （五）土壤空气物质组成

土壤空气组成是指土壤中各种气体的成分，它的组成与大气相似，但土壤中经常发生各种化学反应和生物作用，使土壤空气组成发生变化。土壤空气是土壤重要组成成分之一，对于植物生长和土壤形成有重要意义。

土壤空气按其物理状态可分为自由态、吸附态和溶解态3种。自由态空气存在于土壤孔隙中，其容量主要决定于土粒的排列状况及水分的含量。土粒排列的疏松或紧密决定着孔隙的容积。疏松排列的孔隙容积占47.64%，而紧密排列的仅有25.95%。吸附态空气主要是指土壤颗粒表面吸附的空气。溶解态空气是指溶于土壤溶液中（或水中）的气体。气体在水中的溶解度随着气体分压的增加和温度的降低而增高。土壤溶液中气体会改变溶液的性质，如 $CO_2$ 增加则促使土壤中碳酸盐、磷酸盐等盐类溶解度提高。此外，$O_2$、$H_2$、$N_2$、$H_2S$ 等气体对土壤溶液的氧化还原过程有着重要的影响。

## 三、土壤的性质

### （一）土壤物理性质

#### 1. 土壤质地

土壤质地是土壤物理性质之一，指土壤中不同直径大小的矿物颗粒的组合状况。土壤质地对土壤的各种性状，如土壤的通透性、保蓄性、耕性以及养分含量等都有很大的影响，是评价土壤肥力和作物适宜性的重要依据。

(1) 土壤粒级及其分类　土壤中各种固体颗粒简称土粒，分为单粒和复粒。根据单个土粒的当量粒径（假定土粒为圆球形的直径）的大小，可将土粒分为若干组，称为粒级。土粒可按照粒级的大小和性质分成若干级别，目前各个国家采用的分级制不完全一致，常用的几种土壤粒级制如表 1-2 所示，一般可分为石砾、砂粒、粉粒和黏粒四级。砂粒和粉粒以石英和长石等原生矿物为主，二氧化硅含量较高；黏粒以次生层状硅酸盐矿物为主，铁、钾、钙、镁等含量较高。

表 1-2　常用土壤粒级制

<table>
<tr><th>当量粒径/mm</th><th>中国制（1987）</th><th colspan="2">卡庆斯基制（1957）</th><th>美国农业部制（1951）</th><th>国际制（1930）</th></tr>
<tr><td>3～2</td><td rowspan="2">石砾</td><td rowspan="2" colspan="2">石砾</td><td>石砾</td><td>石砾</td></tr>
<tr><td>2～1</td><td>极粗砂粒</td><td rowspan="4">粗砂</td></tr>
<tr><td>1～0.5</td><td rowspan="2">粗砂粒</td><td rowspan="7">物理性砂粒</td><td>粗砂粒</td><td>粗砂粒</td></tr>
<tr><td>0.5～0.25</td><td>中砂粒</td><td>中砂粒</td></tr>
<tr><td>0.25～0.2</td><td rowspan="3">细砂粒</td><td rowspan="3">细砂粒</td><td rowspan="2">细砂粒</td></tr>
<tr><td>0.2～0.1</td><td rowspan="3">细砂</td></tr>
<tr><td>0.1～0.05</td><td>极细砂粒</td></tr>
<tr><td>0.05～0.02</td><td rowspan="2">粗粉粒</td><td rowspan="2">粗粉粒</td><td rowspan="4">粉粒</td></tr>
<tr><td>0.02～0.01</td><td rowspan="3">粉粒</td></tr>
<tr><td>0.01～0.005</td><td>中粉粒</td><td rowspan="6">物理性黏粒</td><td>中粉粒</td></tr>
<tr><td>0.005～0.002</td><td>细粉粒</td><td rowspan="2">细粉粒</td></tr>
<tr><td>0.002～0.001</td><td>粗黏粒</td><td rowspan="4">黏粒</td><td rowspan="4">黏粒</td></tr>
<tr><td>0.001～0.0005</td><td rowspan="3">细黏粒</td><td>粗黏粒</td></tr>
<tr><td>0.0005～0.0001</td><td>细黏粒</td></tr>
<tr><td><0.0001</td><td>胶质黏粒</td></tr>
</table>

（2）土壤质地及其分类制　土壤中不同粒级土粒所占的重量百分比，即为土壤机械组成，土壤质地类型根据土壤机械组成划分。

国内外几种常用的质地分类制主要包括国际制、美国农业部制和卡庆斯基制等。在国际制中，根据黏粒含量将质地分为三类：黏粒含量小于15％为砂土类、壤土类，黏粒含量为15％～25％为黏壤土类，黏粒含量大于25％为黏土类；根据粉粒含量，粉粒含量大于45％的，在质地名称前冠“粉质”；根据砂粒含量，砂粒含量大于55％的，在质地名称前冠“砂质”。

卡庆斯基制为双级分类法，即按物理性砂粒（＞0.01 mm）和物理性黏粒（＜0.01 mm）的质量分数，将土壤划分为砂土、壤土和黏土三类九级，如表1-3所示。卡庆斯基质地分类可归纳为以下几个步骤：根据物理性黏粒含量，将土壤分为三大质地类型9种质地，通过查表确定；根据砂粒（砂质）、粗粉粒（粗粉质）、中细粉粒（粉质）、黏粒含量（黏质），进一步划分质地，确定质地详细名称，格式为“第二优势粒级＋第一优势粒级＋质地名称”；根据石砾含量，在质地详细名称之前加上石质描述，石砾含量小于0.5％为非石质土，0.5％～5％为轻石质土，5％～10％为中石质土，大于10％为重石质土。卡庆斯基的质地分组中考虑到了土壤类型不同，对草原土壤及红黄壤、灰化土类和碱化及强碱化土壤有不同的质地分组标准。

**表1-3　卡庆斯基土壤质地分类标准**

| 质地名称 | | 物理性黏粒（＜0.01 mm）含量/％ | | | 物理性黏粒（＞0.01 mm）含量/％ | | |
|---|---|---|---|---|---|---|---|
| | | 灰化土类 | 草原土及红黄壤类 | 柱状碱土及强碱土类 | 灰化土类 | 草原土及红黄壤类 | 柱状碱土及强碱土类 |
| 砂土 | 松砂土 | 0～5 | 0～5 | 0～5 | 100～95 | 100～95 | 100～90 |
| | 紧砂土 | 5～10 | 5～10 | 5～10 | 95～90 | 95～90 | 95～90 |
| 壤土 | 砂壤土 | 10～20 | 10～20 | 10～15 | 90～80 | 90～80 | 90～85 |
| | 轻壤土 | 20～30 | 20～30 | 15～20 | 80～70 | 80～70 | 85～80 |
| | 中壤土 | 30～40 | 30～45 | 20～30 | 70～60 | 70～55 | 80～70 |
| | 重壤土 | 40～50 | 45～60 | 30～40 | 60～50 | 55～40 | 70～60 |
| 黏土 | 轻黏土 | 50～65 | 60～75 | 40～50 | 50～35 | 40～25 | 60～50 |
| | 中黏土 | 65～80 | 75～85 | 50～65 | 35～20 | 25～15 | 50～35 |
| | 重黏土 | ＞80 | ＞85 | ＞65 | ＜20 | ＜15 | ＜35 |

美国土壤质地分类标准是由美国农业部制定的，它采用三角坐标图解法（图1-2）。等边三角形的三条边分别代表黏粒（＜0.002 mm）、粉粒（0.002～0.05 mm）及砂粒（0.05～2 mm）的含量。

中国土壤质地分类制也是根据砂粒、粉粒、黏粒含量进行土壤质地划分的。黏粒含量大于30％的土壤均划分为黏质土类，而砂粒含量大于60％的土壤均划分为砂质土类。

**2. 土壤结构**

土壤是由许多大小不同、形状各异的土团、土块、土片等构成的，这些被称为土壤结构

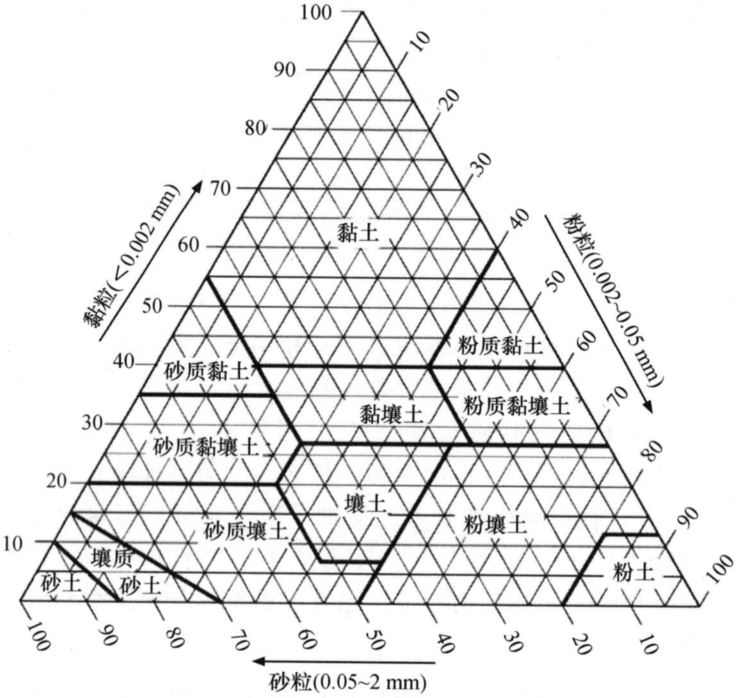


**图 1-2 美国农业部制土壤质地三角图**（单位：%）

体或者团聚体。土壤结构体实际上是土壤颗粒按照不同的排列方式堆积、复合而形成的土壤团聚体。土壤结构是指土壤颗粒（包括团聚体）的排列与组合形式。土壤结构是成土过程或利用过程中由物理、化学和生物多种因素综合作用而形成的，按形状可分为块状、片状和柱状三大类型；按其大小、发育程度和稳定性等，再分为团粒、团块、块状、棱块状、棱柱状、柱状和片状等结构。

（1）片状结构体　横轴远大于纵轴、呈薄片状的土块，称为片状结构体。在耕作历史较长的水稻土和长期耕作深度不变的旱地土壤中，由于长期耕作受压，土粒黏结成坚实紧密的薄土片，成层排列，比如犁底层的土壤往往呈片状结构。另外，在表层发生结壳或板结的情况下也会出现这类结构。

（2）块状结构体　块状结构体近似立方体，长、宽、高大体相等，边面一般不明显，外形不规则，结构体内部紧实。一般将轴长大于 5 cm 的称为大块状结构体，轴长 3～5 cm 的称为块状结晶体，轴长 0.5～3 cm 的称为碎块状结构体。块状结构体一般出现在有机质含量少，质地黏重的土壤表层，底土和心土层也常见到。表层土壤中块状结构体多，它们相互支撑，形成较大的空洞，加速土壤水分损失，漏风跑墒，还会压苗，导致幼苗不能顺利出土。

（3）柱状结构体　纵轴大于横轴、呈直立形，棱角不明显的称为圆柱状结构体，棱角明显的称为棱柱状结构体。它们大多出现在黏重的底土层、心土层和柱状碱土的碱化层。这种结构体大小不一，坚硬紧实，内部无效孔隙占优势，外表常有铁铝胶膜包被，根系难以伸入，通气不良，微生物活动微弱。

（4）团粒结构体　团粒结构体包括团粒和微团粒。团粒结构是指在腐殖质等多种因素作用下形成近似球形较疏松多孔的小土团，直径在 0.25～10 mm，直径＜ 0.25 mm 的称为微团粒。团粒结构数量和质量在一定程度上反映了土壤肥力的水平。

团粒结构特点：具有一定的大小和性状，直径在 0.25～10 mm，为圆球状；具有较高的稳定性；孔隙粗细搭配合理，内部小孔隙多，团粒间大孔隙多。

在水田中，微团粒的数量比团粒的数量更重要，肥沃稻田土壤微团粒数量多，土壤微团粒的测定有助于了解土壤由原生颗粒所形成的微团粒在浸水状况下的结构性能。

### （二）土壤化学性质

**1. 土壤胶体吸附性**

土壤中最活跃的组分是土壤胶体和土壤微生物，它们对养分和污染物在土壤中的迁移、转化有重要作用。胶体是指直径在 1～100 nm 的颗粒，但是实际上土壤中直径＜1 000 nm 的黏性颗粒都具有胶体的性质，所以通常所说的土壤胶体实际上是指直径在 1～1 000 nm 的土壤颗粒，它是土壤中最细微的部分，表现出强烈的胶体特征。

（1）土壤胶体的性质

①土壤胶体具有巨大的比表面积和表面能　比表面积是单位质量（或体积）物质的表面积。一定体积的物质被分割时，随着颗粒数的增多，比表面积也显著地增大。物质的比表面积越大，表面能也就越大。

②土壤胶体的电荷性　土壤胶体微粒具有双电层，微粒的内部称微粒核，一般带负电荷，形成一个负离子层（即决定电位离子层），其外部由于电性吸引，而形成一个正离子层（又称反离子层，包括非活动性离子层和扩散层），二者合称为双电层。

③土壤胶体的凝聚性和分散性　土壤胶体的凝聚性是指由于胶体的比表面积和表面能巨大，胶体具有相互吸引而凝聚的趋势。在土壤溶液中，胶体常带负电荷，即具有负的电动电位，所以胶体微粒又因具相同电荷而相互排斥，电动电位越高，排斥力越强，胶体微粒呈现出的分散性也越强。影响土壤凝聚性能的主要因素是土壤胶体的电动电位和扩散层厚度，例如，土壤溶液中阳离子增多，土壤胶体表面负电荷被中和，从而具有较强的凝聚性。此外，土壤溶液中电解质浓度、pH 也影响其凝聚性能。

（2）土壤胶体的离子交换吸附　在土壤胶体双电层扩散层中，补偿离子可以和溶液中带相同电荷的离子做等价交换，称为离子交换（或代换）。离子交换作用包括阳离子交换作用和阴离子交换作用。

每千克干土中所含全部阳离子的总量，称为阳离子交换量。不同土壤的阳离子交换量不同。在土壤中，不同种类胶体的阳离子交换量顺序为：有机胶体＞蒙脱石＞水化云母＞高岭土＞含水氧化铁、铝。阳离子交换量与土壤质地关系密切。一般来说，土壤质地越细，阳离子交换量越高。

土壤的可交换性阳离子有两类：一类是致酸离子，包括 $H^+$ 和 $Al^{3+}$；另一类是盐基离子，包括 $Ca^{2+}$、$Mg^{2+}$、$K^+$、$Na^+$、$NH_4^+$ 等。土壤胶体上吸附的阳离子均为盐基离子，且已达到吸附饱和时，称为盐基饱和土壤，吸附未饱和的则称为盐基不饱和土壤。在土壤交换性阳离子中盐基离子所占的百分数称为土壤盐基饱和度。它与土壤母质、气候等因素有关。

一种土壤阴离子交换是由某些土壤胶体如铁、铝水合氧化物带正电荷引起的。被吸附的阴离子可与氯离子和硝酸根交换，被植物吸收。另一种土壤阴离子交换称为配位基交换，即液相中的阴离子同铁、铝水合氧化物的配位基之间的交换。此类交换限于能同铁、铝金属原子形成配位化合物的阴离子，如氢氧根、磷酸根、硫酸根、氟离子等，它们被吸附后，就难以被氯离子和硝酸根所置换。土壤胶体组成成分、土壤胶体吸附的阴离子种类及其电荷性质、土壤溶液酸碱度等均不同程度地影响阴离子交换作用的强弱。土壤阴离子交换作用比土壤阳离子交换作用要弱得多，对其研究有待进一步深入。

**2. 土壤酸碱性**

土壤酸碱性是指土壤中存在着各种化学和生物化学反应，表现出不同的酸性或碱性。土壤酸碱性的强弱，常以酸碱度来衡量。土壤之所以有酸碱性，是因为在土壤中存在少量的氢离子和氢氧根离子。当氢离子的浓度大于氢氧根离子的浓度时，土壤呈酸性；反之，呈碱性；两者相等时则为中性。

土壤酸碱度以 pH 来表示，可划分为 9 个等级：$pH<4.5$，极强酸性；$pH=4.5\sim5.5$，强酸性；$pH=5.5\sim6.0$，酸性；$pH=6.0\sim6.5$，弱酸性；$pH=6.5\sim7.0$，中性；$pH=7.0\sim7.5$，弱碱性；$pH=7.5\sim8.5$，碱性；$pH=8.5\sim9.5$，强碱性；$pH>9.5$，极强碱性。

（1）土壤酸度　根据土壤中氢离子的存在方式，土壤酸度可分为两大类：

①活性酸度　土壤溶液中氢离子浓度的直接反映，又称为有效酸度，通常用 pH 表示。活性酸度的来源主要是 $CO_2$ 溶于水形成的碳酸和有机物质分解产生的有机酸，以及土壤中矿物质氧化产生的无机酸，还有施用的无机肥料中残留的无机酸，如硝酸、硫酸和磷酸等。此外，大气污染形成的大气酸沉降也会使土壤酸化，所以它也是土壤活性酸度的一个重要来源。

②潜性酸度　土壤潜性酸度是土壤胶体吸附的可代换性 $H^+$ 和 $Al^{3+}$ 的反映。当这些离子处于吸附状态时，是不显酸性的，但当它们通过离子交换作用进入土壤溶液之后，即可增加土壤溶液的 $H^+$ 浓度，使土壤 pH 降低。只有盐基不饱和土壤才有潜性酸度，其大小与土壤代换量和盐基饱和度有关。

潜性酸度又分为代换性酸度和水解性酸度。

a. 代换性酸度　用过量中性盐（如 NaCl 或 KCl）溶液淋洗土壤，溶液中金属离子与土壤中 $H^+$ 和 $Al^{3+}$ 发生离子交换作用而表现出的酸度，称为代换性酸度。代换性 $Al^{3+}$ 是矿物质土壤中潜性酸度的主要来源。例如，红壤的潜性酸度 95%以上是由代换性 $Al^{3+}$ 产生的。由于土壤酸度过高，铝硅酸盐晶格内铝氢氧八面体的破裂，使晶格中的 $Al^{3+}$ 释放出来，变成代换性 $Al^{3+}$。

b. 水解性酸度　用弱酸强碱盐（如乙酸钠）淋洗土壤，溶液中金属离子可以将土壤胶体吸附的 $H^+$、$Al^{3+}$ 代换出来，同时生成某弱酸（乙酸）。此时，所测定出的该弱酸的酸度称为水解性酸度。由于生成的乙酸分子离解度很小，而氢氧化钠可以完全离解。氢氧化钠离解后，所生成的钠离子浓度很高，可以代换出绝大部分吸附的 $H^+$ 和 $Al^{3+}$。

活性酸度与潜性酸度是同一个平衡体系的两种酸度，二者可以互相转化，在一定条件下处于暂时平衡状态。土壤活性酸度是土壤酸度的根本起点和现实表现。土壤胶体是 $H^+$ 和 $Al^{3+}$ 的贮存库，潜性酸度则是活性酸度的贮备，土壤的潜性酸度往往比活性酸度大得多。

（2）土壤碱度　土壤溶液中氢氧根离子的主要来源是碱金属（Na、K）及碱土金属（Ca、Mg）的碳酸盐和碳酸氢盐。碳酸盐碱度和重碳酸盐碱度的总和称为总碱度，可用滴定法测定。不同溶解度的碳酸盐和重碳酸盐对土壤碱性的贡献不同，$CaCO_3$ 和 $MgCO_3$ 的溶解度很小，在正常的 $CO_2$ 分压下，它们在土壤溶液中的浓度很低，故富含 $CaCO_3$ 和 $MgCO_3$ 的石灰性土壤呈弱碱性（pH 7.5～8.5）；$Na_2CO_3$、$NaHCO_3$ 及 $Ca(HCO_3)_2$ 等都是水溶性盐类，可以大量出现在土壤溶液中，使土壤溶液中的总碱度很高，从土壤 pH 来看，含 $Na_2CO_3$ 的土壤，其 pH 一般较高，可达 10 以上，而含 $NaHCO_3$ 及 $Ca(HCO_3)_2$ 的土壤，其 pH 常在 7.5～8.5，碱性较弱。

当土壤胶体上吸附的 $Na^+$、$K^+$、$Mg^{2+}$（主要是 $Na^+$）等离子的饱和度增加到一定程度时，会引起交换性阳离子的水解作用，在土壤溶液中产生 NaOH，使土壤呈碱性，此时钠离子饱和度称为土壤碱化度，它是衡量土壤碱度的重要指标。

$$碱化度=\frac{交换性钠离子量\ (mmol/kg)}{阳离子交换量\ (mmol/kg)}\times 100\%$$

**3. 土壤缓冲性能**

土壤缓冲性能是指土壤具有缓和其酸碱度发生激烈变化的能力，它可以保持土壤环境的相对稳定，为植物生长和土壤生物活动创造比较稳定的生活环境，所以土壤缓冲性能是土壤的重要性质之一。

土壤溶液中含有碳酸、硅酸、磷酸、腐殖酸和其他有机酸等弱酸及其盐类，构成一个良好的缓冲体系，对酸碱具有缓冲作用。以碳酸及其钠盐为例：

当加入盐酸时，碳酸钠与它作用，生成中性盐和碳酸，大大抑制了土壤酸度的提高。

$$Na_2CO_3+2HCl=\!=\!=2NaCl+H_2CO_3$$

当加入 $Ca(OH)_2$ 时，碳酸与它作用，生成溶解度较小的碳酸钙，限制了土壤碱度的提高。

$$H_2CO_3+Ca(OH)_2=\!=\!=CaCO_3+2H_2O$$

土壤中某些有机酸（如氨基酸、胡敏酸等）是两性物质，具有缓冲作用，如氨基酸含氨基和羧基可分别中和酸和碱，从而对酸和碱都具有缓冲能力。

$$R\text{—}\underset{}{\overset{NH_2}{\overset{|}{C}}}HCOOH + HCl =\!=\!= R\text{—}\overset{NH_3Cl}{\overset{|}{C}}HCOOH$$

$$R\text{—}\overset{NH_2}{\overset{|}{C}}HCOOH + NaOH =\!=\!= R\text{—}\overset{NH_2}{\overset{|}{C}}HCOONa + H_2O$$

**4. 土壤氧化还原性**

土壤氧化还原反应是指土壤中存在的氧化态物质与还原态物质之间的反应，是土壤中无机物和有机物发生迁移转化并对土壤生态系统产生重要影响的化学过程。土壤氧化还原能力的大小可以用土壤的氧化还原电位（Eh）来衡量，其值为氧化态物质与还原态物质的相对浓度之比。当土壤 Eh 值＞700 mV 时，土壤完全处于氧化条件下，有机物质会迅速分解；当 Eh 值在 400～700 mV 时，土壤中氮素主要以 $NO_3^-$ 形式存在；当 Eh 值＜400 mV 时，反硝化作用开始发生；当 Eh 值＜200 mV 时，$NO_3^-$ 开始消失，出现大量的 $NH_4^+$。当土壤渍水时，Eh 值降至－100 mV，$Fe^{2+}$ 浓度已经超过 $Fe^{3+}$；当 Eh 值降低至－200 mV 时，$H_2S$

大量产生，$Fe^{2+}$ 就会变成 FeS 沉淀，其迁移能力降低。在我国自然条件下，一般认为 Eh 低于 300 mV 时为还原状态；土壤氧化还原电位在 200～700 mV 时，养分供应正常。

土壤是一个复杂的氧化还原体系，存在着多种有机、无机的氧化、还原态物质。一般土壤空气中的游离氧、高价金属离子为氧化剂，如 $Fe^{3+}$、$Mn^{4+}$、$V^{5+}$、$Ti^{4+}$ 等，而土壤中有机质及其厌氧条件下的分解产物和低价金属离子等为还原剂。

土壤氧化还原反应条件受季节变化和人为措施（如稻田灌水和落干）影响而经常变化。土壤中某些变价重金属，其价态变化、迁移能力和生物毒性等与土壤氧化还原状况有密切的关系。如土壤中亚砷酸（$H_3AsO_3$）比砷酸（$H_3AsO_4$）毒性大数倍。当土壤处于氧化状态时，砷的危害较轻，而土壤处于还原状态时，随着 Eh 值下降，土壤中砷酸被还原为亚砷酸则会加重砷对作物的危害。

## 四、土壤分类

土壤分类就是依据土壤性状的相似性和差异性，系统地划分土壤类型及其相应的分类级别，从而拟定土壤分类系统。土壤分类不仅是在不同的概括水平上认识和区分土壤的线索，也是进行土壤调查、土地评价、土地利用规划和交流有关土壤科学和农业生产实践研究成果以及转移地方性土壤生产经营管理经验的依据。

由于自然条件和知识背景的不同，还没有世界统一的土壤分类系统，各个国家的土壤分类系统不尽相同。几个影响较大的土壤分类体系有：①美国土壤诊断分类体系；②苏联的土壤地理发生学分类体系；③西欧的土壤形态发生学分类体系；④FAO/UNESCO 的土壤分类体系。

我国在 20 世纪 30～40 年代曾采用美国马伯特制订的土壤分类，50 年代初期开始采用苏联的地理发生学土壤分类。1958—1960 年第一次全国土壤普查时，总结农民群众鉴别土壤农业性状的经验，提出了第一个农业土壤分类系统。1978 年中国土壤学会提出了《全国土壤分类暂行草案》。在此基础上，第二次全国土壤普查开始时，1979 年 7 月提出《暂拟土壤工作分类系统》(修改稿)；在此次土壤普查的野外工作接近完成时，于 1987 年 12 月在太原召开土壤分类会议并拟订出《中国土壤分类系统》，经过修改，于 1992 年定稿，确立了 12 个土纲、29 个亚纲、61 个土类和 231 个亚类的高级分类单元。我国现行的土壤分类系统采用土纲、亚纲、土类、亚类、土属、土种、亚种 7 级分类制，其中土类和土种作为基本分类单元。土类以下细分亚类，土种以下细分亚种。土属为土类和土种间的过渡单元，具有承上启下作用。土类以上归纳为土纲、亚纲，以概括土类间的某些共性。我国现行的土壤分类属于发生学分类体系。

**1. 土纲**

土纲是土壤分类系统的最高单元，是土类共性的归纳，其划分突出土壤的成土过程、属性的某些共性，以及重大环境因素对土壤发生性状的影响。例如，淋溶土纲各类土壤以石灰充分淋溶，土壤呈酸性、弱酸性反应，有明显的淋淀黏化过程为其特点；钙层土纲中的各土类均有钙的淋溶淀积成土过程；盐碱土纲的共同特征是易溶性盐与钠离子在土壤中累积所产生的特有土壤性状。全国土壤共分铁铝土、淋溶土、半淋溶土、钙层土、干旱土、漠土、初育土、半水成土、水成土、盐碱土、人为土、高山土等 12 土纲。

**2. 亚纲**

亚纲是在同土纲内根据明显水热条件差别所形成的土壤属性的重大差异来划分的。如半淋溶土纲中半湿热境的燥红土，半湿暖境的褐土，半湿温境的灰褐土、灰色森林土，其均属半淋溶土范畴，但属性上有明显差异。又如，盐碱土纲的盐土、碱土两亚纲在盐分累积与钠质化程度上有质的差异等。

**3. 土类**

土类是土壤高级分类的基本分类单元，它是根据土壤主要成土条件、成土过程和由此产生的土壤属性来划分的，同土类土壤应具有某些突出的、共同的发生属性与层段。如栗钙土、棕钙土，虽同具有土壤腐殖质层和钙积层，但其腐殖质层的厚度、有机质的含量、钙积层出现的深度与厚度、碳酸钙的含量均有明显差异。

**4. 亚类**

亚类能反映土类范围内较大的差异性。它是依据在同一土类范围内土壤处于不同的发育阶段或土类之间的过渡类型来划分的。后者在主导成土过程以外尚有一个附加的次要成土过程。如褐土中的褐土性土、褐土、淋溶褐土，是依据褐土不同发育阶段划分的。潮褐土是褐土向草甸土过渡类型；白浆化黑土是黑土向白浆土过渡类型。亚类在土壤发生学特征及改良方向等方面比土类具有更大的一致性。

**5. 土属**

土属是由高级分类单元过渡到基层分类单元的一个中级分类单元，具有承上启下的作用。它是依据某些地方性因素不同而使土壤亚类的性质发生分异来划分的。如土壤母质及风化壳类型、水文地质状况、中小地形和人为因素等。

**6. 土种**

土种是土壤分类系统中基层分类的基本单元。同一土种处于相同或相似的景观部位，其剖面形态特征基本一致。所以同土种土壤应处于相同或近似的小地形，水热条件也近似，具有相同的土层层段类型，各土层的厚度、层位、层序也一致，剖面形态特征、理化性质相同或近似。由于同一土种具有一致的理化、生物性状，因此其宜耕适种性及限制因素均一致，并且具有一致的生产潜力。

**7. 亚种**

亚种过去称为变种，是在土种范围内进行细分，是土种某些性状上的变异，一般以表层或耕作层某些变化，如耕性、养分含量、质地变异来划分，这些变异要具有相对的稳定性。亚种的划分对指导农业生产起到重要的作用。

## 五、土壤类型

我国主要土壤类型可概括为红壤、棕壤、褐土、黑土、栗钙土、漠土、潮土（包括砂姜黑土）、灌淤土、水稻土、湿土（草甸、沼泽土）、盐碱土、岩性土和高山土等系列。

### （一）红壤系列

红壤系列是我国南方热带、亚热带地区的重要土壤资源，自南而北有砖红壤、燥红土（稀树草原土）、赤红壤（砖红壤化红壤）、红壤和黄壤等类型。

**1. 砖红壤**

发育在热带雨林或季雨林下强富铝化酸性土壤，在我国分布面积较小。海南砖红壤的分析资料表明，其风化度很高，黏粒的二氧化硅/氧化铝比值（以下同）低于1.5，黏土矿物含有较多的三水铝矿、高岭石和赤铁矿，阳离子交换量很低，盐基高度不饱和。

**2. 燥红土**

热带干热地区稀树草原下形成的土壤，分布于海南岛的西南部和云南南部红水河河谷等地，土壤富铝化程度较低，土体或具石灰性反应。

**3. 赤红壤**

发育在南亚热带常绿阔叶林下，具有红壤和砖红壤的某些性质的过渡性土壤。

**4. 红壤和黄壤**

红壤和黄壤均为中亚热带常绿阔叶林下生成的富铝化酸性土壤，前者分布在干湿季变化明显的地区，淀积层呈红棕色或橘红色，剖面下部有网纹和铁锰结核，二氧化硅/氧化铝比值为1.9～2.2，黏土矿物含有高岭石、水云母和三水铝矿；后者分布在多云雾、水湿条件较好的地区，以川、黔两地为主，以土层潮湿、剖面中部形成黄色或蜡黄色淀积层为其特征，黏土矿物含有较多的针铁矿和褐铁矿。

## （二）棕壤系列

棕壤系列主要为我国东部湿润地区发育在森林下的土壤，由南至北包括黄棕壤、棕壤、暗棕壤和漂灰土等土类。

**1. 黄棕壤**

亚热带落叶阔叶林杂生常绿阔叶林下发育的弱富铝化、黏化、酸性土壤，分布于长江下游，界于黄红壤和棕壤地带之间，土壤性质兼有黄红壤和棕壤的某些特征。

**2. 棕壤**

主要分布于暖温带的辽东半岛和山东半岛，为夏绿阔叶林或针阔叶混交林下发育的中性至微酸性的土壤，特点是在腐殖质层以下具棕色的淀积黏化层，土壤矿物风化度不高，二氧化硅/氧化铝比值在3.0左右，黏土矿物以水云母和蛭石为主，并有少量高岭石和蒙脱石，盐基接近饱和。

**3. 暗棕壤**

暗棕壤又称暗棕色森林土，是发育在温带针阔混交林或针叶林下的土壤，分布在东北地区的东部山地和丘陵，介于棕壤和漂灰土地带之间，与棕壤的区别在于腐殖质积累作用较明显，淋溶淀积过程更强烈，黏化层呈暗棕色，结构面上常见有暗色的腐殖质斑点和二氧化硅粉末。

**4. 漂灰土**

漂灰土过去称为棕色泰加林土和灰化土，分布在大兴安岭中北部，是北温带针叶林下发育的土壤，亚表层具弱灰化或离铁脱色的特征，常出现漂白层，强酸性，盐基高度不饱和，属于生草灰化土和暗棕壤之间的过渡性土类，可认为是在地方性气候和植被影响下产生的特殊土类。

## （三）褐土系列

褐土系列包括褐土、黑垆土和灰褐土，这类土壤在中性或碱性环境中进行腐殖质的累积，石灰的淋溶和淀积作用较明显，残积淀积黏化现象均有不同程度的表现。

**1. 褐土**

褐土又称褐色森林土，分布于中国暖温带东部半湿润、半干旱地区，形成于中生夏绿林下，其特点为腐殖质层以下具褐色黏化层、风化度低，二氧化硅/氧化铝比值为 3.0～3.5，含有较多水云母和蛭石等黏土矿物，石灰聚积成假菌丝状出现在黏化层之下。褐土经长期土类堆积覆盖和耕作影响，在剖面上部形成厚达 30～50 cm 及以上的熟化层，即变成塿土。主要分布于陕西的关中地区。

**2. 黑垆土**

黑垆土以深厚的淡黑色垆土层而得名。首先形成于半干旱草原植被下，后又经长期耕种熟化，主要分布在陕北、晋西和陇东一带的黄土地区。

**3. 灰褐土**

灰褐土又称灰褐色森林土，是分布在干旱和半干旱地区山地森林下的土壤，具暗棕色或浅褐色的黏化层，因石灰淋溶程度的不同又分灰褐土和淋溶灰褐土两个亚类。

### （四）黑土系列

黑土系列是我国温带森林草原和草原区的地带性土壤，包括灰黑土（灰色森林土）、黑土、白浆土和黑钙土。以强烈的腐殖质累积过程为特点。

**1. 灰黑土**

灰黑土又称灰色森林土。处在湿润的地区，以大兴安岭的西坡最为集中，植被为森林类型，林下草灌植物繁茂，生草过程较强，有机质累积量大，土壤具较明显的淋溶作用和黏粒移动淀积现象。

**2. 黑土**

土壤水分较充沛，相对湿润，植被为草原化草甸，当地称“五花草塘”，土壤有机质的累积量较高，具有黑色而深厚的土层，腐殖质层厚达 30～70 cm 及以上，底土常出现轻度潜育特征。

**3. 白浆土**

因表层腐殖质层下具灰白色的白浆层而得名。分布在东北地区东部山间盆地和谷地，气候湿润，植被类型为喜湿性的浅根植物，土壤有机质累积量不及黑土，因有机质分解程度差，而常具泥炭化特征，白浆土表层有机质的含量达 8%～10%，白浆层下质地多属重壤土和黏土；白浆层质地相对较轻，铁的淋失十分明显，黏土矿物以水云母为主，并有少量高岭石和无定物质。

**4. 黑钙土**

黑钙土分布在半干旱地区，植被以草原类型为主，也有草甸草原，有机质的累积量小，分解强度较黑土大，腐殖质层一般厚 30～40 cm；石灰在土壤中淋溶淀积，常在 60～90 cm 处形成粉末状或假菌状的钙积层，这是黑钙土区别于其他黑土的重要特征。

### （五）水稻土

水稻土在我国主要分布在秦岭、淮河一线以南，其中长江中下游平原、珠江三角洲、四川盆地和台湾西部平原最为集中。

水稻土是耕种活动的产物。是由各种地带性土壤、半水成土和水成土经水耕熟化培育而成的，其形成过程是在季节性淹水灌溉、耕作、施肥等措施影响下，进行氧化还原交替过程、有机质的合成与分解、复盐基作用与盐基的淋溶，及黏粒的分解、聚积与迁移、淋失，使原来的土壤特征受到不同程度的改变，使剖面发生分异，而形成特有的土壤形态、理化和生物特性。

水稻土的剖面结构包括下列层次：耕作层（A）、犁底层（P）、渗育层（W）、淀积层（B）、淀积潜育层（BG）及潜育层（G）。耕作层淹水时水分饱和，呈半流泥糊状或泥浆状。排水落干后，呈包含有屑粒、碎块的大块状结构，结构面见锈斑，杂有植物残体；犁底层较紧实，暗棕色的垂直结构发达，有锈纹和小铁锰结核；渗育层由于水分渗透，铁质淋洗强烈，颜色较淡；淀积层多呈棱块状结构，多锈纹、锈斑和铁锰结核；淀积潜育层处在地下水变动范围内，呈灰蓝色，有较多的锈斑和锈纹结构不明显；潜育层处于还原状态，呈蓝灰色结构。水稻土大致可分为淹育、潴育及潜育 3 种类型。淹育型发育层段浅薄，属初期发育的水稻土，底土仍见母土特性，如红壤仍有红色底层；潴育型发育完整，具有完整的剖面结构；潜育型由潜育土或沼泽土发育而成。

水稻土是我国很重要的农业土壤资源，应根据土壤特性因地制宜加以改良，充分利用。

### （六）潮土、灌淤土系列

潮土、灌淤土系列是我国重要的农耕土壤资源，包括潮土、灌淤土、绿洲土。这类土壤是在长期耕作、施肥和灌溉的影响下形成的。在成土过程中，获得了一系列新的属性，使土壤有机质累积、土壤质地及层次排列、盐分剖面分布都起了很大变化。

**1. 潮土**

潮土曾称浅色草甸土，主要分布于黄淮海平原，辽河下游平原，长江中下游平原及汾河谷地、渭河谷地，以种植小麦、玉米、高粱和棉花为主。土壤剖面中沉积层次明显，黏砂相间，地下水位较浅，土壤中、低层氧化还原交互进行，有明显的锈纹斑及碳酸盐分异与聚积。有些地区出现沼泽化和盐渍化。

潮土土层深厚，矿质养分丰富，有利于深根作物生长，但有机质、氮素和磷含量偏低，且易旱涝，局部地区有盐渍化问题，亟待改良。

**2. 灌淤土**

灌淤土主要分布于银川、内蒙古后套及辽西地区。灌淤层可厚达 1 m 以上，一般可达 30～70 cm。土壤剖面上下较均质，底部常见文化遗物。灌淤层下可见被埋藏的古老耕作表层。土壤的理化性质因地区不同而异。西辽河平原的灌淤土质地较黏重，有机质含量为 2%～4%，盐分含量一般小于 0.3%，不含石膏；河套地区的灌淤土，质地较疏松，有机质含量约 1%，含盐量较高。

灌淤土是我国半干旱地区平原的主要土壤，一年一熟，以春播作物为主，生长小麦、玉米、糜谷等。地下水位较浅，水源充沛；因排水条件较差，有次生盐化现象，应注意灌排结合。

# 第二节 土壤环境质量与土壤污染

## 一、土壤环境质量

### （一）土壤环境质量

土壤环境质量是指在一定的时间和空间范围内，土壤自身性状对其持续利用以及对其他环境要素，特别是对人类或其他生物的生存、繁衍以及社会经济发展的适宜性，是反映土壤环境“优劣”的一种概念，是特定需要之“环境条件”的量度。它与土壤的健康或清洁的状态，以及遭受污染的程度密切相关。土壤环境质量依赖于土壤在自然成土过程中所形成的固有的环境条件、与环境质量有关的元素或化合物的组成与含量，以及在利用和管理过程中的动态变化，同时应考虑其作为次生污染源对整体环境质量的影响。

### （二）土壤环境质量评价标准

土壤环境质量评价的最重要的依据是质量标准，因而土壤环境质量标准的制定一直是各方面关注的热点，制定合适的、具有法律效力的土壤环境质量标准（强调土壤资源的自身保护和持续利用）和土壤健康质量标准（强调土壤资源的可利用性，即在特定条件、特定用途下所确定的土壤有毒物质的限量或临界含量）应是土壤科学家将其自身研究成果向政府决策和政策转化的重要内容，也是土壤质量与环境质量紧密联系的重要环节。土壤环境质量评价包括现状评价（背景调查；污染评价，回答有无受到外界的影响和影响的程度；健康评价，回答土壤现状能否满足特定利用功能的需要）、影响评价（土壤对其他环境要素以及外源污染对土壤环境质量的影响）、预测评价（一定条件下的土壤环境质量变化趋势，提出控制污染和消除污染的有效措施）和风险评价（目前在土壤环境质量风险评价中最为关心的是土壤中优先污染物，特别是持久性有机污染物危害人体健康的可能性，应进行概率估计，并提出减少风险的方案和决策）。

土壤环境质量标准的建立是一个相当复杂的系统工程。世界各国在制定土壤环境质量标准时，通常考虑各种化学物质生态毒害性、土壤环境背景值、污染程度、影响化学污染物迁移和暴露的环境因素，从土地利用功能保护和污染土壤修复目的出发，形成以重金属、有机污染物为主要指标，由土壤质量基准与标准、污染起始浓度、污染土壤修复行动值、修复基准与标准构成的土壤质量标准体系。以保护生态系统、人体健康为目标而确定的土壤污染物临界含量，是制定土壤环境质量标准的基础依据。

我国生态环境保护部于 2018 年 6 月正式发布了《土壤环境质量 农用地土壤污染风险管控标准（试行）》（GB 15618—2018）和《土壤环境质量 建设用地土壤污染风险管控标准（试行）》（GB 36600—2018）。两个新标准的发布解决了原《土壤环境质量标准》适用范围小、项目指标少等问题，适用于农用地和建设用地土壤污染风险筛查和风险管制。

## 二、土壤环境背景值

土壤背景值又称土壤本底值，它代表一定环境单元中的一个统计量的特征值。背景值是指各区域正常地理条件和地球化学条件下元素在各类自然体（岩石、风化产物、土壤、沉积物等）中的正常含量。土壤背景值是指未受或少受人类活动特别是人为污染影响的土壤环境本身的化学元素组成及其含量，是多种成土因素综合作用下成土过程的产物。通常以一个国家或地区的土壤中某个元素的平均含量作为该国家或地区的土壤背景值。以此为参照，与研究区的土壤中同一元素的平均含量进行比较，来确定所研究地区的土壤是否已受到污染。在不同的土壤中，同一化学元素的含量是不同的。因此，用同一土壤类型的非污染土壤与污染土壤中的元素含量平均值做对比更为确切。

## 三、土壤环境容量

### （一）土壤环境容量概述

环境容纳污染物质的能力是有一定限度的，这个限度称为环境容量。土壤环境容量则可以从环境容量的定义延伸为土壤环境单元所容许承纳的污染物质的最大数量或负荷量。由定义可知，土壤环境容量实际上是土壤污染起始值和最大负荷量的差值。若以土壤环境标准作为土壤环境容量的最大允许极限值，则该土壤的环境容量的计算值，便是土壤环境标准值（或本底值），即上述土壤环境的基本容量；但在尚未制定标准的情况下，环境学工作者往往通过土壤环境污染的生态效应实验研究，以拟定土壤环境所允许容纳污染物的最大限值——土壤的环境基本容量，有的称之为土壤环境的静容量。

土壤环境的静容量虽然反映了污染物生态效应所容许的最大容纳量，但尚未考虑和顾及土壤环境的自净作用与缓冲性能，即在外源污染物进入土壤后的累积过程中，还要受土壤环境、地球化学背景与迁移转化过程的影响和制约，如污染物的输入与输出、吸附与解吸、固定与溶解、累积与降解等，这些过程都处于动态变化中，其结果都能影响污染物在土壤环境中的最大容纳量。因而目前的环境学界认为，土壤环境的静容量加上这部分土壤的净化量，才是土壤的全部环境容量（或称为土壤的动容量）。

### （二）土壤环境容量的计算方式

土壤环境容量可分为绝对容量（静容量）和年容量（动容量）两类。绝对容量（$W_Q$）是某一环境所能容纳某种污染物的最大负荷量，达到绝对容量没有时间限制，即与年限无关。土壤的绝对容量是由土壤环境标准的规定值（$W_S$）和土壤环境背景值（$B$）来决定的，以浓度单位表示的环境绝对容量（mg/kg）的计算公式为：

$$W_Q = W_S - B$$

年容量（$W_A$）是某一土壤环境在污染物的积累浓度不超过环境标准规定的最大容许值的情况下，每年所能容纳的某污染物的最大负荷量。年容量的大小除了与环境标准的规定值和环境背景值有关外，还与环境对污染物的净化能力有关。由于土壤是一个开放的系统，污染物既可以进入土壤，也可以离开土壤。所以，土壤年容量是根据污染物的残留量计算出的。若某污染物对土壤环境的输入量为 $A$（单位负荷量），经过一年时间后，被净化的量（年输出量）为 $A'$，以浓度单位表示的土壤环境年容量的计算公式为：

$$W_A = K\ (W_S - B)$$

$$K = \frac{A'}{A} \times 100\%$$

式中：$K$——某污染物在某一土壤环境中的年净化率。

年容量与绝对容量的关系为

$$W_A = K \cdot W_Q$$

## （三）土壤环境容量的确定

### 1. 土壤环境容量的影响因素

影响土壤环境容量的因素主要包括：①土壤类型，如元素组成、机械组成、有机质和矿物质的成分、含量、pH、氧化还原电位等。②化学元素或化合物的存在形态及其物理、化学性质。③区域自然环境条件，如气候条件、植被、地形、水文条件等。④土壤与大气、水、植被等环境要素间元素迁移的通量。⑤土壤环境的生物学特性。⑥社会技术因素，尤其是改善土壤性质、提高肥力水平等。

### 2. 确定土壤环境容量的因素

（1）土壤类型　不同土壤类型所形成的环境地球化学背景与环境背景值不同，同时土壤的物质组成、理化性质和生物学特性以及影响物质迁移转化的水热条件也都因土而异，因而其净化性能和缓冲性能不同。

（2）作物的生态效应　污染物对作物的危害，可分为由于作物体的吸收富积而造成的残害和直接伤害作物机体或造成生理毒害两类。目前采用生物量与产量作为具体的危害指标。将使农作物产量（主要指可食部分）减少5%～10%的土壤有害物质的浓度作为土壤有害物质的最大允许浓度。

（3）食品卫生质量标准　土壤污染与人体健康之间的剂量效应是通过食物链间接联系的，国家制定的食品卫生标准限制了污染物在粮食和食物中的允许含量，即当作物可食部分某元素的含量达到食品卫生指标限量时，相应土壤中某元素含量为最大允许浓度。

（4）环境效应　包括流行病学法和血液浓度指标，对地面水、地下水及其他环境要素的影响限量等。

（5）微生物和酶学效应　当微生物数量减少10%～15%或土壤酶活性降低10%～15%时，土壤有害物质的浓度为最大允许浓度。

### 3. 土壤临界含量的确定

土壤临界含量是土壤所能容纳污染物的最大负荷量，是土壤环境容量研究中的一个主要内容。土壤作为一个生态系统，它由土壤—植物体系、土壤—微生物体系、土壤—水体系等组成，并与外界环境相互作用形成一个有机的自然体。在获得土壤污染物的各种生态效应、环境效应及各单一体系的临界含量后，采用各种效应的综合临界指标，得出整个土壤生态系统的临界含量，以此来作为国家制定土壤环境标准的依据和计算土壤环境容量的依据，是土壤环境容量研究中的重要步骤。确定土壤临界含量的指标体系和依据如表1-4所示。

**表 1-4　确定土壤临界含量的依据**

| 体系 | 内容 | | 目的 | 指标 | 级别 |
| --- | --- | --- | --- | --- | --- |
| 土壤—植物 | 人体健康 | | 防止污染食物链保证人体健康 | 国家或政府主管部门颁发的粮食卫生标准 | 仅一种 |
| | 作物效应 | | 保持良好的生产力和经济效益 | 生理指标或者产量降低程度 | 减产10%、减产20% |
| 土壤—微生物 | 生物效应 | 生化指标 | 保持土壤生态处于良性循环 | 凡一种以上的生物化学指标出现的变化 | ≥25%、≥15%、≥10% |
| | | 微生物计数 | | 微生物计数指标出现的变化 | ≥50%、≥30%、≥15% |
| 土壤—水 | 环境效应 | 地下水 | 不引起次生水环境污染 | 不导致地下水超标 | 仅一种 |
| | | 地表水 | | 不导致地表水超标 | 仅一种 |

## （四）土壤环境容量的应用

### 1. 制定土壤环境质量标准

土壤环境质量标准的制定比较复杂，目前各国均未有完善的土壤环境质量标准。通过土壤环境容量的研究，在以生态效应为中心，全面考察环境效应、化学形态效应、元素净化规律的基础上提出了各元素的土壤基准值，这为区域性土壤环境标准的制定提供了依据。

### 2. 制定农田灌溉水质标准

我国是一个农业大国，大部分农田在干旱、半干旱地区，农田灌溉成为发展农业的命脉。随着用水量与日俱增、水资源日益匮乏，发展污水灌溉势在必行。制定农田灌溉水质标准、把水质控制在一定范围是避免污水灌溉污染的重要措施。根据土壤环境容量制定农田灌溉水质标准，既能反映区域性差异，也能因区域性条件的改变而制定地方标准。

### 3. 制定农田污泥施用标准

污泥允许施入农田的量决定于土壤允许输入农田的污染物最大量，即土壤年容量或年容许输入量，而土壤环境容量是计算该值的一个重要参数。

### 4. 进行土壤环境质量评价

土壤环境质量评价分为污染现状评价和预测评价。在土壤环境容量研究中，获得了重金属土壤临界含量，在此基础上提出了建议性的土壤环境质量标准，为准确评价土壤环境质量提供了标准。

### 5. 进行土壤污染预测

土壤污染预测是制订土壤污染防治规划的重要依据。目前，对于大多数以土壤残留率为基础设计成的预测模型，土壤环境容量是进行预测的一个重要指标。

### 6. 对污染物总量控制

土壤环境容量充分体现了区域环境特征，是实现污染物总量控制的重要基础。以区域能容纳某污染物的总量作为污染治理的依据，使污染治理目标明确。以区域容纳能力来控制一个地区单位时间污染物的允许输入量，在此基础上可以合理、经济地制定总量控制规划，可以充分利用土壤环境的纳污能力。

**7. 在农业对策上的应用**

根据土壤环境容量理论，在污染地上设法减少施肥引起的污染物输入量，改污染地为种子田，合理规划土壤利用方式，筛选对各污染物忍耐力较强、吸收率低的作物，发展生态农业。另外，提高有机质含量、防止工矿污水进入农田、防止土壤盐碱化和改良作物品种等都能发挥土壤潜力，充分利用土地资源，提高土壤环境容量。

# 第三节　土壤污染过程

## 一、土壤污染的概念与特点

### （一）土壤污染的概念

土壤污染是指人类活动产生的污染物进入土壤并积累到一定程度，引起土壤环境质量恶化，对生物、水体、空气或人体健康产生危害的现象。土壤污染，一是人类活动引起的外源污染物进入土壤；二是导致土壤环境质量下降，而有害于受体如生物、水体、空气或人体健康。土壤污染是由量变到质变的发展过程，发生质变时的污染物浓度是其造成危害的临界值，也就是土壤污染临界值。

### （二）土壤污染的特点

**1. 土壤污染具有隐蔽性和滞后性**

土壤污染与大气、水和废弃物污染等不一样，无法直观发现，往往要通过对土壤样品进行分析化验和农作物的残留检测，甚至通过研究人畜健康状况的变化才能确定。因此，土壤污染从产生污染到出现问题通常会滞后较长的时间，具有隐蔽性和滞后性。

**2. 土壤污染具有累积性**

污染物质在大气和水体中，一般都比在土壤中更容易迁移。污染物质在土壤中并不像在大气和水体中那样容易扩散和稀释，因此容易在土壤中不断积累而超标，同时也使土壤污染具有很强的地域性。

**3. 土壤污染具有不可逆转性**

重金属对土壤的污染基本上是一个不可逆转的过程，许多有机化学物质也需要较长的时间才能降解。

**4. 土壤污染具有难治理性**

如果大气和水体受到污染，切断污染源之后，通过稀释和自净化作用，有可能使污染问题不断逆转，但是积累在污染土壤中的难降解污染物，则很难靠稀释作用和自净化作用来消除。土壤污染一旦发生，仅仅依靠切断污染源的方法往往很难恢复，有时要靠换土、淋洗土壤等方法才能解决问题，其他治理技术可能见效较慢。因此，治理污染土壤通常成本较高、周期较长。

## 二、土壤污染物及其来源

土壤污染物是指影响土壤正常功能，降低农作物产量和品质，影响人体健康的物质。土壤污染物的来源可分为自然源和人为源。自然源主要包括成土母质、岩石风化、火山喷发等，人为源主要包括工业源（工业废物排放）、农业源（化肥、农药、畜禽粪便等）、生活源（城乡生活废水等）、交通源以及其他污染源（废弃物焚烧等）等。这些污染源通过大气沉降、废水排放、农业施肥等途径进入土壤中，并在土壤中积累。

### （一）工业污染源

**1. 金属矿冶活动**

有色、黑色金属冶炼是造成采矿区和矿产资源型城市土壤重金属污染的主要原因；金属冶炼过程中含有重金属的粉尘沉降是造成其周边土壤重金属污染的一个重要原因；矿冶废水直接排放和土法冶炼也会造成企业周边土壤的重金属污染。

**2. 重污染企业生产活动**

重污染企业在生产过程中，由于设备老化、生产工艺等限制因素，污染物无组织排放，导致企业周边土壤污染。重污染企业排放的工业废水中含有大量重金属和有毒有机污染物，直接排放可造成企业周边土壤的污染。

**3. 工业废弃地污染**

自 20 世纪 90 年代以来，伴随着产业结构和土地利用规划调整，大批工业企业搬迁或关闭，部分工业废弃地环境风险较高，成为新的污染源，对周边土壤环境质量构成威胁。

**4. 废弃物堆放场地污染**

在矿产资源开发利用过程中，堆放于地表的废石、尾砂、废渣和粉煤灰通过风化和淋滤等作用，其中的重金属被活化并以各种形式逸散到周围环境中，最终进入土壤导致环境污染。废旧电器和报废汽车含有铅、汞、镉和铬等重金属，以及多溴联苯、多溴联苯醚和石油烃等有机污染物，处理不当可对土壤环境造成污染。我国的垃圾处理处置以堆放、填埋为主，导致大量成分复杂、污染物含量极高的渗滤液进入土壤和地下水中，造成周围土壤污染，非卫生填埋场周边的土壤污染尤其严重。河道和湖泊疏浚底泥，其中重金属、持久性有机污染物含量一般较高，如不加处理直接施用于城市绿地或农田，会导致土壤污染。

**5. 燃煤排放**

燃煤排放产生大量的汞、铅、多环芳烃等污染物，通过大气沉降进入土壤并积累，造成大范围或区域性的土壤污染。有关研究表明，我国年均燃煤释放的汞超过 220 t，占汞排放总量的 38%，仅次于金属冶炼排放。

### （二）农业污染源

**1. 污水灌溉**

工业污水直接灌溉或使用受污染的江（河）水灌溉农田是造成耕地土壤污染的主要原因之一。

**2. 农药、化肥、农膜等农业投入品使用**

滴滴涕和六六六等有机氯农药于 20 世纪 80 年代被全面禁用，但由于其具有较高的稳定性和持久性，在土壤环境中降解缓慢，目前有些地区的土壤中还能够检出，在有的地区还存在较高的残留。含铜农药和含砷农药（如亚砷酸钠、砷酸钙）已成为农业土壤特别是果园土壤中重金属污染的主要来源之一。常用的磷肥中含有一定量的重金属，较为突出的是镉。磷肥的长期施用是导致局部农田土壤镉污染的原因之一。据统计，我国农用磷肥施用量逐年增加，近 30 年累计施用量达到 1.63 亿 t，通过施用磷肥带入到耕地土壤中的镉总量估计高达数百吨。农膜是设施农业土壤中钛酸酯污染的主要来源，农膜中钛酸酯类化合物的含量很高。全国农用塑料薄膜年使用总量为 176 万 t，农膜中的钛酸酯易于从塑料中解吸并进入土壤环境，导致大面积的钛酸酯污染。

**3. 秸秆燃烧排放**

秸秆露天焚烧所释放的颗粒物和各种气态污染物沉降到土壤中，成为土壤中多环芳烃等污染物的来源之一。

**4. 畜禽养殖**

畜禽养殖也是造成土壤重金属污染的一个重要因素。硫酸铜、硫酸锌、洛克沙胂等饲料添加剂含有大量铜、锌、镉、砷等重金属物质，畜禽粪便作为有机肥料施用到农田中会导致土壤重金属污染。

**5. 污泥施用**

我国污泥产生量较大，每年有上千万吨，通常情况下农田施用污水处理厂的污泥量约占污泥总量的 45%。污泥中含有重金属、多氯联苯、二噁英等多种污染物，农田长期施用污泥可导致土壤污染。

### （三）自然污染源

**1. 自然背景值高引起的重金属超标**

我国西南、中南地区分布着大面积的有色金属成矿带，镉、汞、砷、铅等元素的自然背景值较高，加上金属矿冶、高镉磷肥施用等，导致这些地区土壤重金属普遍超标，加剧了区域性的土壤重金属复合污染。

**2. 流水搬运与洪灾造成的污染**

长江中下游两岸土壤镉污染可能与流水搬运和洪灾有关。在镉成矿带和高背景地区，由于洪水等作用，土壤中的镉可在流域中下游形成富集区或富集带。

**3. 森林火灾引起的污染**

我国每年由于森林火灾产生的多环芳烃和挥发性有机污染物分别为 40 t 和 9.5 万 t，最终大都沉降到地面，对土壤造成一定污染。

## 三、土壤污染物的类型及影响土壤污染的因素

### （一）土壤污染物的类型

土壤污染物的种类繁多，既有化学污染物，也有物理污染物、生物污染物和放射性污染物等，其中以土壤的化学污染物最为普遍、严重和复杂。污染物按性质一般可分为四类，即

有机污染物、重金属、放射性元素和病原微生物。

**1. 有机污染物**

土壤有机污染物主要是化学农药。目前，大量使用的化学农药有50多种，其中主要包括有机磷农药、有机氯农药、氨基甲酸酯类、苯氧羧酸类、苯酚、胺类。此外，石油、多环芳烃、多氯联苯、甲烷、有害微生物等，也是土壤中常见的有机污染物。目前，我国农药生产量大，但产品结构不合理，质量较低，杀虫剂、杀菌剂和除草剂残留问题突出，带来了严重的土壤污染。

**2. 重金属**

使用含有重金属的废水进行灌溉是重金属进入土壤的一条重要途径。重金属进入土壤的另一条途径是随大气沉降落入土壤。重金属主要有汞、铜、锌、铬、镍、钴等。由于重金属不能被微生物分解，而且可为微生物富集，土壤一旦被重金属污染其自然净化和人工治理都是非常困难的。此外，重金属可以被生物富集，因此对人类有较大的潜在危害。

**3. 放射性元素**

放射性元素主要来源于大气层核试验的沉降物，以及原子能和平利用过程中排放的各种废气、废水和废渣。含有放射性元素的物质不可避免地随自然沉降、雨水冲刷和废弃物堆放而污染土壤。土壤一旦被放射性物质污染就难以自行消除，只能待其自然衰变为稳定元素而消除放射性。放射性元素可通过食物链进入人体。

**4. 病原微生物**

土壤中的病原微生物主要包括病原菌和病毒等，来源于人畜的粪便及用于灌溉的污水（未经处理的生活污水，特别是医院污水）。人类若直接接触含有病原微生物的土壤，可能会对健康带来影响；若食用被污染土壤生产的蔬菜、水果等，则可能间接受到影响。

### （二）影响土壤污染的因素

（1）土壤污染的发生与发展决定于人类的生产活动所排放的“三废”与人类活动产生的废弃物总量。尤其我国处于经济迅速发展期，能源、资源利用量大，治理污染的技术相对落后，“三废”排放对土壤环境的影响尤为突出，成为影响土壤污染的主要因素。

（2）土壤污染的发生与发展还与当地灌溉、施肥、施用农药的方式以及城市污泥、垃圾等是否按规定标准排放有关。不恰当地灌溉、施肥、施用农药，以及不正确地排放污泥垃圾都是造成土壤污染的一大重要因素。

（3）土壤污染的发生与发展还决定于污染物的种类和性质。由于不同污染物在土壤中的迁移、转化、降解、残留规律不同，因而对土壤环境的威胁与危害程度也就不同。在众多污染物中，重金属与某些农药类污染物对土壤污染的威胁最大。

（4）土壤污染的发生与发展还受到土壤类型、性质和栽培作物种类等的影响。不同土壤类型，由于其组成、结构、性质的差异，对同一污染物的缓冲和净化能力也不同。不同的栽培作物对污染物降解、吸收、积累的能力也有差异。

## 四、土壤污染物的环境行为

污染物在土壤中的环境行为主要是指其在土壤及其他环境介质间的迁移、转化过程，包括挥发、固定化、吸附、络合、生物降解、非生物降解（光解和氧化作用）和植物吸收等，经由这些过程，污染物滞留于土壤或植物体内或转移进入大气或水体中。

## （一）重金属的土壤环境行为

### 1. 重金属在土壤中的迁移转化

重金属元素在土壤中既可以进行水平方向上的迁移，又可以进行竖直方向上的迁移，同时，在物理、化学及生物的作用下又可以发生形态上的变化，进而更容易从土壤中迁移至其他介质中，而土壤中重金属的迁移转化均会受到土壤溶液的影响。重金属在土壤溶液中迁移时，会发生形态的转化。因此，土壤中重金属元素的迁移及形态转化主要包括物理、化学、生物等转变过程。

（1）土壤中重金属元素的物理迁移　重金属元素在土壤溶液的作用下发生水平迁移会引起重金属污染面积的扩大；而发生自上而下的竖直运动，则会污染深层土壤或地下水；同时随着扬尘，重金属元素又会进入大气，对大气环境造成污染。在这些污染过程中，重金属还会与土壤胶体及黏土矿物进行吸附-解吸作用，或者发生交换吸附及专属性吸附，与土壤胶体或黏土矿物共同造成土壤及周围环境的污染。

（2）土壤中重金属元素的化学迁移　土壤中重金属以不同的形态存在于固相物质和液相物质中，并在土壤固相和液相之间形成多相的平衡，而土壤溶液的 pH 等变化，又会引起重金属在土壤中的这种平衡，从而形成重金属在土壤中的迁移以及形态的转化。而土壤中的有机质和土壤胶体则是通过络合-螯合反应破坏重金属在土壤中的相态平衡，引起重金属物质迁移转化，土壤对重金属的作用主要有络合-螯合和离子交换吸附，在重金属含量较低时以络合-螯合作用为主，而重金属元素含量较高时则以离子交换吸附作用为主，两种作用同时存在，共同决定了土壤中重金属污染物的迁移及形态转化。

（3）土壤中重金属元素的生物迁移　土壤是一个生物体系，土壤中既存在大量的动植物，同时还是微生物最为丰富的体系之一，土壤中重金属的生物迁移主要指在土壤生物作用下重金属元素的迁移及形态转化。土壤中生物既可对有效态重金属进行吸收固定，也可以通过改变重金属元素的化学形态，造成重金属的迁移转化。重金属元素在土壤中的生物迁移过程相对比较复杂，土壤中重金属元素在生物作用下的形态变化及迁移转化过程已成为现阶段的研究热点和前沿领域，如利用生物固化作用来减少土壤中重金属的污染。

### 2. 影响重金属在土壤中迁移转化的因素

重金属元素在土壤中迁移转化受到多种因素的影响，这些影响因素归纳起来主要包括土壤的理化性状（包括土壤 pH、土壤有机质、氧化还原电位等）、金属元素之间的作用（主要是拮抗作用和协同作用）、施肥、伴生阴离子、土壤生物等。

（1）土壤 pH　土壤 pH 对重金属迁移转化的影响最为重要。研究表明，当土壤 pH 降低时，土壤中吸附性正电荷增加，氢离子在土壤中的竞争吸附能力增加，使得重金属游离于土壤中，生物有效性增加，迁移转化能力增强，更容易造成污染；当土壤 pH 升高时，土壤中氢离子的竞争吸附能力降低，重金属主要以氢氧化物或碳酸盐结合态存在，生物有效性降低，不利于其在土壤中迁移转化。因此，受重金属污染的酸性土壤可通过提高 pH，来降低其生物有效性，减少土壤重金属污染。

（2）土壤有机质　土壤中的有机质对重金属的迁移能力有两方面的影响：一方面土壤中的重金属元素容易被有机官能团以及有机质分解后产生的有机小分子化合物及腐殖酸所吸

附，形成稳定的化合物，其吸附能力大于土壤中其他胶体；另一方面，有机质彻底分解后又会使重金属脱离出来，从而使重金属活性增大。研究发现，增施有机肥可显著增加土壤中有机结合态的重金属含量，但可降低有效态重金属的含量。有机肥可明显调控土壤中重金属污染物，降低重金属污染物的生物有效性，减少重金属从土壤到植物的迁移转化，从而能有效提高作物的产量，这种作用机制一方面可能施加了有机肥后增加了重金属污染物的有机结合态；另一方面，施加有机肥增加了土壤 pH，重金属主要以结合态存在，从而固化了土壤中的重金属。

（3）氧化还原电位　氧化还原电位是表征土壤电性的重要因素，也是影响土壤中重金属元素存在状态的重要参数。一方面，土壤中氧化还原作用会影响土壤中有机质的分解转化效率，在氧化状态下，土壤有机物分解，重金属元素发生解吸反应，在还原状态下，土壤有机物积累，重金属元素发生吸附反应，从而影响重金属的形态分布；另一方面，土壤氧化还原反应直接影响重金属元素在土壤中的溶解度，影响重金属在土壤中迁移转化。同时氧化还原反应的本质是元素的电子得失，而重金属本身多为变价元素，在化学反应过程中更容易造成电子得失，从而在土壤中发生价态和形态的变化，易于迁移转化。

（4）土壤胶体　土壤胶体是土壤的重要组成部分，一般由有机大分子、层状硅酸盐、铁铝氧化物、细菌及病毒组成，一般具有较大的表面积，同时带有电荷。重金属元素进入土壤后，会被土壤胶体吸附，从而降低重金属的生物有效性，降低其在土壤中迁移转化的能力。此外，土壤胶体像土壤固体以及土壤溶液一样，属于土壤介质，土壤中重金属元素可将胶体作为载体，在土壤中发生迁移转化。

（5）阳离子交换量　土壤胶体的存在使得土壤具有吸附性，而重金属在土壤中吸附的过程不仅是物理吸附，还伴随着电荷的得失及离子价态的变化。在土壤阳离子交换过程中，重金属与土壤胶体原吸附离子 $K^+$、$Na^+$、$Mg^{2+}$、$NH_4^+$、$H^+$、$Al^{3+}$ 等发生等价交换，从而使重金属固化，而当土壤溶液中大量存在 $K^+$、$Na^+$、$Mg^{2+}$、$NH_4^+$、$H^+$、$Al^{3+}$ 等阳离子时，又会使吸附态的重金属活化，从而影响重金属在土壤中的迁移转化。土壤的吸附性和离子交换性能又使它成为重金属类污染物的主要归宿，因此，土壤阳离子交换量对重金属污染物在土壤中的环境行为有重大意义。

（6）拮抗作用　金属元素的拮抗作用主要表现为有大量元素存在时，微量重金属元素在土壤中迁移转化会受到限制，其影响机制主要表现为土壤胶体、土壤微生物及植物对金属元素的选择性吸附和吸收，这些元素主要有钾、钙、铁、锰、镁等。拮抗作用还表现为性状相似、结构相同的金属元素间的相互竞争。大量研究表明，在土壤中增施一种金属元素时，会显著抑制植物对另一种金属元素的吸收，例如，在土壤中增施锌元素会显著降低土壤中的镉元素向植物中迁移。这种作用的机制在于植物对重金属元素的选择性吸收，有益元素更易于被植物吸收利用，但当有益元素含量降低时，植物对有害重金属元素的吸收量会增加，从而改变其在土壤中的迁移转化。

（7）协同作用　在重金属元素含量很低的情况下，土壤中的几种重金属元素的迁移转化会在一定浓度范围内随着某种重金属元素的含量增加而增加，其机理可能在于，土壤中某种重金属元素的含量增加会影响土壤中离子间的平衡，从而造成重金属离子的迁移转化更加活跃。土壤中各种重金属元素含量达到平衡时，随着一种重金属元素的增加，为了达到新的平衡稳定，重金属在土壤中迁移转化能力显著增加。

（8）施肥　土壤中施加肥料，不仅增加土壤中 N、P 等营养元素，而且在施肥的过程中也会将重金属元素引入土壤中，导致重金属元素在土壤中积累。同时施加肥料可以改变土壤的 pH、离子强度等，从而影响重金属元素在土壤中的迁移转化。同时有研究认为，施肥方式的不同，会导致重金属元素在土壤中形态发生变化，条播较撒播更有利于重金属元素在土壤中迁移转化，从而在植物体内显著积累。通过施加氮、磷、钾等肥料对红壤中重金属元素的影响研究发现，土壤中施加 200 mg/kg 的氮肥可显著降低可交换态重金属含量，但又增加了弱吸附态和氧化物结合态重金属的含量；土壤中施加 80 mg/kg 磷肥时，可有效降低重金属的可交换态含量；而施加 100 mg/kg 钾肥时，则可增加土壤中重金属的可交换态含量，但降低了弱吸附态重金属含量。

（9）伴生阴离子　土壤系统中除了含有大量阳离子，还有许多阴离子，在重金属元素的迁移转化过程中起着重要的作用。研究证明，土壤中氯离子、硫酸根离子是影响重金属元素在土壤－植物间迁移的重要因素。其在土壤中一方面可与重金属元素形成稳定的化合态，从而降低重金属元素在土壤中迁移转化的能力；另一方面，这些伴生阴离子的存在又可以通过化学反应使土壤重金属元素由固态向土壤溶液中转化，并在土壤—植物系统中发生迁移转化。

（10）土壤生物　土壤本身是一个生物体系。土壤中存在大量的生物，其中微生物占主导地位。土壤微生物可通过分解有机质改变土壤性质，从而影响土壤中重金属的迁移转化，此外，土壤中某些专属性吸附的微生物可通过自身吸附重金属，降低重金属在土壤中的活性，从而影响重金属在土壤中迁移转化的能力，土壤微生物虽然不直接降解重金属，但土壤微生物通过改变周围环境影响土壤中重金属迁移转化。土壤中另一个重要的生物群体就是土壤植物和动物，土壤中的植物，可将土壤中有效态的重金属吸收到植物体内，从而将重金属带离土壤，引起重金属在土壤—植物系统中的迁移转化；而土壤动物则是通过食物链使土壤中重金属发生转移，引起重金属元素的迁移转化。

## （二）农药的土壤环境行为

### 1. 农药在土壤中的迁移转化

（1）吸附　吸附是农药与土壤基质间相互作用的主要过程，它是制约农药在水土体系中运动和最终归宿的重要因素。进入土壤的农药，一般都离解成有机阳离子或阴离子的形式。而土壤中存在一个由无机胶体（黏土矿物）、有机胶体（腐殖酸类）以及有机—无机复合胶体组成的胶体体系，在碱性条件下，土壤胶体带负电荷，在酸性条件下，则带正电荷。因此，土壤对农药具有吸附作用。其吸附机理主要分为以下两种：一是物理吸附，即土壤胶体扩散层的阳离子通过“水桥”吸附极性农药分子。二是物理化学吸附，这是土壤对农药的主要吸附作用，一般而言，土壤胶体的物理化学吸附能力大小顺序为：有机胶体＞蛭石＞蒙脱石＞伊利石＞绿泥石＞高岭石。

由于农药种类极多，性质各不相同，对土壤吸附有很大影响。一般农药的分子越大，越易被土壤吸附。农药在水中的溶解度强弱也对吸附有影响，如 DDT 在水中溶解度很低，在土壤中吸附力很强；而一些有机磷农药在水中的溶解度很大，吸附力则很低。

（2）气迁移和水迁移　进入土壤中的有机农药，在被土壤吸附的同时，还通过气体挥发（气迁移）、随水淋溶（水迁移）、生物吸收而移至土地以外。

大量资料表明，无论是非常易挥发的农药，还是不易挥发的农药（有机氯），都可以从土壤、水及植物表面大量蒸发。对于低水溶性和持久性的化学农药来说，蒸发是它们进入大气中的重要途径。通过蒸发作用而迁移的农药量比径流迁移、作物吸收等都要大。气迁移主要决定于农药本身的溶解度和蒸气压、土壤的温度、湿度以及影响孔隙状况的质地和结构条件。如砂土吸附能力小于壤土，故农药的蒸发损失较壤土大；土温增高，也能促进农药的蒸发。

水迁移有两种形式：一是直接溶于水中；二是被吸附于土壤固体细粒表面上，随水分移动而进行机械迁移。土壤中的农药可随水淋溶而在土体中扩散，但受农药本身的溶解度和土壤吸附性能的限制。如除草剂 2，4-D 等水溶性大的农药易于淋溶，可直接随土壤水分流入水体；而水溶性小的六六六、滴滴涕等农药则不易被水淋溶迁移。吸附性差的砂性土壤使农药易于淋溶，而黏粒和有机质含量高的土壤，淋溶较难。一般来说，农药在土壤中的淋溶较弱，故残留于土壤中的农药大多聚集于表土之中。

（3）降解　农药在土壤中的降解作用包括微生物降解、光化学降解和化学降解等。

由于土壤中的微生物种类繁多，即使被认为难降解的有机氯农药，最终也要被微生物所降解。但化学农药在土壤中的微生物降解作用是一个相当复杂的过程。与微生物对农药降解作用有关的主要的生化反应包括：烷基化作用、脱烃作用、脱卤作用、脱氨作用、脱卤化氢作用、氧化反应、还原反应、环分裂、键分裂、缩合和结合作用等。微生物降解作用是影响农药最终是否在土壤中残留和残毒量大小的决定因素。微生物对农药的代谢作用，是土壤对农药最彻底的、最主要的降解过程。但是，也不能认为微生物是万能的，而且有些代谢产物甚至比原型农药毒性更大。

光化学降解是农药非生物降解的重要途径之一。进入土壤中的农药，由于吸收太阳辐射能，而产生光化学反应。光化学反应有水解、氧化、取代、异构化和离子化等，这取决于农药的物理状态、溶剂以及是否有其他反应物的存在。土壤中的氨基酸、巯基和铜、铁、锰等金属离子可促进某些有机磷农药光化学反应中的水解和氧化还原作用。有些光敏农药的光解是非常迅速的。值得注意的是，落到土壤表面而未与土壤结合的农药，光化学降解可能是相当重要的。但是，在表土以下，由于土壤的其他成分对光能的吸收，显著地抑制了光能降解表土层以下的农药，这是一个重要的限制因素。

化学降解主要是指土壤中的农药通过氧化还原、水解等反应而降解。其中水解反应是许多农药降解的一个重要途径。由于土壤吸附作用对水解反应的催化作用，有些农药在土壤中的水解比在水中的水解更快。

**2. 影响农药在土壤中迁移转化的因素**

农药在土壤中的残留和降解主要与土壤中有机质含量、pH、湿度、温度和根系分泌物等多种因素有关，同时还与农药本身的理化性质有关。

（1）有机质　土壤有机质一般分新鲜有机质、半分解有机质和腐殖质，其中腐殖质占有机质总量的 85%～90%。研究证明，增加土壤有机质含量，有利于提高土壤微生物种群的数量和生物活性，增强生物对农药的降解作用。土壤中的腐殖质对于农药的水解反应也起到重要作用。此外，也有研究表明，施用有机肥还可以增强土壤对农药的吸附作用，农药被吸附后活性降低，从而减轻了对环境的危害。由此可见，提高土壤有机质含量不仅有利于作物生长，还可以促进土壤中残留农药的降解。

（2）湿度　湿度对于土壤中农药降解的影响通过两方面实现。

①影响光解　潮湿的表层土壤在光照条件下容易形成大量的自由基，如过氧基、羟基、过氧化物和单重态氧，可以加速农药的光解。另外，水分能增加农药在土壤中的移动性，有利于农药的光解。岳永德等发现，土壤湿度对于甲基对硫磷、氟乐灵和三唑酮均有加速光解的作用。

②影响农药的微生物降解　研究发现，在一定的土壤持水量范围内，随着水分含量的增高，噁唑菌酮的降解速度加快。这可能是土壤微生物的活性相对较高，从而促进了噁唑菌酮降解。当土壤持水量继续增高，特别是超过田间饱和持水量，呈淹水状态后，降解迅速放缓。可能是此时的土壤含水量已不适合微生物生长。因此，可以通过适当调整土壤含水量来加快农药的降解。尤其是对于保护地栽培，灌溉设施齐备，通风排湿设备良好，易于将湿度控制在所需范围内。

（3）温度　温度是影响微生物活性的一个重要因素。研究发现三唑酮、噁唑菌酮和地虫硫磷、毒死蜱、倍硫磷等有机磷农药的降解对温度表现出较强的敏感性，在供试温度范围内，随着温度升高，各供试农药在土壤中的降解速度加快。这可能是温度升高使有机物黏度降低，挥发性增大，生物可利用性增强，但更主要的可能是随着环境温度逐渐接近于微生物生长的最适温度，微生物酶活性大大提高，使农药的降解速率加快。一般来说，适宜微生物活动的温度范围是 25～35 ℃，超出这个温度范围，微生物的生长繁殖会受到抑制。另外，温度也是影响水解的一个重要因素。温度升高能使磺酰脲类除草剂水解速率明显加快，其半衰期随溶液温度升高逐渐缩短。但由于农药本身性质不同，温度对其水解影响程度也有很大差异。

（4）pH　土壤 pH 随土壤类型、组成的不同而有较大变化，是影响农药在土壤中水解的一个重要因素。如磺酰脲类除草剂在水中溶解度受 pH 影响极大，因而土壤 pH 对其水解有着极其重要的影响。磺酰脲类除草剂在酸性溶液中的水解速率较快，但是在中性环境中较为稳定。当 pH＞7 时，三唑酮的降解速率大大加快，并且表现为 pH 越大，其降解速率越快；在酸性条件下的降解比较缓慢，而中性和碱性条件下降解较为迅速。但 pH 并不能影响所有农药的降解，这还取决于农药本身的性质。如土壤 pH 不同，噁唑菌酮的降解并没有受到显著的影响。

（5）土壤粒径　土壤粒径不仅影响土壤通气性和透水性，也影响农药的降解。但有关这方面的研究较少。岳永德等研究发现氯氰菊酯等 3 种农药在 0.5～1.0 mm 粒径范围的土壤中光解速率最快，在 0.1～0.25 mm 粒径范围的土壤中的光解速率最慢，在砂质和黏质两种土壤中表现了完全一致的趋势。这些结果说明，一定的土壤团粒结构因其合适的孔隙度而有利于农药在土壤中的光解，所以适当改变土壤结构有利于农药在土壤中的降解。

### （三）石油类污染物的土壤环境行为

土壤中石油类污染物会通过挥发、淋溶、径流及植物吸收等迁移过程，使污染物转移到其他环境要素中去。在土壤中的迁移形式主要是扩散和质体流动，影响因素主要是土壤水分、有机质含量、孔隙度、温度以及石油类污染物本身的结构性质。

**1. 吸附/解吸**

吸附/解吸是控制石油类污染物在土壤中环境归宿的主要化学过程，不仅影响土壤中石油类污染物的微生物可利用性，也影响了其向大气、地下水与地表水的迁移转化。影响石油类污染物在土壤中吸附/解吸的因素很多，主要包括其自身的分子结构和理化性质，土壤的组成、结构和性质，以及其他外界因素，如温度、湿度、pH 及共吸附质等。一般认为，有机污染物在水体中的溶解度越小，越有利于在土壤中的吸附；土壤有机质含量越高，吸附能力越大。大多数研究结果表明，有机质是对土壤吸附石油类污染物起决定作用的物质，其中腐殖质类有机质可能起到关键的作用。

**2. 挥发**

挥发是土壤中石油类污染物迁移转化的一个重要途径。石油类污染物进入土壤后，熔点高、难挥发的高分子烃吸附到土壤中，而低分子烃则以液相和气相存在，挥发性高并不断逸散到大气中。土壤中有机污染物的挥发主要发生在地表，对于土壤深层的污染物，需要先从深层迁移至地表，然后挥发至大气。挥发行为除了受污染物本身的种类、性质和含量影响外，还与污染土壤的质地、级配、含水率、有机质含量以及温度、风速等环境因素有关。一些研究结果表明，在毛细力作用下，石油类污染物在土壤中存在向上运动的“灯芯效应”，促使挥发速率进一步加快，适度的含油率和含水量会促进“灯芯效应”，而过低的含油量和过高的含水率则会抑制其发生。挥发作用仅使低分子烃类污染物浓度降低，从而改变土壤中石油类污染物的组成，但其环境危害性仍然存在。

**3. 渗滤**

水溶态和非水相液态（NAPL）是土壤中石油类污染物的两种重要迁移形式。由于土壤的亲水性，水溶态污染物入渗能力明显大于 NAPL 态，且最高浓度往往出现在距地表一定深度处。影响土壤中石油类污染物渗滤的因素很多，主要包括土壤结构、质地、含水量、孔隙度、温度以及石油本身的结构性质。在一定的降雨及灌溉淋滤条件下，土壤中残留的石油类污染物会发生解吸释放，加速污染物向饱水带的运移。当土壤中的石油污染物在入渗或淋滤作用下迁移至毛细带时，在重力、毛细力作用下会发生垂向及侧向运移，入渗速度显著加快，同时进行相当明显的横向迁移扩展，在毛细带形成一个污染界面。随着降雨的淋溶作用，滞留在包气带及毛细带的原油会进一步渗透污染地下水体。

**4. 微生物降解**

土壤微生物在适宜的环境条件下，可以把石油类物质中的一定组分作为有机碳和能量的来源，同时将它们降解。石油类物质进入降解微生物的细胞膜后，可通过 3 种同化作用降解：好氧呼吸、厌氧呼吸和发酵作用。可降解性由石油类物质的化学组成决定，总体来说，烷烃及芳香烃中的 $C_{10}$～$C_{22}$ 的烃最易降解；$C_1$～$C_4$ 的短链烃结构比较稳定，只有少量微生物对其有降解作用；$C_{22}$ 以上烃类的水溶性很差，一般情况下呈固态，微生物对其的降解作用非常有限。对土壤中微生物降解影响最显著的因素为石油类污染物的化学组成和环境因素。环境因素又包括土壤中微生物种类和数量、土壤中营养元素、供氧量、温度、湿度、pH 等。

**5. 光降解**

在自然条件下，石油污染物可发生 2 种类型的光降解反应：①直接光降解，指石油类物质直接吸收太阳光能进行转化；②非直接光解或光敏化降解，即先由土壤中存在的某种中间介质吸收太阳光，然后经过电子转移过程将能量传递给污染物，或者转化形成具有反应活性的光氧化剂，这些光氧化剂再与污染物进行其他反应，从而使石油类污染物浓度或毒性降低。土壤环境中只有表层的一小部分石油类污染物可以受到光照而发生降解，其余绝大部分则滞留在土层中，很少受到光照的影响，不易光解。

### （四）典型难降解有机物的土壤环境行为

#### 1. 多氯联苯（PCBs）的迁移转化

土壤中的 PCBs 主要来源于颗粒沉降，有少量来源于污泥肥料、填埋场的渗漏以及在农药配方中使用的 PCBs 等。PCBs 是一类稳定化合物，一般不易被生物降解转化，尤其是高氯取代的异构体。但在优势菌种和其他环境适宜条件下，PCBs 的生物降解不但可以发生而且速率也会大幅度提高。土壤中的 PCBs 很难随滤过的水渗漏出来，特别是在含黏土高的土壤中，PCBs 在不同土壤中的渗滤序列为：砂壤土＞粉砂壤土＞粉砂黏壤土。

PCBs 的生物转化由于受光、温度、菌种、酸碱度、化学物质及其他物理过程的影响，速度很缓慢，相对其他转化过程几乎可以忽略不计，因此 PCBs 的污染难以从根本上消除，它的污染会给整个生态环境带来长期影响。

#### 2. 多环芳烃（PAHs）的迁移转化

PAHs 在土壤中可以被土壤吸附、发生迁移，以及被微生物降解。PAHs 进入土壤后会从表层土壤迁移到下层土壤进而污染地下水。

由于 PAHs 水溶性低、辛醇-水分配系数高，因此，PAHs 在土壤中有较高的稳定，其苯环数与其生物可降解性明显呈负相关关系。有研究表明，高分子量 PAHs 的生物降解一般以共代谢方式开始。共代谢作用可以提高微生物降解 PAHs 的效率，改变微生物碳源与能源的底物结构，增大微生物对碳源和能源的选择范围，从而达到使 PAHs 最终被微生物利用并降解的目的。

#### 3. 二噁英的迁移转化

土壤中的二噁英可通过微生物分解、光降解、挥发、作物蒸腾作用、淋溶等途径损失降解。土壤中的二噁英通过垂直迁移，蒸发或降解的损失率很低，其在水中的溶解度低，但易溶于类脂化合物而被土壤矿物表面吸附。

由于二噁英具有相对稳定的芳香环，在环境中具有稳定性、亲脂性、热稳定性，同时耐酸、碱、氧化剂和还原剂，且抵抗能力随分子中卤素含量增加而增强，因而土壤和城市污泥中的二噁英，不管是在有氧条件还是缺氧条件下几乎不发生化学降解，生物代谢也很缓慢，主要是光降解。二噁英是高度抗微生物降解有机污染物，可以在土壤中保留 15 个月以上；仅有 5％的微生物菌种能降解二噁英，而且降解的半衰期与细菌类型有关，因此，可以从自然界中分离和选育能降解噁的菌种。二噁英在自然环境中难以化学降解。但有有机溶剂时，臭氧（$O_3$）可以促进二噁英的降解和提高降解速率，在水和四氯化碳（$CCl_4$）混合液中通入臭氧 50 h，其分解率为 97％。

## 第四节　土壤污染修复技术发展趋势

以消除污染毒害并恢复土壤功能为宗旨的土壤修复起步于 20 世纪 70 年代后期，其理论依据是土壤污染化学与控制。为了寻找解决日趋严重的土壤污染与风险问题的方案，一些发达国家开始研究污染土壤的修复理论、方法及技术，20 世纪 80 年代至 90 年代初，在重金属污染的超积累植物修复和石油污染的微生物修复等基础理论与应用方面取得了显著进展，进一步推动了土壤污染修复领域的研究与发展。具有划时代意义的是1994年在墨西哥召开第15届世界土壤科学大会期间提出组建国际土壤修复专业委员会的倡议，以及1998年在巴黎召开第16届世界土壤科学大会上国际土壤修复专业委员会正式成立，土壤修复（soil remediation）一词应运而生，在全球广泛应用。

20世纪末到21世纪初，在我国工业化、城市化和农业集约化的快速发展过程中，大量人为排放的污染物对土壤环境造成的负面影响日益加剧，土壤环境与健康安全的压力与日俱增，土壤污染的控制与修复迫在眉睫。土壤修复作为土壤科学的新学科，具有不同于土壤化学等学科的任务。

土壤修复是一门重点研究土壤污染的控制、缓解、消除、净化并恢复土壤功能的集理论、方法、技术、工程和管理于一体的基础性与应用性学科。土壤修复是污染土壤资源再生、功能再现的必要途径，也是土壤环境质量改善、保障生态安全与人体健康的必要前提。

## 思考题

1. 什么是土壤？土壤有哪些功能？
2. 什么是土壤环境质量和土壤环境容量？
3. 什么是土壤污染？土壤污染来源及其成因有哪些？

# 第二章　土壤污染调查

土壤环境状况不仅直接影响国民经济发展和国土资源环境安全，而且直接关系到农产品安全和人体健康。因此，开展土壤污染状况调查，摸清土壤环境状况及污染情况，具有十分重要的现实意义，是制定土壤污染防治对策，做好土壤污染防治工作的基本前提。

## 第一节　调查方案的制订

土壤污染调查是为掌握土壤污染状况而进行的调查活动。通过调查可以掌握土壤、农作物所含有害物质的种类和数量，为强化环境管理、制定防治措施提供科学依据。因此，土壤污染调查至关重要，制订合理科学的土壤污染调查方案，获取准确的土壤污染数据，是土壤污染调查的一项重要的基础性工作。

### 一、农田土壤污染调查

#### （一）调查方案的编制依据

农田土壤污染调查的目的是全面、系统、准确掌握土壤环境质量总体状况和污染状况以及土壤背景点环境质量的变化情况，确保合理利用土地，保护人民身体健康，提高生活质量。因此，农田土壤污染调查方案的编制要依据调查目的，严格按照全国土壤污染现状调查的技术规定和全国土壤污染状况调查质量保证规定的要求进行布点、采样、样品制备、样品分析、数据处理和数据录入，并结合当地实际制订切实可行的实施方案和质控方案，将土壤调查各环节的技术要求进行细化。

#### （二）农田土壤污染调查的全面性问题

土壤是随着气候、生物、母质、地形和时间因素变化而变化的历史自然体，并受人类活动的影响。由于成土母质、气候、生物、地形、水系等的多样性以及人类活动的影响，土壤的组成和性质（如土壤 pH、有机质、质地等）存在着空间和时间上的差异。因此，即使是同一种污染物，在不同的土壤中，由于土壤组成和性质的差异，其存在的形态和价态就会不同，从而对受体的影响也会不同。可见，由于污染源、污染物、土壤组成及性质以及受体的多样性，土壤污染具有复杂性。因此，在农田土壤污染调查中，不能只单独地调查和采集土壤，还要了解和调查污染源（包括历史的和现在的）以及各种受体受害的情况，才能较全面地认识土壤污染状况，以便采取相应的对策。

### （三）农田土壤污染调查内容的确定

参照第三次全国土壤普查，采用网格法布点，网格大小设置为：耕地 8 km×8 km，林地和草地 16 km×16 km，未利用地 32 km×32 km。采集距地表 0～20 cm 的表层混合样。样本采集信息包括样点的自然情况、土壤理化性质、无机污染物、有机污染物等。调查内容以《土壤环境质量　农用地土壤污染风险管控标准（试行）》（GB 15618—2018）要求的筛查值（基本值）和风险管控值为主要调查内容，调查内容除了样品点的自然情况外，还要包括土壤、地表水、地下水和农产品的理化性质、无机污染物和有机污染物等监测项目。

土壤背景是指区域内在很少受人类活动影响和不受或未明显受现代工业污染与破坏的情况下，土壤固有的化学组成和元素含量水平。土壤背景数据主要用于与调查数据相比较，用于评估污染程度。背景点处按剖面分层取样，采集的信息除了样点的自然情况外，还要包括每层土壤的理化性质、无机和有机监测类项目。

## 二、场地污染调查

### （一）场地污染识别

场地污染识别的目的是识别可能存在的污染源和污染物，初步排查场地是否存在污染的可能性，必要情况下需要首先进行应急清理。场地环境识别主要是通过资料收集与分析、现场踏勘、人员访谈等方式开展调查，初步分析场地环境污染状况，编制这一阶段的调查报告。原则上这一阶段不进行现场采样分析。

**1. 资料收集与分析**

场地环境调查技术人员应通过信息检索、部门走访、电话咨询等途径，广泛收集场地及周边区域的自然环境状况、环境污染历史、地质、水文地质等信息。被调查单位应积极配合，力所能及地为调查人员提供所需的资料信息。通过对工艺、原材料及储存和生产设施等相关资料的审核，调查人员应根据专业知识和经验判断资料的有效性，并分析场地可能涉及的危险物质，以及这些危险物质的使用、存储区域。

**2. 现场踏勘**

现场踏勘的目的是通过对场地及其周边环境设施的现场调查，观察场地污染痕迹，核实资料收集的准确性，获取与场地污染有关的线索。应采用专业调查表格、GPS 定位仪、摄（录）像设备等，仔细观察、辨别、记录场地及其周边重要环境状况及其疑似污染痕迹，并可采用野外便携式筛查仪器进行现场快速测量，辅助识别和判断场地污染状况。现场踏勘的重点一般包括场地可疑污染源、场地污染痕迹、涉及危险物质的场所、建（构）筑物以及周边相邻区域。

在进行场地踏勘时，若发现场地及周边有危险物质泄漏，应迅速对泄漏情况及危害程度进行快速评估，并确定是否需要立即采取措施清除泄漏源。一旦确认需要进行紧急清除，应立即通知有关部门，采取应急处理措施。

**3. 人员访谈**

对场地管理机构和地方政府人员、环境保护主管部门人员、场地过去和现在各阶段的使用者、相邻场地的工作人员和居民等场地知情人员采取咨询、发放调查表等形式开展访谈活动。

### （二）场地污染分析判断

污染识别阶段进行分析判断的目的是确定是否可能发生污染。若场地发现污染痕迹，或被认为存在潜在污染以及无法判断污染可能性时，例如，未发现污染痕迹，但生产中使用危险化学品及石油产品或排放有毒有害物质的场地，因历史状况不清等原因无法判断场地是否受到污染时，应作为潜在污染场地。

若判断结果为可能污染，应进一步建立场地概念模型。场地概念模型是综合描述场地污染源释放的污染物通过土壤、水、空气等环境介质进入人体，并对场地周边及场地未来居住、工作人群的健康产生影响的关系模型。场地概念模型包括污染源、污染物的迁移途径、人体接触污染的介质和方式等，一般随着调查和评估的深入逐步完善和细化。

在完成上述调查工作的基础上，编写完成调查报告，报告应包括场地基本情况、场地环境调查的主要工作内容、场地污染的初步分析结论及依据。应突出说明使用和排放的危险物质及使用量、污染痕迹、污染概念模型等。另外，需要针对场地环境调查过程中的不确定因素对评价结论的影响进行分析，并应将判断场地污染与否的关键佐证材料作为报告附件。

# 第二节　土壤样品采集

## 一、采样准备

土壤样品的采集和处理是土壤分析工作的一个重要环节。采集有代表性的样品是确保测定结果能如实反映其代表的区域或地块客观情况的先决条件。因此，采样前需要做好采样准备，包括采样方案的制订，样品数量的确定和采样点位的布设。

### （一）采样方案的制订

**1. 明确采样目的**

采样方案的制订首先要明确调查采样的目的。土壤环境背景调查是针对无污染的土壤或相对被认为无污染的土壤进行的采样分析；区域性土壤环境本底调查，是在不清楚哪些地方有污染、有什么样的污染以及有多大的污染程度时进行的摸底调查；土壤污染源与土壤污染事故的调查是在清楚哪儿有污染、大致是什么样的污染以及污染程度的基础上进行的污染源追踪调查。出于不同的目的，采样方案差别很大。

**2. 了解采样区的基本情况**

为了制订科学的采样方案，必须对采样工作区进行尽可能多地了解。如收集采样区域的交通图、土壤图、地质图、大比例尺地形图等资料，供制作采样工作图和标注采样点位用；收集包括采样区域土类、成土母质等土壤信息资料；收集工程建设或生产过程对土壤造成影响的环境研究资料；收集造成土壤污染事故的主要污染物的毒性、稳定性以及如何消除等资料；收集土壤历史资料和相应的法律（法规）；收集采样区域工农业生产及排污、污灌、化肥农药施用情况资料；收集采样区域气候资料（温度、降水量和蒸发量）、水文资料；收集采样区域遥感与土壤利用及其演变过程方面的资料等。将现场踏勘调查得到的信息进行整理和利用，丰富采样工作图的内容。

**3. 准备采样工具**

采样需准备铁锹、铁铲、圆状取土钻、螺旋取土钻、竹片以及适合特殊采样要求的采样工具；GPS、罗盘、照相机、胶卷、卷尺、铝盒、样品袋、样品箱等采样器材；样品标签、采样记录表、铅笔、资料夹等文具类材料；工作服、工作鞋、安全帽、药品箱等安全防护用品以及车辆等交通工具。

**4. 明确监测项目**

监测项目分常规项目、特定项目和选测项目。常规项目指 GB 15618 中所要求控制的污染物。特定项目指 GB 15618 中未要求控制的污染物，但根据当地环境污染状况，确认在土壤中积累较多、对环境危害较大、影响范围广、毒性较强的污染物，或者污染事故对土壤环境造成严重不良影响的物质，具体项目由各地自行确定。选测项目一般包括新纳入的在土壤中积累较少的污染物、由于环境污染导致土壤性状发生改变的土壤性状指标以及生态环境指标等，由各地自行选择测定。监测频次与监测项目类别相对应。常规项目可按当地实际适当降低监测频次，但不可低于 5 年一次，选测项目可按当地实际适当提高监测频次（表 2-1）。

**表 2-1　土壤监测项目与监测频次**

| 项目类别 | | 监测项目 | 监测频次 |
|---|---|---|---|
| 常规项目 | 基本项目 | pH、阳离子交换量 | 每 3 年一次，农田在夏收或秋收后采样 |
| | 重点项目 | 镉、铬、汞、砷、铅、铜、锌、镍、六六六、滴滴涕 | |
| 特定项目（污染事故） | | 特征项目 | 及时采样，根据污染物变化趋势决定监测频次 |
| 选测项目 | 影响产量项目 | 全盐量、硼、氟、氮、磷、钾等 | 每 3 年一次，农田在夏收或秋收后采样 |
| | 污水灌溉项目 | 氰化物、六价铬、挥发酚、烷基汞、苯并［a］芘、有机质、硫化物、石油类等 | |
| | POPs 与高毒类农药 | 苯、挥发性氯代烃、有机磷农药、PCBs、PAHs 等 | |
| | 其他项目 | 结合态铝（酸雨区）、硒、钒、氧化稀土总量、钼、铁、锰、镁、钙、钠、铝、硅、放射性活度等 | |

**5. 采样方案的制订**

在明确采样目的、掌握采样工作区基本情况和明确监测项目后，结合项目的经费支持力度，从理论上进行采样方案的制订，拟采样点并标注在工作底图上。采样方案应包括样品数量、采样点布置、采样方法、采样质量、采样工具和装样工具、样品标识记录等。在实际采样过程中，采样点的布置与样品数量可根据采样工作区的现实情况做适当的调整，以更符合实际情况和调查目标为宗旨。尤其在采样过程中发现特殊情况时，需要增加样品数量。

## （二）样品数量的确定

样品由总体中随机采集的一些个体所组成的，个体之间存在变异，因此样品与总体之间差异越小，样品的代表性越好；反之亦然。为了使采集的样品具有好的代表性，必须避免一切主观因素，使组成总体的个体有同样的机会被选入样品，即组成样品的个体应当是随机地取自总体；同时，需要相互之间进行比较的样品应当有同样的个体组成，否则样本大的个体组成的样品，其代表性会大于样本少的个体组成的样品。

在一个采样区需要采多少样品，取决于土壤中某种污染物在空间上的均质化程度和所要达到的精度。基础样品数量可以用标准差和绝对偏差计算。

## （三）采样点位的布设

### 1. 常规采样点位布设

常规的采样布点方法包括简单随机布点法、分块随机布点法和系统随机布点法。混合样品一般由相邻若干个样点的样品混合而成。通常 1 个混合样的采样点可在 20～30 个，土壤变异小的田块 10 个点即可。混合样的布点一般采用“之”字形布点法。各种布点法如图 2-1 所示。

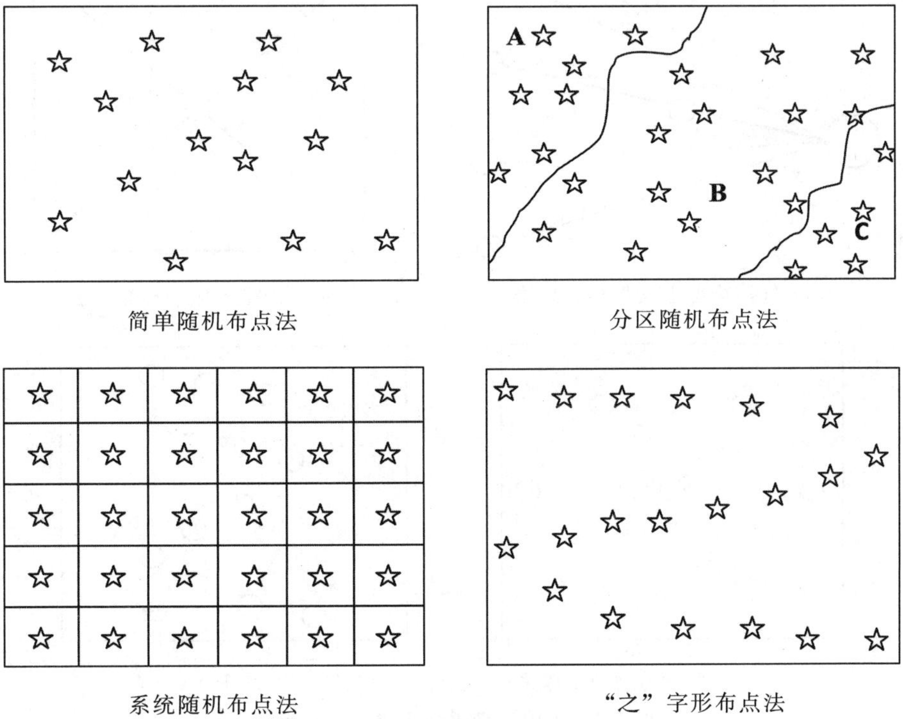


**图 2-1　常规采样布点法**

简单随机布点法是指将监测单元分成网格，每个网格编上号码，决定采样点样品数后，随机抽取规定的样品数的样品，其样本号码对应的网格号，即为采样点（也可直接利用地理坐标选取）。随机数的获得可以利用掷骰子、抽签、查随机数表等方法。关于随机数骰子的使用方法可见 GB 10111—2008。简单随机布点是一种完全不带主观限制条件的布点方法。

分块随机法是根据收集的资料，将监测区域内明显的几种类型土壤分成几块，每块内污染物较均匀，块间的差异较明显。将每块作为一个监测单元，在每个监测单元内再随机布点。在正确分块的前提下，分块布点的代表性比简单随机布点好，如果分块不正确，分块布点的效果可能会适得其反。

系统随机法是指将监测区域分成面积相等的几部分（网格划分），每网格内布设一个采样点，这种布点称为系统随机布点。如果区域内土壤污染物含量变化较大，系统随机布点比简单随机布点所采样品的代表性要好。

区域性土壤环境质量本底调查一般采用随机布点法或系统随机布点法。如果调查区域内有明显的亚区差异时，可采用分区随机布点法，分区可依据土壤类型、土地利用类型、地形地貌等。

**2. 污染源型采样点位布设**

对于不同类型污染源造成的土壤污染调查采样，布点方法也存在差异。根据污染源不同，污染土壤可分为大气污染型，水污染型，水、气混合污染型。不同污染源类型土壤采样布点方法如图 2-2 所示。

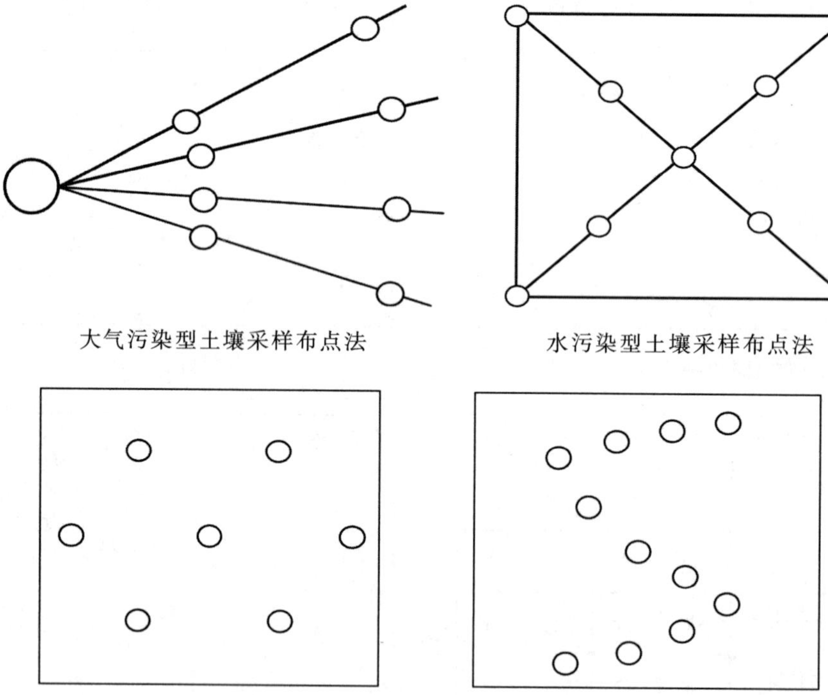


混合污染型土壤采样布点法（梅花形与“S”形）

**图 2-2　不同污染源型土壤采样布点法**

对于大气污染型土壤，应根据工厂规模、废气排放情况、当地风向风速及地形条件等布设采样点。一般以污染源为中心，按扇形伸展方向由近及远布设采样点，采样间距通常是靠近污染源的样点要小些，远离污染源的要大些。如可以在 50 m、100 m、250 m、500 m、1 000 m、2 000 m 的不同距离为采样间距，在每个间距上至少布设一个采样点，采集一个分析样品或在每个间距的不同方向上以 3～5 个采样点制成一个混合样。这样，每个间距就能保证有一个代表样。

对于水污染型土壤，首先按污染面积大小和轻重程度把被污染土壤划分成若干田块，在每个田块上布设若干采样点，最后采集一个（每田块）混合样品。布点方法是根据灌溉水流的流经路线，在田块的进水口、中部和出水口各布设一个采样点；对水流距离较长的田块，中部可加设一些采样点；田块四周也可适当布设采样点。一个田块可布设 5～13 个采样点，将这些样点的土样制成一个混合样品。

对于水、气混合污染的土壤，同样是先把污染土壤分成若干田块，如同水污染型一样，在每个田块上采集一个混合样品。可按梅花形或“S”形的布点方式布设采样点。其中梅花形适合于面积较小、地势平坦、土壤较均匀的田块；“S”形适合于面积较大、地势不平坦、土壤不均匀的田块。样点数量应根据田块大小、地势平坦情况而定。一般是每块以 5～10 或 10～20 个（地势不平坦者）样点为宜，最少不应少于 5 个。将上述样点所采集的土样制成一个混合样品，即为该田块的代表性样品。

**3. 采样布点数量**

土壤监测的布点数量要满足样本容量的基本要求，即由均方差和绝对偏差、变异系数和相对偏差计算样品数的下限，实际工作中土壤布点数量还要根据调查目的、调查精度和调查区域环境状况等因素确定。一般要求每个监测单元最少设 3 个点。区域土壤环境调查按调查精度的不同可从 2.5 km、5 km、10 km、20 km、40 km 中选择网距网格布点，区域内的网格结点数即为土壤采样点数量。对于工业搬迁场地，样品采样点的布设根据拟调查地块原生产及辅助装置平面布置及其周边环境概况确定，在可能发生环境影响的区域布点。布点原则：一般布 10 个点，生产区周边 3 个，原辅材料贮存、污水及固废处理等辅助设施区 3 个，厂区边界 4 个。根据场地地下水流向，至少将其中 3 个点安装成地下水监测井。地下水监测井深度为静态水位下 2 m。

## 二、样品采集

采样点可采表层样或土壤剖面。一般监测采集表层土，采样深度 0～20 cm；有特殊要求的监测（土壤背景、环评、污染事故等），必要时选择部分采样点采集剖面样品。采集的样品一般装入样品袋，质量以 1 kg 左右为宜，用铅笔写好标签，内外各一张，标签需注明采样地点、日期、采样深度或部位、土壤名称、编号及采样人等，同时做好采样记录。

### （一）不同类型土壤样品的采集要求

**1. 单独土壤样品采集要求**

每点采样时，先铲去表层杂质（如有明显杂质）。用采样铲挖取面积 25 cm×25 cm，深度为 0～20 cm 的土壤。用于挥发性、半挥发性物质分析的土壤样品，应采集单独样品。挥发性样品可直接采集到 250 mL 带聚四氟乙烯衬垫的棕色磨口玻璃瓶或带密封垫的螺口玻璃瓶中，并装满；半挥发性样品采集到 250 mL 带聚四氟乙烯衬垫的棕色磨口玻璃瓶或带密封垫的螺口玻璃瓶中，并装满。为防止样品污染瓶口，采样时可将干净硬纸板围成漏斗状衬在瓶口。如果要测试微量元素，要用非金属器具采样。

**2. 剖面土壤样品采集要求**

剖面的规格一般长 1.5 m、宽 0.8 m、深 1.2～1.5 m。挖掘土壤剖面要使观察面向阳，表土和底土分两侧放置。一般每个剖面采集 A、B、C 三层土样。地下水位较高时，剖面挖至地下水出露时为止；山地丘陵土层较薄时，剖面挖至风化层。土壤剖面按层次采样时，必须自下而上（这与剖面划分、观察和记载恰恰相反）分层采取，即先采剖面的底层样品，再采中层样品，最后采上层样品，以免采取上层样品时对下层的土壤造成混杂污染。为了使样品能明显地反映各层的特点，通常是在各层最典型的中部采取（表土层较薄，可自地面向下全层采样），这样可克服层次间的过渡现象，从而增加样品的典型性或代表性。测量重金属的样品尽量用竹片或竹刀去除与金属采样器接触的部分土壤，再用其取样。剖面每层样品采集 1 kg 左右，装入样品袋，样品袋一般由棉布缝制而成，如潮湿样品可内衬塑料袋（供无机化合物测定）或将样品置于玻璃瓶内（供有机化合物测定）。

**3. 混合土壤样品采集要求**

为了保证样品的代表性，减少监测费用，采取采集混合样的方案。混合样的采集主要有对角线法、梅花点法、棋盘式法和蛇形法四种方法，其中对角线法适用于污灌农田土壤，对角线分 5 等份，以等分点为采样点；梅花点法适用于面积较小、地势平坦、土壤组成和受污染程度相对比较均匀的地块，设点 5 个左右，棋盘式法适宜中等面积、地势平坦、土壤不够均匀的地块，设点 10 个左右，受污泥、垃圾等固体废物污染的土壤，设点应在 20 个以上；蛇形法适宜于面积较大、土壤不够均匀且地势不平坦的地块，设点 15 个左右，多用于农业污染型土壤。各分点混匀后用四分法取 1 kg 土样装入样品袋，多余部分弃去。

### （二）土壤样品的采集方法

**1. 击入法**

适用于较硬的土层取样，又可分为孔外及孔内的轻捶多击法和重捶少击法。实践证明，孔内的重捶少击法取样效果好，效率高，土样扰动小。

**2. 压入法**

适用于较软的土层取样，又可分为连续压入法和断续压入法。连续压入法是借助活塞油压筒或钢绳滑轮组合装置，将取土器一次快速均匀地压入土中，土样扰动较小，当采用连续压入法无法将取土器压入土层时，则可采用断续压入法。

**3. 振动法**

利用振动器的振动作用将取土器压入土中。这种方法对土样的边缘部分扰动较大，易受振动液化的土层不适用。为了保证土样的质量，除了对取土器和取土方法进行选择外，还应注意钻探方法、钻孔结构、清除孔内残土、操作方法和土样封存及运输等问题。要求取原状样品时，尽量采用静压的方式。取土器平稳下放后，应核对孔深与钻具长度，发现残留浮土厚度超 50 mm 时，应提起取土器重新清孔。利用钻机的钻进系统施压时，应保证连续压入足够的行程。若采集有挥发性有机物土层样品，为防止有机物挥发散失，采样要迅速，并置于专门处理的玻璃瓶内。

拆卸样管时，须记录土样长度与贯入深度，经清除上端扰动土层后，复测土样长度，顶端挖出约 25 mm 土样，两端分别以蜡密封，防止膨胀及水分散失，管端中空部分以棉布等填塞，防止土样移动，再以盖盘封闭两端，并用胶带固封。

## 三、土壤样品的制备

土壤分析项目不同，制备分析样品的方法也不同。

土壤挥发酚、氰化物、硫化物、铵态氮、硝态氮等分析项目，一般需用新鲜土样进行分析，可将采回的新鲜土样除去石块、煤渣、动植物残体等非土壤成分后混合均匀，直接称样分析（同时需测定土壤水分含量）。

土壤 pH、全盐量、氯离子等分析项目，需用过 20 目筛的风干土样进行分析。风干样品的制备方法为：将采回的土样置于瓷盘或塑料布上，摊平约 1 cm 厚，在通风处阴干。当土样半干时，用手将大块土团捏碎，以免全部风干后结成硬块难以粉碎。风干过程中应防止酸性气、氨气和尘埃等污染。待土样全部风干后，拣去石块、结核（石灰、铁、铝）、动植物残体等非土壤成分，摊于硬塑料板上，用木棒碾细，全部过 20 目尼龙筛，装入磨口玻璃瓶中，贴上标签备用。

土壤重金属及其他成分的测定，需用过 100 目筛的风干土样进行。方法是将上述过 20 目筛的样品全部摊开约 0.5 cm 厚，将摊开的土样划分成若干小方格，用骨匙在每个方格内取少许土样，共取 20～30 g。放入玛瑙研钵内磨细，全部过 100 目尼龙筛，混匀后放入磨口小玻璃瓶中，贴上标签备用。

土样制备过程中应注意的事项：①对污染样品应另设风干室，且不能与其他样品在同一磨样室同时过筛研磨；②样品风干、磨碎、分装过程中样品编码必须始终保持一致；③定期检查样品标签，严防样品标签模糊不清或丢失；④制样所用工具每处理一份样品后擦抹（洗）干净，严防交叉污染；⑤分析挥发性、半挥发性有机物无须制样，用新鲜样品按特定的方法进行样品前处理。

## 四、土壤样品的保存

### （一）新鲜样品的保存

对于易分解或易挥发等不稳定组分的样品要采取低温保存的运输方法，并尽快送到实验室分析测试。测试项目需要新鲜样品的土样，采集后用可密封的聚乙烯或玻璃容器在 4 ℃以下避光保存，样品要充满容器。避免用含有待测组分或对测试有干扰的材料制成的容器盛装保存样品，测定有机污染物用的土壤样品要选用玻璃容器保存。具体保存条件见表 2-2。

**表 2-2　新鲜样品的保存条件和保存时间**

| 测试项目 | 容器材质 | 温度/℃ | 可保存时间/d | 备注 |
| --- | --- | --- | --- | --- |
| 金属（Hg、$Cr^{6+}$除外） | 聚乙烯、玻璃 | <4 | 180 | |
| 汞 | 玻璃 | <4 | 28 | |
| 砷 | 聚乙烯、玻璃 | <4 | 180 | |
| 六价铬 | 聚乙烯、玻璃 | <4 | 1 | |
| 氰化物 | 聚乙烯、玻璃 | <4 | 2 | |
| 挥发性有机物 | 聚乙烯（棕色） | <4 | 7 | 采样瓶装满装实并密封 |
| 半挥发性有机物 | 聚乙烯（棕色） | <4 | 10 | 采样瓶装满装实并密封 |
| 难挥发性有机物 | 聚乙烯（棕色） | <4 | 14 | |

### （二）风干样品的保存

制备好的样品要妥善贮存，避免日晒、高温、潮湿和酸碱气体等的污染。在全部分析工作结束，分析数据核实无误后，试样一般还要保存 3 个月至半年，以备查询。少数有价值、需要长期保存的样品，须保存于广口瓶中，用蜡封好瓶口。有条件的地方，样品应低温保存。

## 第三节　样品采集质量控制

质量保证和质量控制的目的是保证所产生的土壤环境质量监测资料具有代表性、准确性、精密性、可比性和完整性。质量控制涉及监测的全部过程。

### 一、采样质量保证

采样过程是一个实践性很强的过程，虽然在原则上对质量保证基础工作有一定要求，但在涉及具体的采样活动时，仍必须针对实际情况具体对待。对空气采样、水体采样、土壤采样和生物采样至今都有明确的技术规定。比如，空气采样包括采样器流量的恒定和校准，吸收液、滤膜的保存等。水体采样包括采样位置的选择、采样器皿在采样前的洗涤以及采样后的运输保存。同时对诸如溶解氧、油类这样的特殊项目做更加详细的说明。现场采样的质量保证问题已引起环境分析工作者的广泛重视。

采样过程和分析测试过程在质量保证方面有相似之处，这样便可把分析测试质量保证方面的概念用于采样过程质量保证。如认为误差也普遍存在于采样过程中，准确度是样本中待测物的真实含量与采样总体中待测物真实含量之间的差异，它反映了采样的系统误差和偶然误差；假设根据某一特定的监测方案在采样总体中采集若干样本，这些样本中待测物的真实含量的离散程度即为采样的精密度，反映了采样过程的偶然误差，可用采样标准偏差来定量描述。

采样误差是因采样技术上的问题所造成的样品测定结果与其真值之间的差异。采样误差一般有两种：一种是使用不恰当的采样方法所产生的固定偏差，可通过正确的采样方法来尽量避免。另一种误差是随机误差，是样品特性不均一所造成的，无法通过调整采样方法来消除，但可通过增加样品数量、加大样品量和制备混合样等手段来减少误差，提高采样的精密度。

### 二、采样质量控制

环境样品采集和分析的各个环节都将引入误差，采样过程也不例外。实验表明，采样误差往往是最大而且最重要的误差。

校验采样各环节所发生的问题，可在现场采样时设置采质量控制样品，以判断误差的来源。即在同一采样点上采样时，同时采集双份平行样，按保密方式交付实验室进行分析。这种方法简单易行，其缺点在于只能判断采样和分析全过程的精密度，难以估计采样误差的大小，更无法分清误差主要是产生于现场，还是产生于实验室的分析过程之中。但是采集平行样进行质量控制仍为目前广泛被采用的措施。

## 三、全程质量控制

环境样品采集和分析是一个完整的系统，是由诸多操作单元相互联系构成的一个整体，每个环节离开了它与周围的联系和相互作用就失去了存在的意义。如果只是孤立地对某个环节进行质量控制，而忽略其他环节，会严重影响环境分析的质量。因此全程质量控制便越来越引起人们的重视，从而成为今后的一个发展趋势，现场-实验室质控方法是全程质量控制方法的一种。这种方法是通过在每一个采样点采集平行双样和空白样来控制采样过程的误差，通过实验室内对空白样和样品的平行分析来控制分析测试过程的误差，用所得的结果与允许差比较后推断采样和分析过程的误差来源。但是这种方法的工作量很大，从而制约了其在实际中的应用。

样品采集和分析质量控制模式（sampling and analytical quality control scheme，SAX）是近期发展起来的另一种全程质量控制方法，它首先用于地球化学研究中对分析数据的质量控制上，后来广泛用于土壤环境分析质量控制中。目前，已有报道把这种方法用于植物样品的分析中。SAX 是把传统分析质量控制扩展到包括采样在内的全程质量控制方法，它要求用方差分析这一统计学手段把包含在数据中的分析偶然误差和采样偶然误差分别以方差的形式分离并定量地表示出来，其最大优点是能定量地描述来自分析测试过程和采样过程的偶然误差，从而为评价质量控制水平提供了依据。

以土壤为例，SAX 理论认为土壤环境分析数据间的差异主要受成土过程、采样过程和分析过程 3 个因素的影响。因此，在一个采样点采集一份样品，并进行单次分析所得到的分析结果可表示为：

$$X_{测量}=真实值+采样误差+分析误差$$

若各种来源的误差彼此独立，那么包含在 $X_{测量}$ 中的总方差 $\delta^2_{total}$ 可表示为：

$$\delta^2_{total}=\delta^2_{site}+\delta^2_{s}+\delta^2_{a}$$

其中，$\delta^2_{site}$ 称为地球化学方差，是各采样点待测组分真实值之间的方差；$\delta^2_{s}$ 称为采样方差，是同一采样点随机分布的不同采样位置待测组分真实值之间的方差；$\delta^2_{a}$ 称为分析方差，是对一个样品的随机部分进行分析时产生的方差。显然，它们分别定量地描述了上述 3 个因素对土壤环境分析数据离散程度贡献的大小。如果采用系统分组的方式进行实验设计，对所得结果进行方差分析统计处理，就可分解出 $S^2_{site}$、$S^2_{s}$ 和 $S^2_{a}$ 作为 $\delta^2_{site}$、$\delta^2_{s}$ 和 $\delta^2_{a}$ 的估计值。

SAX 就是基于上述理论而形成的。因此，在实验设计上，要求对每个采样点进行平行采样，并对每个样品进行平行分析，然后用方差分析的手段进行统计处理，解析出 $\delta^2_{site}$、$\delta^2_{s}$ 和 $\delta^2_{a}$。在进行方差分析的统计处理时，根据土壤环境分析数据常出现离群值的具体情况，SAX 强调使用英国皇家化学学会推荐的 Robust 方差分析。这是由于离群值的出现使分析数据总体不能很好地满足经典方差分析的假定前提，这时若仍沿用经典方差分析，就会严重影响方差分析结果的客观性。而 Robust 方差分析则不然，由于在统计处理中使用了具有稳健性的统计量，因此即便是在离群值存在时，也能对各方差给予较客观的估计。Robust 方差分析采用具有稳健性的统计量，如样本中位数及其绝对偏差，对样本的中心位置和分散度进行估计。对于离群值采取保留处理方法，并根据它们偏离中心的远近，配以不同的权重。具体计算方法可参见《土壤样品分析全程质量控制方法及应用计算程序》。

SAX 评价标准如下：

$$1\%\ S^2_{\text{total}} < S^2_{\text{meas}} < 20\% S^2_{\text{total}}$$

$$1\%\ S^2_{\text{meas}} < S^2_{\text{a}} < 20\% S^2_{\text{meas}}$$

其中，$S^2_{\text{meas}}$ 为测定方差，包括分析方差和采样方差。

测定方差（$S^2_{\text{meas}}$）占总体方差（$S^2_{\text{total}}$）的 1%～20%，同时分析方差（$S^2_{\text{a}}$）占测定方差的 1%～20%，表明分析和采样过程中的误差分布处于控制之下，分析结果合理、可信。如果测定方差占总体方差超过 20%，显然采样点位之间的地理方差将被掩盖。同样，如果分析方差占测定方差 20%以上，也就是占总体方差 4%以上，则分析过程的方差将在总体方差中占主导地位，并将掩盖该元素由于地理分布导致的方差的真实水平。另外，如果测定方差在总体方差中占的比例低于 1%，那么从费用及效益分析角度来说，再通过技术手段降低测定过程的误差就得不偿失了；同样的分析也适用于分析方差占测定方差的比例小于 1%的情况。

## 第四节　土壤性质与污染物分析

土壤是一个由固相、液相和气相物质组成的复杂系统，受其复杂性和成土因素影响，势必具有理化性质差异。土壤物理性质包括土壤质地和结构、土壤水、土壤空气和热状况等。土壤化学性质主要包括土壤有机质、土壤胶体化学、土壤酸碱性、土壤氧化还原反应等。土壤物理性质和化学性质之间存在相互联系、相互制约的关系，如土壤矿物的组成、有机质的数量和组成、土壤交换性阳离子的数量和组成等都对土壤质地、土壤结构以及土壤水分状况和生物活性产生影响；而土壤物理性质，如土壤质地、土壤结构和土壤水分状况对土壤胶体数量和性质、电荷特性、氧化还原程度和土壤溶液的组成有明显影响。同时，进入土壤中的污染物的转化及其归宿也受土壤理化性质的制约。

### 一、土壤常规理化性质分析

#### （一）土壤物理性质分析

土壤物理性质包括土壤的颜色、质地、孔隙、结构、水分、热量和空气状况，土壤的机械物理性质和电磁性质等方面。各种性质和过程是相互联系和制约的，其中以土壤质地、土壤结构和土壤水分居主导地位，它们的变化常引起土壤其他物理性质和过程的变化。本节对土壤常规物理性质，如土壤质地、土壤密度、容重及孔隙度和土壤水分的测定方法进行简要的介绍。

**1. 土壤质地分析**

土壤质地是土壤的物理性质之一。土壤是由许多大小不同的土粒按不同比例组合而成的，这些不同的土粒组合在一起所表现出来的土壤粗细状况就称作土壤质地。土壤质地一般分为砂土、壤土和黏土三类，其类型和特点主要继承了成土母质的类型和特点，又受到耕作、施肥、排灌、平整土地等人为因素的影响，是土壤的一种十分稳定的自然属性，对土壤肥力有很大影响。

土壤质地是各粒级组反映出来的特征，各粒级的百分组成可通过一定的分析方法来确定。常用的有筛分法、流水冲洗法、吸管法、密度计法等。吸管法精确度高，但较烦琐，多用于科研。密度计法有两种：一种是常用密度计法，适用于精度要求不太高，但对粒级分组要求较细的测定；另一种是密度计速测法，虽然精度不高，但省时且已能满足一般生产工作对土壤资料的需要，适用于大批土样的测定。以密度计速测法为例，其测定原理为经分散处理的土粒在悬液中自由沉降，粒径不同其沉降速度不同，粒径越大，沉降越快。根据斯托克斯（Stokes）定律，即在悬液中沉降的土粒，沉降速度与其粒径的平方成正比，而与悬液的黏滞系数成反比，算出不同直径的土粒在水中沉降一定距离所需时间，并用特制的密度计测出土壤悬液中所含土粒（指小于某一级的土粒）的数量，就可确定土壤质地。

**2. 土壤相对密度、容重及孔隙度分析**

土壤相对密度、容重和孔隙度是土壤的基本物理性质。土壤相对密度、容重和孔隙度是土壤松紧状况的反映，可以作为判断土壤肥力高低的一项重要指标。

（1）土壤相对密度　土壤相对密度是指单位体积的固体干土粒与同体积水的质量比，不包括土壤孔隙在内，决定土壤相对密度大小的主要因素是土壤有机质含量和土壤矿物组成。土壤相对密度决定于构成土壤的颗粒的相对密度，因此不同土壤类型的相对密度也不一样。根据测定土壤相对密度的结果可以大致判断土壤的矿物组成，有机质含量及母质、母岩的特性。相对密度的常规测定方法是密度瓶法，即将已知质量的土样放入液体中，排尽空气，求出由土壤代换出的液体的体积。以烘干土重（105 ℃）除以体积，即得土壤相对密度。一般土壤的平均相对密度为 2.65 $g/cm^3$。

（2）土壤容重　土壤容重是指土壤在自然情况下单位体积内所具有的干土质量，包括土壤孔隙在内，通常以“$g/cm^3$”表示。通过土壤容重测定可以大致估计土壤有机质含量、质地状况以及土壤结构。土壤容重则可计算单位面积内的土体质量，并以此来推算土壤水分、养分的含量，也可计算出土壤灌水定额。土壤容重的测定方法有环刀法、蜡封法、水银排出法、填砂法和 $\gamma$-射线法等。蜡封法和水银排出法主要测定一些呈不规则形状的黏性土块或坚硬易碎土壤的容重；填砂法复杂又费时，多用于石质土壤；$\gamma$-射线法需要特殊仪器和防护设施，不易广泛应用；环刀法操作简便，结果比较准确，能反映田间实际情况。一般采用环刀法，其测定原理是利用一定体积的钢制环刀，切割自然状态的土壤，使土样充满其中，然后称量计算单位体积的烘干土重。

（3）土壤孔隙度　土壤孔隙度是指单位体积内土壤孔隙体积所占的百分数，土壤孔隙的数量与大小密切影响着土壤透水、透气与蓄水保墒能力，它可由土壤容重、相对密度及土壤田间持水量计算而得。计算公式为：土壤孔隙度＝（1－容重/相对密度）×100%，式中相对密度也可以采用平均值 2.65 $g/cm^3$。

**3. 土壤水分的测定**

土壤水分是指保持在土壤孔隙中的水分，又称土壤湿度。通常可以通过把土样放在电烘箱内烘干（温度控制在 105～110 ℃），然后测得从土壤孔隙中释放的水量作为土壤水分含量。土壤水分并非纯水，而是稀薄溶液，还含有胶体颗粒。土壤水分主要来源是大气降水和灌溉水，此外有近地面水汽的凝结、地下水位上升及土壤矿物质中的水分。而大气降水渗入土壤中的多少，主要取决于降水量的大小、降水的强度和性质。土壤水分依其物理形态可分为固态、气态及液态3种。固态水仅在低温冻结时才存在，气态水常存在于土壤孔隙中，液态水存在于土粒表面和粒间孔隙中。在一定条件下，三者可以相互转化，其中以液态土壤水分数量较多。

国内外的土壤水分测定方法主要有以下几种：滴定法、Karl Fischer法、称重法、电容法、电阻法、γ-射线法、微波法、中子法、核磁共振法、时域反射法（TDR）、土壤张力法、土壤水分传感器法、石膏法和红外遥感法。这几种土壤水分测定方法在应用中的地位不一样，下面着重介绍土壤水分测定方法中常用的几种。

（1）称重法　称重法又称烘干法，即取土样放入烘箱，烘干至恒重。此时土壤水分中自由态水以蒸汽形式全部散失掉，再称重从而计算土壤水分含量。烘干法还有红外法、酒精燃烧法和烤炉法等一些快速测定法。

（2）中子法　将中子源埋入待测土壤中，中子源不断发射快中子，快中子进入土壤介质与各种原子相碰撞，快中子损失能量，从而使其慢化。当快中子与氢原子碰撞时，损失能量最大，更易于慢化，土壤中水分含量越高，氢原子就越多，从而慢中子云密度就越大。中子仪就通过测定慢中子云的密度与水分子间的函数关系来确定土壤中的水分含量。

（3）γ-射线法　与中子仪类似，γ-射线法利用放射源$^{137}Cs$放射出γ-射线，用探头接收γ-射线透过土体后的能量，并与土壤水分含量换算。

（4）土壤水分传感器法　目前采用的传感器多种多样，有陶瓷水分传感器、电解质水分传感器、高分子传感器、压阻水分传感器、光敏水分传感器、微波水分传感器、电容式水分传感器等。

（5）时域反射法　电磁波在土壤介质中传播时，其传导常数如速度的衰减取决于土壤的性质，特别是取决于土壤含水量和电导率。

以上5种土壤水分测定方法各有优缺点，如称重法简单直观，中子法可反复测量，时域反射法是目前用得最多的方式。在实际操作过程中，要有所抉择，多方面考虑，再确定具体使用哪种测定方法。

## （二）土壤化学性质分析

土壤化学主要研究土壤中的物质组成，组分之间、固液相之间的化学反应和化学过程，以及离子（或分子）在固液相界面上所发生的化学现象。土壤化学性质包括土壤pH、可溶性盐含量、阳离子交换量、有机质含量、土壤养分等。以下对这些土壤常规化学性质的测定方法进行简要介绍。

**1. 土壤pH的测定**

土壤pH的测定方法包括比色法和电位法。电位法的精确度较高，pH误差约为0.02，现已成为室内测定的常规方法。野外速测常用混合指示剂比色法，其精确度较差，误差在0.5左右。

（1）比色法　此方法的原理是指示剂在不同pH的溶液中显示不同的颜色。因此，根据其颜色变化即可确定溶液的pH。混合指示剂是几种指示剂的混合液，能在一个较广的pH范围内显示出与一系列不同pH相对应的颜色，据此测定该范围内的各种土壤pH。混合指示剂用0.025 g百里酚蓝、0.4 g溴百里酚蓝、0.066 g甲基红、0.25 g酚酞，溶于500 mL 95%的酒精中，加同体积蒸馏水，再以0.1 mol/L NaOH溶液调至草绿色制得。pH比色卡用此混合指示剂制作。测定时，在比色瓷盘孔内（室内要保持清洁干燥，野外可用待测土壤擦拭）滴入混合指示剂 8 滴，放入黄豆大小的待测土壤，轻轻摇动使土粒与指示剂充分接触，约 1 min 后将比色盘稍加倾斜用盘孔边缘显示的颜色与 pH 比色卡比较，估读所测土壤的 pH。

（2）电位法　此方法是以电位法测定土壤悬液 pH，通用 pH 玻璃电极为指示电极，甘汞电极为参比电极，两个电极插入待测液时构成一电池反应，其间产生一电位差，因参比电极的电位是固定的，故此电位差之大小取决于待测液的 $H^+$ 离子浓度或其负对数（pH）。因此，可用电位计测定电动势，再换算成 pH，一般用酸度计可直接测读 pH。测定时，称取两份通过 1 mm 筛孔的风干土（10 g），各放在 50 mL 的烧杯中，一份加无 $CO_2$ 蒸馏水，另一份加 1 mol/L KCl 溶液，各 25 mL（此时土水比为 1∶2.5，含有机质的土壤改为 1∶5），间歇搅拌或摇动 30 min，放置 30 min 后用酸度计测定。一般土壤悬浮液越稀，测得的 pH 越高，尤其是碱性土的稀释效应较大。为了便于比较，测定 pH 的土水比应当固定。经试验，采用 1∶1 的土水比，碱性土和酸性土均能得到较好的结果，酸性土采用 1∶5 和 1∶1 的土水比所测得的结果基本相似，建议碱性土采用 1∶1 或 1∶2.5 的土水比进行测定。

**2. 土壤可溶性盐含量的测定**

土壤可溶性盐通常是指土壤中的水溶性盐类，是用一定的水土比，在一定时间内浸提出来的土壤中所含有的水溶性盐分。一般为钙、镁、钠、钾的硫酸盐、盐酸盐、碳酸盐或酸性碳酸盐。通常用水浸提液的烘干残渣量来表示土壤中水溶性物质的总量，烘干残渣量不仅包括矿质盐分，还有可溶性有机质以及少量硅、铝等氧化物。盐分总量通常是盐分中阴、阳离子的总和，而烘干残渣量一般都高于盐分总量，因而应扣除非盐分的量。

土壤可溶性盐测定主要分两步：①用一定土水比制备浸出液，以提取盐分；一般使用 1∶5 的土水比，浸提 3 min，采用无 $CO_2$ 及其他离子的去离子水浸提。浸提后一般采用滤纸与玻璃漏斗，或者布氏漏斗等过滤，制备出的浸出液应清亮，并尽快测定。②测定浸出液中的盐分，有重量法、电导法、离子总量计算法。重量法和电导法是目前应用广泛的方法。

待测土壤浸出液的制备方法是，称取通过 1 mm 筛孔的风干土样 20 g 放入 250 mL 三角瓶中，加入去 $CO_2$ 蒸馏水 100 mL，用橡皮塞塞紧瓶口，在振荡机上振荡 10 min，立即过滤，最初约 10 mL 滤液弃去。如滤液浑浊，则应重新过滤，直到获得清亮的浸出液。清液存于干净的玻璃瓶或塑料瓶中，不能久放。电导率、pH、$CO_3^{2-}$、$HCO_3^-$ 等项目的测定应立即进行，其他离子的测定最好都能在当天做完。

重量法测定水溶性盐分的方法是取一定量的待测液蒸干后，再在 105～110 ℃烘干，称至恒重，称为“烘干残渣总量”，它包括水溶性盐类及水溶性有机质等。用 15%的 $H_2O_2$ 除去烘干残渣中的有机质后，即为水溶性盐总量。采用重量法测定时需注意以下几点：

（1）吸取待测液的量应依盐分的多少而定，如果含盐量＞0.5%则吸取 25 mL，含盐量＜0.5%则吸取 50 mL 或 100 mL。保持盐分在 0.02～0.2 g，过多则因某些盐类吸水，不易称至恒重，过少则误差太大。

（2）蒸干时的温度不能过高，否则，因沸腾会使溶液遭到损失，特别是当接近蒸干时更应注意，在水浴上蒸干就可避免这种现象。

（3）由于盐分在空气中容易吸水，故应在相同的时间和条件下冷却、称重。

（4）加 $H_2O_2$ 除有机质时，只要达到使残渣湿润即可。这样可以避免 $H_2O_2$ 分解时泡沫过多，使盐分溅失，必须少量多次地反复处理，直到残渣完全变白为止。溶液中有铁存在而出现黄色氧化铁时，不可误认为是有机质的颜色。

电导法测定水溶性盐分的原理是溶液的含盐量与电导率呈正相关，土壤水浸液中盐分浓度越大，溶液的导电能力也越大，电导率也越大。计算公式是土壤浸出液的电导率（EC）＝电导值×电极常数，测定结果以电导率表示，土壤含盐量与土壤电导率值之间存在换算关系，一般经验系数为 0.64，即土壤含盐量＝EC×0.64。但是，不同地区、土壤含盐量、盐分组成、温度等均影响电导率与土壤含盐量之间的相关系数。因此，若要得到准确换算，须用所测地区含盐类型相近、盐分含量不同的有代表性的大批试样（30 以上），以重量法测得水溶性盐总量，同时，再以电导法测得电导率，绘制标准曲线，建立回归方程，方可换算出样品的水溶性盐总量。

**3. 阳离子交换量的测定**

阳离子交换量是指土壤胶体所吸附的各种阳离子的总量，常作为评价土壤保肥能力的指标，是土壤缓冲性能的主要来源，是改良土壤和合理施肥的重要依据，它反映土壤的负电荷总量和表征土壤的化学性质。

阳离子交换量测定方法有乙酸铵法、EDTA-铵盐快速法、乙酸法-氯化铵法、同位素法、乙酸钙法等。目前国内外普遍应用的乙酸铵法，即用中性乙酸铵溶液反复处理土壤，使土壤被铵饱和，再用 95%乙醇洗去多余的乙酸铵，用水将土样洗入凯氏瓶中，加固体氧化镁蒸馏，蒸馏出的氨用硼酸溶液吸收，然后用盐酸标准溶液滴定，根据铵的量计算土壤阳离子交换量。但此法在洗去多余盐溶液时，容易洗过头或洗不彻底，使结果偏低或偏高，故常用于例行分析，对研究工作则不太适宜，适用于中性和酸性土壤。EDTA-铵盐快速法适用于石灰性、中性和酸性土壤，此法除所用的交换剂为乙二铵四乙酸与乙酸铵的混合液而不同于乙酸铵法外，其余操作方法及计算均相同。乙酸铵-氯化铵法及乙酸钙法适用于石灰性土壤。

以乙酸铵法为例，具体的测定方法为：称取通过 0.25 mm 筛孔的风干土 2 g（精确到 0.01 g），放入 100 mL 离心管中，沿管壁加入少量 1 mol/L 乙酸铵溶液，用皮头玻璃棒搅拌样品，使其成为均匀的泥浆状，再加乙酸铵溶液使总体积达到约 60 mL，充分搅拌使土壤分散，然后用乙酸铵溶液洗净皮头玻璃棒与管壁上黏附的土粒。将离心管以转速 3 000 r/min 离心 3～5 min，弃去管中清液。如此连续处理 3～4 次直到提取液无钙离子反应为止。将载土的离心管管口向下，用自来水冲洗外部，然后再加不含铵离子的 95%酒精，如前搅拌样品，以洗去过量的乙酸铵，洗至无铵离子反应为止。用自来水冲洗管外壁后，在管内放入少量自来水，用皮头玻璃棒搅成糊状，并洗入 250 mL 开氏瓶中，洗入体积控制在 80～100 mL，加 1 mL 液体石蜡及 10 mL 12% MgO 悬浊液，然后在定氮器上进行蒸馏，最后用 HCl 标准溶液滴定，同时做空白实验。

需要注意的是，检查 $Ca^{2+}$ 的方法是取 5 mL 最后一次浸出液放在试管中，加入 pH 10 的缓冲液 1 mL，加少许 K-B 指示剂，如溶液呈蓝色则表示无 $Ca^{2+}$；如呈紫红色则表示有 $Ca^{2+}$，还要用乙酸铵继续浸提。检查 $NH_4^+$ 的方法是取酒精清液 1 滴放在白瓷比色板的孔穴中，立即加 1 滴纳氏试剂，如无黄色则表示无 $NH_4^+$。

**4. 土壤有机质的测定**

有机质作为土壤的重要组成部分，对土壤结构的形成和土壤物理状况的改善起着决定性作用。尽管有机质仅占土壤组成的 5% 左右，但对土壤结构的形成、质量的改善、土壤容重的降低、肥力的提高有着极其重要的作用。

土壤有机质测定方法根据原理不同，主要分为两类：一类是燃烧法，主要包括干烧法和灼烧法；另一类是化学氧化法，主要包括湿烧法、重铬酸钾容量法和比色法。燃烧法和化学氧化法是根据有机碳释放的 $CO_2$ 的量或者氧化有机碳消耗的氧化剂的量来确定有机质含量，是一种碳成分直接测定法。随着对土壤深入的研究和高光谱技术的发展，在研究土壤光谱特征基础上，通过对土壤有机质光谱特点的分析，可实现对有机质含量的预测。其相对土壤有机碳直接测定法而言，是一种有机质间接测定法。目前常用的土壤有机质测定方法主要为 $CO_2$ 检测法、化学氧化法、灼烧法和土壤光谱法。

(1) $CO_2$ 检测法　该方法是根据有机质组成特点，在无 $CO_2$ 环境下，将土壤中有机碳高温氧化成 $CO_2$，通过重量法、滴定法、分光光度法和气相色谱法等技术测定 $CO_2$，并根据释放 $CO_2$ 的量计算总有机碳含量。有机碳的氧化分为干烧法和湿烧法。干烧法是土壤样品在电炉中（感应电炉、管式电炉和电阻电炉），在无 $CO_2$ 的氧气流或惰性载气流中燃烧，通常燃烧温度超过 900 ℃。湿烧法是在高温环境下，使用氧化剂氧化有机碳，释放出 $CO_2$。湿烧法可采用的氧化剂种类较多，如过氧化氢、过氧化钾、高锰酸钾、重铬酸盐和过硫酸盐等，而现今实验室一般使用的氧化剂为重铬酸钾。由于氧化过程中无机碳酸盐也会分解，使测定结果偏高，在测定石灰性土壤有机质时，可以先用亚硫酸处理，消除碳酸盐的影响或在测定总碳的基础上减去无机碳的含量。

通过结合高温电炉灼烧和气相色谱装置制成碳氮自动分析仪，如总有机碳（TOC）分析仪、High TOCⅡ分析仪、CNS 元素分析仪等，已用于土壤有机质的测定，其中 TOC 分析仪运用较多，一般是用来测定水样中的总有机碳（TOC）和无机碳（IC），但是在仪器上增加一个固体进样装置，可以实现对固体样品中有机碳含量的测定。在通过 TOC 分析仪进行有机质测试前，首先可把土样放于陶瓷样盘中，加入盐酸到样品不再冒出气泡为止，从而除去土样中无机碳对测定结果的影响。最后将样品烘干，放入 TOC 分析仪中，在 900 ℃条件下，通过 $Co_3O_4^+$ 铂金触媒的催化作用，使土样中的碳完全氧化成为 $CO_2$，将反应后产生的混合气体通过卤素吸收管和干燥管除去水蒸气等其他气体，从而得到纯净的 $CO_2$ 气体，再通过红外检测器检测 $CO_2$ 含量，从而测定样品中有机碳的含量。虽然用 TOC 分析仪测定土样中有机质，相比传统实验室测定具有操作简单、分析时间短、样品用量少等优点，但是 TOC 分析仪价格也较高，不易广泛推广使用。

(2) 化学氧化法　化学氧化法借助氧化剂氧化有机碳，其类似于 $CO_2$ 测定法中的湿烧法。但是化学氧化法在酸性环境下测定，可以消除碳酸盐对测定结果的影响。目前常用的氧化法有重铬酸盐氧化法、过硫酸盐氧化法、臭氧氧化法和微波消解法等。而现今实验室普遍运用的方法是重铬酸钾容量法，即在过量硫酸存在的环境下，用重铬酸钾氧化有机质，过量的重铬酸钾用标准硫酸亚铁溶液回滴，以消耗的氧化剂用量来计算所氧化的有机碳量。化学氧化法测定过程中，为使有机碳消解更完全，反应需加热，根据加热方式的不同，可以分为稀释热法和外加热法。稀释热法是用浓硫酸和重铬酸钾（2∶1）溶液迅速混合时所产生的稀释热（温度在 120 ℃左右）来氧化有机质，由于温度较低，对有机质氧化程度低，平均氧化率仅 7.7%（相对于干烧法），且受土壤类型及室温的影响较大，适于在室温 20 ℃以上的条件下进行。外加热法氧化温度较高（170～180 ℃），对有机质氧化较完全，可达 90%～95%（相对于干烧法），且不受室温变化的影响。

除了滴定法之外，也可使用比色法通过与标准色阶或比色卡比较计算出土壤里有机质含量。比色法在有一定准确度的情况下能够做到简单易行，快速得出分析结果，适合于在条件艰苦和对实验结果精度要求不高的地方使用。虽然化学氧化法只需测定氧化剂的消耗量来计算土壤有机质含量，并不受土壤中碳酸盐干扰，但土壤中还原性物质如氯化物、二氧化锰及亚铁离子等均会影响测定结果，须预先去除。若土壤中还原性物质（$Fe^{2+}$、$Mn^{2+}$）较多，可以让土样充分风干，使之彻底氧化。

（3）灼烧法　灼烧法是将在 105 ℃下除去吸湿水的土样称重后，直接在 350～1 000 ℃环境下，灼烧土壤样品 2 h 后再称重，从灼烧后失去的重量计算有机质含量。国内对灼烧法的介绍不多，只是提到适合于砂性土壤。土样灼烧后失去的重量，不仅包括有机质，还包括碳酸盐、硫化物、黏土矿物结构水等，这使得灼烧法测定的有机质含量往往高于干烧法，所以使该法在细密质地的土壤及石灰性土壤上的应用受到限制。虽然灼烧法缺点明显，但已有研究表明，灼烧法与有机质测定之间有着显著的相关性。而且，灼烧法操作简便，可直接测定原土样，无须磨碎，灼烧过程中也无须添加任何化学试剂，减少了对样品的污染，适合大批量土样的测定。

（4）光谱测定法　土壤有机质光谱测定法是根据土壤自身特有的光谱特点，反映有机质在特定波段反射率变化情况，从而估测有机质含量。中国主要土壤的光谱反射特性曲线划分为平直型（有机质含量高的土壤、色泽暗）、缓斜型（水稻土）、陡坎型（热带、亚热带高铁铝形成的红、黄壤）和波浪型（干旱地区土壤）4 类，基本概括了中国土壤光谱类型的特点。随着现代光谱技术的发展，尤其是高光谱技术在土壤研究中的应用，国内外对土壤光谱特性的研究有了较快的发展。高光谱数据提供了连续窄带短波红外光谱信息，为土壤评价与理化性状的分析提供了强有力的工具。国内外研究者运用高光谱技术，在室内和野外对土壤光谱特点进行了大量研究，分析了有机质含量与光谱反射率变化间的相互关系，并建立了相应的有机质预测模型。由于土壤光谱的复杂性，目前尚没有统一的有机质预测模型。针对不同研究区和不同类型的土壤，会选择不同的波段建立有机质光谱预测模型。

土壤有机质没有特定的吸收波谱，在整个光谱曲线中，表现为降低了光谱反射率。土壤光谱曲线是土壤多因素的共同结果，因而影响土壤光谱反射率的因子，也会对有机质光谱预测结果产生影响。土壤光谱的影响因素，除了有机质之外，主要有土壤水分、质地和氧化铁。土壤含水量对光谱反射率影响较大，土壤光谱反射率会随着土壤含水量的增加而逐渐降低，当含水量超过一临界值之后，随着土壤含水量增加，反射率反而会上升。土壤质地对光谱反射率的影响主要表现在两个方面：一方面是土壤颗粒表面对光谱反射率的影响，颗粒越细，土壤表面越积越大，土壤光谱反射率也越大；另一方面是土壤质地、结构组成的变化，其改变了土壤蓄水能力，从而影响了土壤光谱反射率。土壤中氧化铁与光谱反射率呈负相关，氧化铁的含量越高，其光谱反射率越低，反之亦然。此外，测定的环境也会对结果产生影响，如光源入射角、光源到土样表面的距离、探头到土样表面的距离等。

由于光谱测定过程中没有统一的测定标准，样品处理方式不同，其结果也会有差异，而且光谱仪价格较高，限制了其使用范围。但是利用光谱法快速便捷的优点，比较同一农田区土壤有机质含量高低，可以快速得出结果，省时省力、效率高。

**5. 土壤养分的测定**

氮、磷、钾是植物生长必需的三种主要营养元素，土壤中氮、磷、钾含量的快速测定方法的研究，对于实现平衡配套施肥、提高农作物产量、减少环境污染具有十分重要的意义。

（1）硝态氮的测定　土壤环境中硝态氮常以硝酸盐形式存在。在大多数测定中，人们常常将硝酸盐还原为亚硝酸盐后再进行测定，其测定方法有紫外-可见分光光度法、荧光法和电化学方法等。

分光光度法是硝态氮分析中应用最广泛的方法。土壤中的硝态氮含量测定的经典方法是酚二磺酸法，方法原理是土壤用饱和 $CaSO_4$ 溶液浸提，在微碱性条件下蒸发至干，土壤浸提液中的 $NO_3^-$-N 在无水的条件下能与酚二磺酸试剂作用，生成硝基酚二磺酸。该方法的优点是能够比较精确地检测出土壤浸提液中的硝态氮含量，但影响因素较多，样品预处理麻烦费时，方法操作步骤过于烦琐，尤其是氯离子对测定有较大的干扰作用，很难满足研究和农化服务等批量常规分析之需要。由于硝态氮在紫外区有较强的特征吸收，可直接使用紫外分光光度法测定。因此，双波长（210 nm 和 270 nm）紫外分光光度法在很大程度上弥补了酚二磺酸法的不足，精度较高，快速简便，在测定过程中省去了溶液显色或化学处理这一关键而又烦琐的步骤，从而大大提高了样品的分析速度。硝酸试粉法是现阶段我国最常用的硝态氮分析方法。硝酸试粉中的锌在酸液中产生的气态氢使硝酸盐还原成亚硝酸盐，亚硝酸盐再与对氨基苯磺酸和 $\alpha$-萘胺作用，经重氮化和偶联反应显色形成红色的偶氮染料。因此，可以根据颜色深浅进行定量测定。

荧光法分析硝态氮也有报道。根据十二烷基硫酸钠对磷酸介质中亚硝酸根催化溴酸钾氧化番红有显著的增敏作用，建立了一种流动注射荧光法测定痕量亚硝酸根的方法。在稀磷酸介质中，溴酸钾可氧化吖啶橙并使之褪色而导致荧光强度减弱。痕量亚硝酸根的存在对该反应可起到显著的催化作用，使反应的灵敏度明显提高，体系的荧光猝灭程度加强。基于此提出了一种灵敏度高、选择性好的固定时间催化荧光法测定痕量亚硝酸根的新方法，可用于水体和土壤中痕量亚硝酸根的测定。

电化学法主要是采用极谱法测定硝态氮。但由于亚硝酸根的还原电位太低，多采用间接法测定，如利用亚硝酸根与变价金属离子形成络合物，催化变价离子电还原产生的极谱催化波来直接测定亚硝酸根；利用亚硝酸根与某些有机化合物形成重氮或偶氮化合物来间接测定亚硝酸根；利用亚硝酸根与某些有机化合物形成电活性的亚硝基化合物来间接测定亚硝酸根等。与分光光度法相比较，电化学法具有仪器简单、操作简便、分析速度快的特点。

（2）铵态氮的测定　铵态氮（N-$NH_4^+$）是土壤中以交换性铵状态存在的速效氮素，是可以被植物直接吸收利用的养分之一，也是土壤质量评定的主要指标。铵态氮在土壤中的行为特性直接关系到环境问题。因此，对土壤中铵态氮的测定是很有必要的。土壤铵态氮的测定主要分为直接蒸馏和浸提后测定两类方法。直接蒸馏法易使结果偏高，故目前一般采用 2 mol/L KCl 溶液浸出土壤中的 $NH_4^+$。浸出液中的 $NH_4^+$ 可选用蒸馏、比色或氨电极等法测定。

纳氏试剂比色法是目前国内外环境监测、土壤测定工作中普遍采用的测定废水和土壤中铵态氮的标准方法之一，碘化汞和碘化钾的碱性溶液与氨反应生成淡红棕色胶态化合物，此颜色在较宽的波长范围内具强烈吸收，而纳氏试剂中碘化汞与碘化钾的比例，对显色反应的灵敏度有较大的影响。该方法操作简单、快速、结果准确、精密度较高。但是土壤中含有大量的金属离子，易与纳氏试剂反应，单纯靠酒石酸钾钠无法掩蔽而引起水样浑浊，以酒石酸钾钠-氢氧化钠溶液作掩蔽剂，并于 390 nm±10 nm 处测定吸光度，可以提高方法的灵敏度、精密度和准确度。

（3）磷的测定　地壳中磷元素（以 $P_2O_5$ 计）的平均含量为 0.28%，可分为有机磷和无机磷两大类。无机磷主要以钙、镁、铁、铝等形态结合为磷酸盐，有机磷以卵磷脂、核酸、磷脂为主。矿质土壤以无机磷为主，有机磷占全磷的 20%～50%。土壤有机磷是一个很复杂的问题，许多组成和结构还不清楚，大部分有机磷以高分子形态存在，有效性不高。土壤中的磷大部分以迟效性状态存在，因此，从作物营养和施肥的角度看，除全磷分析外，特别要测定土壤中有效磷含量，这样才能比较全面地说明土壤磷肥的供应状况。

土壤全磷测定要求把无机磷全部溶解，同时把有机磷氧化成无机磷。全磷的测定，第一步是样品的分解，第二步是溶液中磷的测定。样品分解有 $NaCO_3$ 熔融法、$HClO_4$-$H_2SO_4$ 消煮法、HF-$HClO_4$ 消煮法等。目前 $HClO_4$-$H_2SO_4$ 消煮法应用最普遍，因为其操作方便，又不需要铂金坩埚，虽然 $HClO_4$-$H_2SO_4$ 消煮法不及 $NaCO_3$ 融煮法样品分解完全，但其分解率已达到全磷分析的要求。一般土壤样品分解率达 97%～98%，但对红壤性土壤样品分解率只有 95%左右。溶液中磷的测定，一般用磷钼蓝比色法。多年来，人们对钼蓝比色法进行了大量的研究工作，特别是在还原剂的选用上有了很大改革。最早常用的还原剂有氯化亚锡、亚硫酸氢钠等，后来采用有机还原剂如 1,2,4-氨基萘酚磺酸、硫酸联氨、抗坏血酸等，目前应用较普遍的是钼锑抗混合试剂。其测定原理是加钼酸铵于含磷的溶液中，在一定酸度条件下，溶液中的正磷酸与钼酸络合形成磷钼杂多酸，然后再进行分光光度法、滴定法或重量法测定。

土壤有效磷的测定方法有生物方法、化学速测方法、同位素方法、阴离子交换树脂法等。生物方法被认为是最可靠的。目前用同位素 $^{32}P$ 稀释法测得的“*A*”值被认为是标准方法。阴离子树脂有类似植物吸收磷的作用，即树脂不断从溶液中吸附磷，是单方向的，有助于固相磷进入溶液，测出的结果也接近“*A*”值。但是用得最普遍的是化学速测方法。化学速测方法即用提取剂提取土壤中的有效磷。提取剂种类有水、$CO_2$ 的饱和溶液、有机酸溶液、无机酸、碱性液等。水的提取能力较弱，砂性土壤用水提取比较合适的，因为砂性土壤固定磷的能力不强，存在于砂性土壤中的磷以水溶性磷为主。石灰性土壤中磷的溶解度随着水溶液中 $CO_2$ 浓度的增加而增加。虽然该法操作较繁，仍是石灰性土壤有效磷测定的一个很好的方法。用有机酸作土壤有效磷的提取剂，其理论根据与 $CO_2$ 的饱和溶液提取一样，植物根分泌有机酸，其溶解能力相当于 $CO_2$ 的饱和溶液。常用的有机酸有柠檬酸、乳酸、乙酸等。无机酸提取剂一般采用缓冲液，如乙酸-乙酸钠溶液，还有 HCl-$H_2SO_4$ 双酸法，这些方法主要用于酸性土壤，不适用于石灰性土壤。目前 0.05 mol/L $NaHCO_3$ 溶液是用得最广的碱提取剂。它的理论根据是在 pH 8.5 的 $NaHCO_3$ 溶液中 $Ca^{2+}$、$Al^{3+}$、$Fe^{3+}$ 等离子的活度很低，有利于磷的提取，而溶液中 $OH^-$、$HCO_3^-$、$CO_3^{2-}$ 等阴离子均能置换 $H_2PO_4^-$。这个方法主要用于石灰性土壤，但也可用于中性和酸性土壤。

(4) 钾的测定　钾是植物的重要营养元素之一，它虽不参与植物的组成，但却对植物代谢的调节起着重要作用。根据钾在土壤中的存在形态和作物吸收利用情况，可分为水溶性钾、交换性钾和黏土矿物中固定的钾三类，前两类统称为“速效钾”，后一类是土壤钾的主要贮藏形态，不能被作物直接吸收利用。土壤全钾的含量只能说明土壤钾总贮量的丰缺，不能说明当季作物的供钾情况。土壤速效钾的95%左右是交换性钾，水溶性钾仅占极少部分。由于土壤交换性钾的浸出量依从于浸提剂阳离子种类，因此，不同浸提剂测定土壤速效钾的结果也不一致，而且稳定性也不同。目前国内外广泛采用的浸提剂是1 mol/L $NH_4Ac$ 溶液。因为 $NH_4^+$ 和 $K^+$ 的半径相近，以 $NH_4^+$ 置换 $K^+$ 时所得结果比较稳定，重现性好，能将土壤表面的交换性钾和黏土矿物晶格间非交换性钾分开，不因淋洗次数或浸提时间的增加而明显增加浸出的钾。此外，此浸提液可直接用火焰光度计测定而无干扰。在无火焰光度计时，可用1 mol/L $NaNO_3$ 浸提-四苯硼钠比浊法测定土壤速效钾。

## 二、环境污染物的分析

环境样品成分复杂，很多污染成分含量甚微，不能直接使用分析仪器进行测定，需要进行一系列的前处理，如将测定成分提取出来，将干扰成分除去、掩蔽或者浓缩、衍生化处理等，常用的方法有过滤、离心分离、干燥除去水分、消解或浸提等前处理方法，使测定成分进入溶液。

### (一) 重金属样品前处理与测定

#### 1. 重金属样品前处理方法

重金属监测是环境监测中的一项重要工作，水、气、植物、动物、土壤和固体废物中均含有重金属，需要使用不同的前处理方法对其进行前处理，转化为相应的液体或者固体粉末，直接进行测定。前处理方法的优劣对后续的测定有重要的影响，特别是在仪器较为稳定，试剂满足实验要求时，实验产生的误差主要来源于样品的前处理。因此，正确选择样品前处理方法是准确测定环境样品中重金属元素的关键。

目前，我国对于水质中重金属的监测主要采用硝酸消解法，利用金属溶解于硝酸的特性，将水体及水体中悬浮颗粒中的有效态金属溶解出来，从而完成后续的样品分析。固体样品的前处理主要集中在消解和均化处理，如常规的湿法消解、微波消解、一体化消解，植物样品的灰化后消解，以及目前发展较快的固体均化前处理方法，主要是压片法，应用于X射线荧光光谱分析（XRF）测定固体样品中的重金属。

(1) 常规消解法　常规消解法，主要指使用化学试剂和电加热对样品进行消解，将固体样品转化为不挥发的液体样品进行测定。由于方法操作简单，且不需要监测仪器，是目前大多数实验室中重金属监测的主要前处理方法。目前国内土壤中金属元素含量的测定标准有GB/T 17140、GB/T 17139和HJ 680等，其前处理基本上都采用四酸消解法，原理是采用混酸彻底破坏土壤的矿物晶格，使试样中的待测元素全部进入试液。该方法用酸量大，消解时间长，特别是氢氟酸和高氯酸，具有较强的腐蚀性，对分析人员和环境的危害较大。国内关于土壤样品四酸消解法的改进研究较多，如硝酸-过氧化氢-氢氟酸消解法耗酸量少，消解时间短，适用于土壤中铜、铅、锌、镉、镍、锰元素的前处理，相对标准偏差为 1.0%～5.0%；而使用硝酸-硫酸-氢氟酸进行测定土壤中总铬元素的前处理，准确度更高，相对标准偏差为 2.7%～5.1%。

王水消解体系是指将浓盐酸和浓硝酸按照 3∶1 的比例进行混合，然后对土壤和矿物样品进行加热消解。王水消解土壤样品的方法在国际上已经得到认可，制定了标准方法，并有相应的标准物质。其原理是利用王水的氧化性，氯离子的络合性以及氯气、亚硝酰氯和氯离子的催化作用，将有机质氧化，并将合金等难溶物转化为易溶的可测态。国外许多文献介绍了土壤样品的王水消解方法，如王水回流法。而反王水消解体系是将盐酸和硝酸按照 1∶3 的比例进行混合，即增加氧化剂的量，使得氧化更为完全。

对于草甸土、泥炭土、植物等密度较小的环境样品，则可采用灰化-消解体系，即通过马弗炉、电加热炉等将草甸土、泥炭土、植物等环境样品燃烧后收集灰分，再用酸消解后测定，此处理方法具有体积小、用酸量少的优点。

(2) 微波消解法　微波消解法是一种发展较快的固体样品前处理方法，因其高效、便捷、时间短、挥发性小且酸用量小，在较大型的实验室内得到广泛的应用。微波消解法一般是选择酸、碱或者盐溶液作为消解液，在一个封闭容器中将其与一定量的样品溶液充分混合后，采用微波加热，在高温高压的状态下将样品充分消解完全，释放出游离的元素进行分析测定。虽然微波消解法具有消解较为快速和完全，且空白本底影响较小等优点，但因为工作环境为高压状态，有一定的危险性，而且消解样品量相对较小。这就要求相关工作者结合自己的实验实际情况，选择最佳的消解方法，获得较为理想的实验结果。

国外已有采用微波消解作为环境分析的标准方法，美国国家环境保护局（EPA）方法3052 详细介绍了微波辅助酸消解硅基和有机基体样品的全分解方法。我国《土壤和沉积物 12 种金属元素的测定　王水提取-电感耦合等离子体质谱法》（HJ 803—2016）也规定了使用微波消解的方法。国内有不少关于微波消解法的研究报道，微波消解能将土壤样品完全消解，且简单快捷，优于密封容器消解和电热板消解这两种方法。

(3) 一体化处理设备（全过程处理）　一体化处理设备是近年发展较快的前处理设备，样品称重后，加入混酸，放入仪器中进行全自动处理。设备全自动进行样品的消解、赶酸、飞硅等步骤，处理后的样品直接定容到所需要的实验室分析体积。研究表明，样品全自动消解系统在最佳消解条件下对土壤样品进行前处理，采用 ICP-AES 对土样中的重金属元素一次性测定，其结果与国标方法测试结果无显著性差异。

一体化设备可同时处理多个样品、实验过程中全部实现计算机软件控制，减小劳动强度和人为操作引入的误差，但也存在着仪器设备较贵的缺点，不适于大面积推广。

(4) 压片法　压片法主要适用于 X 射线荧光光谱分析样品经干燥、过筛等预处理后与载体成型黏结剂直接混匀，经过压力机压片后直接进行测定。常用的固体黏结剂有硼酸、甲基纤维素、聚乙烯、石蜡和淀粉等，压片方法有直接压片法、粉末稀释压片法、熔融法等。例如，运用行星式粉碎制样机，将水系沉积物和土壤标准物质在几分钟内粉碎至平均粒径 4～5 μm，建立超细粉末压片制样 X 射线荧光光谱测定 $SiO_2$、$Al_2O_3$、$Fe_2O_3$、CaO 和 MgO 等的方法，测量结果与标准值基本一致，方法精确度比常规压片法显著提高。

压片法具有较好的方法重现性，特别是对于挥发性重金属，有常规消解和微波消解不可比拟的优点，绿色环保，操作简单，制样效率高。但是，压片法受样品粒度效应和矿物效应影响较大，特别是在混匀研磨的过程中，必须保证样品的均匀度。

(5) 碱熔法　碱熔法是将样品与碱熔剂混合，在高温下熔融分解样品，然后用合适的酸溶解提取熔块进行分析测试，是消解地质矿石样品时最基本、最常用的方法。针对不同的待测元素选择不同的熔剂，主要的熔剂有 $LiBO_2$、$Li_2B_4O_7$、$Na_2CO_3$、NaOH、$Na_2O_2$ 等。该法主要优点是熔样速度快，但不适合汞、砷、硒、锑、镉、铅和锌等易挥发性元素的分析。

**2. 重金属样品测定方法**

目前，土壤中重金属的测定方法较多，最常用的测定方法有分光光度法、原子吸收光谱法、原子荧光光谱法、电感耦合等离子体原子发射光谱法、电感耦合等离子体质谱法等。

(1) 分光光度法　分光光度法是依据朗伯-比尔定律，在一定的波长下，一定浓度的样品溶液的吸光度值与其含量成正比。由于分光光度计工作原理较为简单，紫外-可见分光光度法由于价格相对便宜，使用方便，操作简单，深受广大企业和科研院所的欢迎。

(2) 原子吸收光谱法　原子吸收光谱法是在最近几十年才创立的分析方法，它主要是利用外层电子与物质产生作用，由此产生波长在紫外和可见光之间的共振辐射，根据辐射强度与待分析元素含量的关系进行分析测定。原子吸收法在重金属检测方面有着多种应用，它主要有分析方法的检出限低、受到的干扰较少、测试时间短、分析结果准确、应用领域广泛等优点。

(3) 原子荧光光谱法　原子荧光光谱法（AFS）的原理与原子发射光谱法（AES）和原子吸收光谱法（AAS）类似，通常是蒸气状态的基态原子吸收合适的特定频率的辐射而被激发至高能态，而后激发过程中以光辐射的形式发射出特征波长的荧光。通过测量样品的荧光强度，对样品中的元素进行含量测定的方法。该方法具有检测速度快、方法简单等特点。

(4) 电感耦合等离子体原子发射光谱法　以电感耦合等离子体作为激发光源的等离子体原子发射光谱法（ICP-AES），凭借其高准确度和高精密度、低检出限，可同时分析测定多种元素等优点，在国内外广泛应用于岩石、矿物及土壤等环境样品中元素的含量测定。

(5) 电感耦合等离子体质谱法　诞生于 20 世纪 80 年代的电感耦合等离子体质谱法（ICP-MS）与 ICP-AES 相比，不仅可以测定元素的含量，而且可以提供高准确度的元素分子量。近年来，该法广泛应用于多种元素的分析测定，不仅可以测定常见的无机元素，而且可以对同位素进行定量分析。具有高灵敏度、分析速度快的优点，极大地缩短了测试分析时间，备受广大科研工作者青睐。

### （二）有机污染物样品前处理与测定

目前，人工合成的 4 万多种主要有机物在环境样品中都能检测到，其中有上百种是环境和卫生部门防控的重点。有机污染物的种类虽多，但按照熔/沸点和饱和蒸气压等理化特性，主要分为挥发性有机物（VOCs）和半挥发性有机物（SVOCs），可针对这两类有机污染物采取相应的测定方法。

**1. VOCs 的测定**

(1) 液体/固体样品中 VOCs 的测定　目前，国内外测定液体和固体样品中 VOCs 比较成熟的方法是顶空法，主要有静态顶空和动态顶空两种。动态顶空法，也称吹扫-捕集法，灵敏度较前者有1～2个数量级的提高，是目前液体和固体样品中VOCs测定最有效的方法之一。顶空法的原理很简单，将液体和固体样品密封在玻璃样品瓶中，加入基体改进剂（具有一定酸性和离子强度的缓冲溶液）以利于VOCs在气、液（固）相之间的分配，并适当加热增加气相中VOCs的浓度，平衡后利用气相色谱对气态中多种VOCs进行分离，选择不同的检测器，如TCD、FID、ECD或MSD，可以得到满意的灵敏度，能够满足环境标准的要求。

（2）气体样品中VOCs的测定　气态样品中VOCs如果浓度较高，可以用玻璃采样器或Tedlar气袋收集，尽快带回实验室直接进行GC分析。对于浓度较低的气样或环境背景空气，最有效的方法是Summar罐采样，二次热解吸GC/MS分析；或利用装有固体吸附剂（如活性炭、硅胶、Tennax和GDX树脂）的采样管主动采样，吸附气体中的VOCs，带回实验室后采用二次热解吸GC/MS分析。对于不具备二次热解吸条件的实验室，也可采用溶剂解吸，常用的解吸能力较强的溶剂有$CS_2$、$CH_2Cl_2$等。在固体吸附剂上涂渍吸收液或衍生化试剂（如2,4-二硝基苯肼），还可将吸附和衍生一步完成，对于小分子醛类和腈类等极性化合物的测定非常有效（衍生产物苯腙方便使用HPLC测定）。VOCs测定过程中，高沸点的杂质干扰很小，选择好合适的色谱柱（VOCs专用柱或624柱）可以大大降低基体干扰，属于环境样品中比较容易分析的一类有机污染物。

固相微萃取（SPME）技术可用于大气中VOCs的测定。固相微萃取集萃取与进样于一体，由手柄和萃取头（纤维）构成，类似一支色谱注射器。萃取头是一根涂有DVB、Carboxen或PDMS等色谱固定相或吸附剂的熔融石英纤维，纤维头可在不锈钢外套内伸缩。萃取时将萃取头伸出，进样时利用气相色谱进样口的高温进行热解吸，或利用液相色谱进样系统中的溶剂进行溶剂解吸，同时完成进样。由于该方法的重现性稍差、萃取头耐热性不够、使用寿命有限等问题，还未能大范围普及。

**2. SVOCs的前处理与测定**

环境样品中SVOCs的分析远比VOCs的分析要复杂，如何将目标化合物从环境样品中有效地提取出来是测定SVOCs需要解决的首要问题，由于基质的复杂性，还需要对提取的样品进行净化处理，最后对净化得到的样品浓缩后进行仪器分析。

（1）大气样品中SVOCs的提取　大气样品中SVOCs的提取包括在采样环节中。20世纪90年代出现了被动采样技术，利用有机污染物被动扩散进入液体或固体吸附剂中完成采样。有机污染物的吸附量与环境大气中污染物的浓度和放置时间成正相关。被动采样由于无须动力、安放简单、造价低廉而受到青睐。但吸附量和大气浓度之间的定量换算需要依靠数学模型和经验公式，目前换算准确度不高的问题限制了其大范围的推广使用。半渗透膜采样设备（SPMD）也是在此基础上发展而来的。目前最常用的采样方式是主动采用，使用固体吸附剂，如活性炭、XAD-2树脂、聚氨酯泡沫（PUF），中流量或大流量连续采样10～1 000 $m^3$，溶剂解吸，净化后测定。

（2）液体样品中SVOCs的提取　对于液体样品，最主要、最成熟的提取方法是液液萃取法，即溶剂萃取法。但是溶剂萃取法存在工作强度大、处理周期长、需要使用大量有机溶剂等缺点，因而限制了它的发展。

固相萃取（SPE）是20世纪70年代发展起来的分离和提纯方法，是净化和富集相结合的方法，至今已发展成许多领域样品预处理的标准模式，商品化程度很高。SPE法经过不断完善，已经成为液液萃取有力的补充，主要有萃取小柱（cartridge）和萃取圆盘（disk）。基本原理是基于样品在固相（吸附剂）和液相（溶剂）之间的分配差异，将液体样品按一定的速度通过吸附剂，保留其中某组分，再选用适当溶剂冲去杂质，然后用少量溶剂迅速洗脱，洗脱液浓缩后进行测定，从而达到快速分离、净化与浓缩的目的。其保留或洗脱的机制取决于待测物与吸附剂表面的活性基团，以及待测物与液相之间的分子间的作用力。SPE法适宜处理富集在水中的中等挥发性和难挥发性有机物，在提取分离水样中有机农药方面有着广泛的应用。其优点是能处理大量水样，使水中痕量有机污染物测定的灵敏度大大提高。SPE的最大优点是被吸附的被测组分稳定性好，可以很好地储存，适用于从痕量分析到工业大规模检测分析。但是，该技术不能用于萃取沸点高于溶剂脱附温度的不完全挥发性物质或非挥发性物质。

固相微萃取膜（SPME）也可应用于液体样品中SVOCs的测定，具有快速、便捷的优点，适合水中硝基苯类、有机氯农药、多环芳烃等非极性化合物的分析，但重现性和使用寿命依然有待改进，还未见采用SPME的相应标准。尽管Supelco等公司已推出商品化的产品，但还没有完全被市场所接受。SPME技术是一种集采样、萃取和富集于一体的新型样品预处理方法，它继承了SPME的萃取机理，保留了SPME的优点，具有与SPME相似的萃取性能，是SPME发展的一个重要延伸。随着环糊精聚合物等新型材料的应用，SPME的方法检出限有了很大程度的提高。

（3）固体样品中SVOCs的提取　对于土壤、沉积物和固体废弃物等固体样品，提取SVOCs的手段多种多样，如表2-3中列出了较为常用的几种提取方法。

**表2-3　固体样品中SVOCs提取方法的比较**

| 萃取方法 | 优点 | 缺点 | 应用标准 |
|---|---|---|---|
| 溶剂浸泡或回流 | 设备简单，易操作 | 提取效率低，溶剂用量大 | |
| 索氏萃取 | 最经典、最可靠、应用最广的固体样品萃取方法，萃取效率高，设备简单，易操作 | 溶剂使用量大（200～500 mL），萃取时间长（5～24 h） | EPA Method 3540C |
| 自动索氏萃取 | 将索氏萃取技术自动化，大大缩短了萃取时间，萃取溶剂体积也相应减少，在此基础上衍生了索氏热抽提、热溶剂抽提方法 | 设备较昂贵 | EPA Method 3541 |
| 压力流体萃取 | 商品化仪器快速溶剂萃取，在加压和加温的状态下萃取，溶剂使用量少（10～100 mL），萃取时间短（5～30 min），萃取效率高 | 设备昂贵，萃取效率易受样品的含水量及基体组成的影响 | EPA Method 3545 |

续表 2-3

| 萃取方法 | 优点 | 缺点 | 应用标准 |
|---|---|---|---|
| 微波辅助萃取 | 通过微波照射密闭的萃取罐，加热萃取溶剂和样品，具有较高的萃取效率，使用溶剂少（3～30 mL），萃取时间短（10～30 min） | 设备较昂贵，只适用于可吸收微波能的溶剂，样品的含水量对萃取效率影响很大 | |
| 超临界萃取 | 达到临界温度和临界压力，流体（一般为 $CO_2$ 或 NO）以介于气态和液态的超临界状态存在，有很强的溶解能力、穿透力和流动性。以其为萃取溶剂，不仅效率较高，而且不需要使用有机溶剂 | 设备较昂贵，不同有机污染物的最佳萃取条件参数太多，很难通用 | EPA Method 3560 |
| 超声波萃取法 | 利用超声波在固体样品和萃取剂界面上的超声空化作用来获得较高的萃取效率 | 利用超声波清洗仪可同时处理多个样品，但由于能量部分被水吸收，所以需要反复多次萃取，导致萃取溶剂用量大，萃取时间长。聚能型超声细胞破碎仪可有效集中能量，效率较高，但每次只能处理一个样品，效率低 | EPA Method 3550B |
| 碱溶液回流萃取 | 在极性有机溶剂（甲醇、乙醇、丙酮、乙腈等）中加入强碱进行回流萃取，样品基体中的腐殖酸等物质被水解，提高了在样品基体上有较强吸附作用的有机污染物的萃取效率 | 目标化合物必须对强碱耐受，样品萃取溶液需要再用其他有机溶剂进行反萃取，导致溶剂使用量大，操作复杂 | |

这些提取方法各有特点，效率也不尽相同。值得注意的是，以上各方法都有一个共同点，即与温度有关。在萃取过程中，通过适当提高温度，可以加大界面传输速度，来获得较高的萃取效率。超声波萃取时超声空化作用在固液界面上也可产生上百度的高温。使用沸点较高的溶剂和对萃取系统增压是提高萃取温度的有效手段，但温度过高时耐热性差的化合物易分解。

萃取过程中溶剂的种类也是决定萃取效率的关键。目前常用的萃取溶剂有石油醚、正己烷、丙酮、乙醚、二氯甲烷、氯仿、甲苯、乙酸乙酯、乙腈、甲醇等。单一溶剂有时不能满足萃取需求，而多采用混合萃取剂，如正己烷-丙酮（1∶1）、正己烷-二氯甲烷（1∶1）、乙醚-甲苯（1∶1）等，混合萃取剂往往是极性差异较大的两种溶剂混合而成的，具有双方的特性，对不同极性强度的有机污染物都具有良好的萃取效率。对于含有水分的湿样一般会加入一定比例的丙酮、甲醇或乙腈以提高萃取效率。丙酮、甲苯、乙酸乙酯等溶剂具有强大的溶解能力，不仅能高效地萃取固体样品中的目标化合物，也能将样品中大量极性干扰物一并提取出来，为净化过程带来一定的压力。

（4）固体样品中 SVOCs 的净化　样品提取后，经旋转蒸发或 K-D 浓缩后进入净化程序。净化是定性、定量准确的基础。有效的净化方式是在最大限度地保留目标化合物的同时，去除大量干扰测定的杂质，减少基体效应，有效减少假阳性和假阴性，提高定量的准确性。

目前最常用的净化方式是柱色谱净化（column chromatograph)，又称净化小柱。在水样萃取过程中使用的 $C_{18}$ 固相萃取小柱和净化过程中使用的净化小柱原理上是相同的，习惯上借用高效液相色谱的术语，将前者称为反相柱，即流动相（水）具有极性，固定相是非极性的长链烷基（$C_8$ 或 $C_{18}$)，保留非极性和弱极性物质；后者称为正相柱，即流动相是非极性的有机溶剂（正己烷)，固定相是极性填料（硅胶、弗罗里硅土、氧化铝等)，保留极性化合物。硅胶、弗罗里硅土和氧化铝性质相近，都可以去除样品中的极性干扰物质。商品柱标称的柱容量一般为 3%～5%，弗罗里硅土的容量稍高些，无水硅胶活性强些。

柱色谱是根据目标化合物和杂质极性的差异而达到分离的，净化效率和填料的粒径、比表面积、均匀度和机械性能有关，但洗脱溶剂的极性更关键。在非极性有机污染物的净化过程中，为了避免洗脱下来杂质应选用非极性溶剂，如正己烷、石油醚等。这种方法对 PCBs、PAHs 等有良好的回收率和净化效果，但对于有机氯农药（OCPs）中带有一定极性的甲氧氯和 $\delta$-六六六回收率会变差。改善的途径是加大洗脱剂的用量，或适当增加洗脱剂的极性强度。对于 2 g 以下的净化小柱，洗脱剂的体积一般不超过 20 mL，增加洗脱强度是有效措施。在正己烷中添加部分乙酸乙酯、二氯甲烷、乙醚、甲苯或丙酮可有效增加洗脱强度，但要严格控制比例。乙酸乙酯、甲苯和丙酮的添加量一般不超过 15%，二氯甲烷、乙醚的比例可占到 50%。高强度洗脱剂确实可以良好地回收目标化合物，但也容易造成过度洗脱。一般说来，分析工作者在实验室中建立净化方法时往往重视目标化合物的回收率，而忽视杂质的去除率。根据目标化合物的理化性质，还可以使用改性硅胶进一步净化。在六六六、DDT、PCBs、PBBs、PBDEs 和二噁英等氯溴代有机污染物净化时常用浓硫酸磺化去除含氧杂质和还原性物质。在碱性环境中有机酸和腐殖质会成盐或水解，而达到去除目的。沉积物中常见的单质硫可以和 $Ag^+$ 反应生成不溶的 AgS。因此，在硅胶上涂渍浓硫酸、强碱和 $AgNO_3$ 等制成改性硅胶，并填充多层复合硅胶柱，可最大限度地提高净化效果，特别适合复杂环境样品中痕量、超痕量持久性有机污染物（POPs）的分析。

除了净化小柱外，另一种常用的净化手段是凝胶渗透色谱（gel permeation chromatograph，GPC)。GPC 的核心是一根化学惰性的中空小球填充而成的柱子，样品随流动相流经填料时，大分子物质由于无法进入小球的微孔而导致流动行程比小分子的短，先于小分子流出，分子最小的最后流出。尽管空间排阻这项技术发展很多年了，但商品化的仪器出现较晚，应用处于起步阶段。目前市场上自动化程度较高的产品以 OI 和 J2 公司的为主。GPC 特别适合复杂环境样品（沉积物和生物样品）中脂类、蛋白、核酸等大分子干扰物质的去除。

净化小柱是根据化合物极性的不同而进行分离的，GPC 是根据化合物分子大小不同而进行分离的，两者属于原理完全不同的净化方式，组合使用可达到更好的净化效果。

(5) 固体样品中 SVOCs 的浓缩　浓缩是样品上机分析前的最后一步，也是有机分析最常见的前处理步骤。旋转蒸发、K-D 浓缩和氮吹是有机分析常见的过程。浓缩的目的是去除多余的溶剂，而尽最大可能保留目标化合物。所以浓缩时温度和真空度的控制是减少损失的关键。在保证一定浓缩速度的基础上，控制较低的温度和真空度可提高回收率。使用沸点较低的溶剂，如二氯甲烷、乙醚、石油醚（沸程 30～60 ℃），可减少目标化合物的损失。

旋转蒸发适合将样品从几百毫升浓缩至几毫升，而氮吹适合将样品从几毫升浓缩至 1 mL 以下。氮吹便捷可靠，但高纯氮气中的微量杂质，如邻苯二甲酸酯类会溶解进入溶剂而产生干扰。此外，氮吹时有毒有害的溶剂直接进入实验室和大气，不利于环保。而真空离心蒸发是一种环境友好型的浓缩方式，与氮吹仪相比，符合 ISO 14000 的规定以及环保要求。其原理是在真空状态下，对样品管适当加热促进溶剂挥发，同时通过离心将小气泡排出，防止爆沸。真空离心蒸发仪可同时处理多达 48 个样品，内壁有全氟涂层，接口使用 PTFE，又采用被动的浓缩方式，所以污染很小。

（6）SVOCs 的测定　浓缩后的 SVOCs 样品测定方法主要有气相色谱法、高效液相色谱法、气相色谱-质谱联用法、液相色谱-质谱联用法等。其中，色谱法能在几分钟至几十分钟的时间内完成几十种甚至上百种性质类似的化合物的分离，检出限可以达到 $10^{-12}$ g 的数量级；特别是配合不同检测器实现待测组分的高灵敏、选择性检测，样品消耗量非常少，通常只需数纳升至数微升。因此，分离效率高、检测速度快、分析灵敏度高、选择性好、样品用量少、多组分同时分析、易于自动化是色谱法的突出优点，但色谱法以保留时间定性，其定性结果可能不准确，需要其他定性技术手段确证。有机质谱能用于分子组成、结构和分子量的测定，其他技术无法比拟。有机质谱灵敏度高；速度快，仅需几分钟甚至几秒钟；通用性高，可用于能离子化的所有物质的检测。与 GC、HPLC 联用，可一次性检测各类复杂的混合物。

气相色谱（gas chromatography，GC）具有分离能力好、灵敏度高、分析速度快、操作方便等优点，但气相色谱只能分析气体和易挥发或可以转化为易挥发的液体，分析过程需要加热。因此，沸点太高或热稳定性差的物质都难于用气相色谱法分析，使其应用受到一定限制。据估计，只有 20%的物质可用气相色谱测定。GC 常用检测器有氢火焰离子化检测器（FID）、电子捕获检测器（ECD）、氮磷检测器（NPD）、火焰光度检测器（FPD）、热导检测器（TCD）等类型。实际应用中应根据检测组分的理化性质选择不同的检测器，以达到最佳检测结果。

高效液相色谱（high performance liquid chromatography，HPLC）是流动相为液体的色谱。高效液相色谱常用的检测器有紫外检测器（单波长紫外检测器、二极管阵列检测器）、示差折光检测器、荧光检测器、蒸发光散射检测器等，其中荧光检测器对有荧光的物质具有高灵敏度。与气相色谱法相比，而高效液相色谱法只要求样品能制成溶液，不需要气化，可以不受试样挥发性的限制。高沸点、热稳定性差、相对分子质量大于 400 的有机物原则上都可用高效液相色谱法分离、分析。据统计，在已知的化合物中能用液相色谱分析的占 70%～80%，HPLC 应用广泛，几乎遍及定量、定性分析的各个领域。

气相色谱-质谱联用法（gas chromatography-mass spectrometry，GC-MS）是一种联用技术。气相色谱-质谱仪兼具气相色谱高效、快速分离和质谱准确定性、检测灵敏的特性，从而实现对复杂混合有机物更准确地定性和定量分析。目前，气相色谱-质谱联用法可用于水、土壤、沉积物、农产品中挥发性有机物、有机氯农药、多氯联苯、多环芳烃、毒杀芬、二噁英、呋喃和多溴联苯醚类等挥发性、半挥发性有机物的测定。

液相色谱-质谱联用法（liquid chromatography-mass spectrometry，LC-MS）是在气相色谱-质谱联用技术的基础上发展起来的。它是由液相色谱的分离能力和质谱的鉴别能力组合起来的用于分析有机物元素组成、结构和分子量的技术。它弥补了气相色谱-质谱联用技术应用的局限性，适用于无挥发性、极性或热不稳定的化合物以及大分子化合物（包括蛋白、多肽、多聚物等）的分析测定。有机化合物中大约80%不能直接气化，因此需用液相色谱分离分析，特别是随着生命科学的迅速发展，用于样品分析、纯化的液相色谱技术的使用更加广泛。

## 思考题

1. 什么是土壤污染调查？调查方案如何编制？
2. 请阐述土壤样品采样方法及如何实现质量控制。
3. 土壤理化性质与污染物的分析方法有哪些？

# 第三章　土壤中污染物的环境行为

土壤是环境中贮存外源污染物最重要的载体之一。据不完全统计，90%以上的外源污染物的最终归宿是土壤。污染物进入土壤后可能同时发生多种过程，其中最为常见的是被土壤颗粒吸附；部分水溶性较强的污染物可以通过淋溶作用迁移至地下水；此外还可能被土壤中生物所吸收和降解。因此，明确污染物在土壤中的环境行为及其规律是污染控制和土壤修复的首要环节。

## 第一节　污染物在土壤中的吸附-解吸行为

### 一、污染物在土壤中的吸附行为

#### （一）概述

吸附行为是污染物在自然界中的一种常见现象，通常指在固-气或固-液两相中，某污染物在液（气）相中浓度降低，而在固相中浓度升高的现象。污染物在土壤中的吸附行为包括使污染物从水溶液中转入土壤的所有反应，例如，表面吸附、分配、沉淀、络合、水解以及共沉淀等反应。

根据污染物与土壤颗粒之间相互作用的不同，吸附可以分为在土壤颗粒表面的吸附过程和在有机质中的分配过程。根据分子间作用力的差异，吸附可以分为物理吸附、化学吸附和静电吸附三类。在化学吸附中，往往采用吸附热的大小来衡量吸附的强弱程度（即所生成化学键的强度）。吸附热越大，则所形成的化学键越强。由于化学吸附和物理吸附都是自发过程，在吸附过程中自由能减少（$\Delta G<0$）。在等温条件下，根据热力学的基本公式：$\Delta G=\Delta H-T\Delta S$，可以推知 $\Delta H<0$，所以通常吸附是放热的（但也有例外），而且化学吸附的吸附热大于物理吸附的吸附热，所以吸附热的大小是区别物理吸附和化学吸附的一个重要标志。

污染物进入土壤后，首先发生吸附反应，当污染物被土壤强烈吸附后，其移动性和可降解性都大大减弱。因此污染物在土壤中的吸附-解吸行为是控制其在环境中迁移转化过程的关键因素，直接影响土壤污染防治和修复的效率。为了全面深入地了解污染物对土壤环境及人类的危害程度，必须阐明污染物在土壤中的吸附-解吸过程、作用机理，以及土壤组分与污染物的相互作用，这对提高土壤环境质量、保障粮食、食品和生态环境安全及人类健康具有重要的理论和实际意义。

## (二) 吸附机理

### 1. 重金属在土壤中的吸附机理

重金属在土壤中的吸附机理主要包括非专性吸附和专性吸附两个方面。

(1) 非专性吸附　也称离子交换作用，是指由于静电引力和热运动平衡作用产生的离子吸附。其基本特征是形成外层配合物为主的吸附作用，具有较低的吸附选择性和明显的可逆性。重金属离子以水合离子的形态被吸附，保持在扩散双电层的外层中，其与吸附位点之间存在一至数层水分子，但不存在电子转移或共享的电子对。例如，土壤表面负电荷位点对重金属 $Cu^{2+}$、$Cd^{2+}$、$Pb^{2+}$、$Cr^{2+}$，正电荷位点对 $AsO_3^{2-}$ 的吸附。

(2) 专性吸附　也称配位交换作用，是指由于土壤表面官能团和周围溶液中重金属离子之间发生配合反应而产生的离子吸附。其基本特征是吸附离子与土壤胶体表面之间以共价键结合，吸附发生在土壤胶体双电层的内层或 Stern 层，被吸附离子可与配位壳中的羟基或水合基重新配位，并直接通过共价键或配位键结合在固相表面，形成的络合物为内层络合，吸附过程趋向于不可逆，解吸速率比吸附速率要小得多。通常情况下，当重金属离子在土壤胶体表面发生专性吸附时，每吸附一个重金属离子 $M^{n+}$，就会释放出 $n$ 个 $H^+$，并且一定的矿物对特定重金属离子表现出高度的专一性。例如，pH<5 时，充分润湿的蒙脱石和高岭石所吸附的 $Cu^{2+}$ 以 $Cu(H_2O_6)^{2+}$ 形态游离于层间或外表面，容易被其他阳离子取代，但当 pH 升高时，层状硅酸盐表面会促进 $Cu^{2+}$ 水解，同时释放出 $H^+$，使吸附态 $Cu^{2+}$ 的交换性降低。

### 2. 有机污染物在土壤中的吸附机理

有机污染物在土壤中的吸附机理比重金属复杂得多。通常情况下，吸附并不表现为单一的交换作用，一些物理化学作用可能综合作用于有机污染物与土壤的结合。目前已经发现的吸附机理主要包括疏水作用、范德瓦耳斯力、氢键、离子交换作用、电荷转移、配位交换、阳离子桥（水桥）等，上述几种相互作用通常是同时存在的，只是在某种条件下某种机制占主导而已。

(1) 疏水作用　疏水作用是指非极性分子之间的一种弱的、非共价的相互作用，这种机制被认为是有机污染物在溶剂和土壤表面之间的分配作用。疏水作用是非极性有机污染物在腐殖质或黏土矿物的疏水性活性位点上吸附的主要机制，这些位点包括腐殖质大分子中含碳多、极性组分少的支链脂肪烃或类脂部分，如木质衍生物部分。此外，疏水相互作用也是一些离子型污染物在分子形式时的主要吸附机制，如弱碱性杀菌剂、扑草净、2,4-D 等。疏水作用通常不受 pH 变化的影响，由于非极性有机物与水的作用极小，和水分子相比，更容易吸附到腐殖质的疏水基上。但是，在低 pH 条件下，一些腐殖酸官能团会发生离解，进而减少有机质对污染物的疏水吸附。

(2) 范德瓦耳斯力　除了疏水作用之外，有机污染物在土壤上的物理吸附作用还包括范德瓦耳斯力。这类相互作用通常较弱，一般为 2～4 kJ/mol，主要包括近距离偶极或诱导偶极之间的作用，可能会因为疏水作用而放大。范德瓦耳斯力主要是当非离子及非极性有机物在土壤的一定部位吸附时起作用，最终只是增强了键合力，其作用力大小随着作用分子的大小及其靠近吸附剂表面程度的增大而增大。

(3) 氢键　氢键是分子内或分子间偶极与偶极之间的相互作用，这种相互作用要强于范德瓦耳斯力，键能为 2～40 kJ/mol。氢键是由于电负性原子（F、N、O）对一些官能团（如—OH 和—NH 等）上氢离子的吸电子特性产生的。几乎所有有机污染物都含有可形成氢键的基团，但氢键在吸附中的作用是不确定的。因为虽然含有大量氧和羟基官能团的腐殖质可与有机物分子相应的官能团形成氢键，但同时有机物分子与水分子也可竞争结合位点。

(4) 离子交换作用　离子交换是一种非专性静电相互作用，键能一般在 20 kJ/mol 以上，主要包括阳离子交换和阴离子交换两种形式。

阳离子交换主要存在于碱性有机物的吸附中，这类有机物在溶液中以阳离子形式存在或者是能接受质子成为阳离子。对于这类吸附，普遍认为最主要是土壤中黏土矿物和有机质表面大量的负电荷位点对阳离子的静电相互作用导致的。在金属离子占据的黏土矿物表面，阳离子交换也可以发生在其负电荷位点上。但是，因为存在位阻现象，并不是所有有机质的负电荷位点都能结合大的有机阳离子。例如，相比于莠去津和扑草净，西玛津具有更高的吸附活性，这主要是由于西玛津中 N—H 基团具有更小的位阻。

阴离子交换是阴离子与土壤表面带正电荷位点的相互作用，主要是有机物阴离子与结合位点的阴离子之间的交换。阴离子交换更可能发生在热带地区的土壤上，因为这类地区的土壤中含有带大量正电荷的吸附位点，如铁铝氧化物等。而温带地区土壤中的黏土矿物和有机质通常情况下不带电荷或者带负电荷，因此有机物在温带地区土壤上吸附的机制一般不会是阴离子交换。

(5) 电荷转移　有机物多含有电子供体基团或电子受体基团，而土壤中腐殖质既有缺电子结构，如醌类，又有富电子结构，如联苯酚类。所以，有机物可通过电荷转移与腐殖质的给电子或受电子基团形成复合物。给电子-受电子体系分子越复杂，自由电子的共轭可能性越高，则中间体的稳定性越强，存在时间越长，即游离基浓度越大。尽管电荷转移最可能发生在腐殖质吸附的过程中，但也已有研究表明，酸性除草剂与黏土矿物之间的相互作用也存在电荷转移。阳离子的极化能决定了配位水分子的酸度。

(6) 配位交换　配位交换即土壤有机质或水合氧化物表面的结合水或其他弱配位体被适宜的有机物分子所替代的过程。配位交换通常存在两步反应：①质子化的表面位点上离子偶配合物的快速形成（外层配合物，键能一般为 4～16 kJ/mol）；②结合键的断裂与形成后形成二齿或双核的内层配合物（键能一般大于 20 kJ/mol），这一步反应要慢得多，因此是配位交换的限速步骤。许多有机酸化合物都是通过配位交换机制吸附到氧化物表面的，有机物中的官能团（如—COOH 或—OH）可以替代黏土矿物表面上的羟基或金属离子的水合分子。配位交换也被认为是两性有机化合物吸附的机制之一，如灭草喹在高度风化的热带土壤上的吸附和草甘膦在针铁矿上的吸附等。

(7) 阳离子桥或水桥　阳离子桥主要是由于黏土矿物或土壤有机质表面的可交换阳离子与有机污染物的极性或阴性官能团形成内层配合物所产生的作用。因为阳离子通常为水合分子所围绕，有机官能团能够取代水分子或在干燥的表面反应形成内层配合物。当有机官能团不能替代溶剂水分子时会形成水桥，即可交换阳离子的水合分子中的质子与有机官能团之间的外层相互作用。通常有更大的高价阳离子（如 $Fe^{3+}$、$Al^{3+}$ 和 $Mg^{2+}$ 等）存在时更容易形成水桥，因为它们有更大的负水合焓，水分子更难被取代。

## （三）影响因素

影响污染物在土壤中吸附的因素主要包括土壤理化性质、污染物的理化性质、环境条件以及外源添加剂等。其中主要的土壤理化性质包括有机质含量和结构、黏土矿物含量和类型、pH等，环境条件包括温度、水分和离子强度等。下面就这些影响因素分别进行阐述。

**1. 土壤理化性质**

（1）有机质　土壤有机质主要来自动植物和微生物残体，它包含大量腐殖质。腐殖质是具有很高分子量和许多极性官能团的无定形物质，它是一类特殊的有机化合物，其结构迄今还不是很清楚，它包括腐殖酸、富里酸和腐黑物。在普通土壤中，C、H、O占有机质干重的90%，而N、S、P含量较少。对大多数污染物（尤其是非离子状态）来讲，土壤有机质对其的吸附量和吸附强度远远超过其他土壤成分。土壤有机质含有多种疏水基、亲水基、自由基等官能团，与重金属离子和有机物之间具有很强的化学反应性，一般情况下其含量越高，对污染物吸附作用越强。一般认为当土壤有机质含量>0.1%时，疏水性有机物的吸附主要发生于有机质部分，而非有机质部分对其吸附极其微弱。

土壤有机质的结构和化学组成，尤其是极性和芳香碳的含量也会显著影响其对有机污染物的吸附行为。随着研究不断深入，研究人员逐渐认识到，土壤有机质对非极性有机污染物的亲和力取决于土壤有机质的起源和地质历史。在沉积和成岩过程中，生物聚合物降解、交联，形成腐殖质等残留物，并进一步变形转化为油母岩、煤炭和黑炭。可以预测，土壤有机质组成和结构的多样性，使得它对有机污染物具有不同的吸附特征。

（2）黏土矿物　所谓黏土是指粒径<0.002 mm的非常小的颗粒，包括结晶的铝硅酸盐矿物、无定形铝硅酸盐和水合金属氧化物；而黏土矿物仅仅代表结晶的铝硅酸盐。黏土矿物在土壤中的含量比有机质高得多，表面积大，表面带有电荷，容易发生阳离子交换，因此，对重金属和离子型有机污染物而言，黏土矿物也是较为重要的土壤吸附成分。已有报道表明，三嗪类、丁草胺、硝基酚类等数种农药，土壤矿物对其吸附的影响几乎相当于甚至超过有机污染物。

（3）pH　pH是决定土壤吸附重金属能力大小的重要参数，对极性或离子型有机污染物吸附的影响强于疏水性有机污染物，它不仅决定着重金属的水解程度或离子型有机污染物的离解程度，而且会影响土壤/沉积物的表面性质以及有机质构型。有机质的主要成分腐殖质是一种带负电的高分子弱电解质，其形态、构型与官能团的离解程度有关。高pH条件下，重金属会以表面沉淀或络合反应生成内圈配合物；低pH条件下，以静电吸附或离子交换形成外圈配合物。

**2. 污染物的理化性质**

对同一土壤或沉积物等吸附剂而言，重金属的吸附还与其离子半径、电负性、水解常数和形成难溶盐的溶度积常数等性质有关。有机污染物的吸附主要与它们自身的憎水性、极性、可极化性以及空间构型有关，而这些性质又是由它们的结构所决定的。影响吸附作用的结构因素有官能团、取代基的性质及位置、不饱和键的存在等。正是由于性质结构的差异，不同的有机物在相同吸附剂上的吸附也存在着很大的差别。一般来讲，有机污染物的分配系数越大，其在土壤上的吸附越强；极性化合物吸附等温线的非线性程度往往强于非极性化合物。

**3. 环境条件**

影响污染物在土壤中吸附的主要环境因素包括温度、土壤含水量和离子强度等。随着温度的升高，土壤或土壤组分对重金属或有机物的吸附量既有可能升高，也有可能降低，主要取决于吸附过程是放热反应还是吸热反应。如果吸附是放热过程，那么随着温度的升高吸附速率降低，解吸速率增加。此外，有些污染物的吸附行为对温度并不是很敏感。一般来说，有机污染物在土壤上的吸附系数随着含水量的降低而增加，这主要是由于水对吸附位点的竞争和含水量对有机污染物溶解度的影响。

离子强度是影响土壤对重金属和离子型有机污染物吸附的一个重要因子，其对吸附的影响主要表现在：限制重金属或者有机污染物生成离子或者影响土壤介质的 pH，改变游离重金属或有机物离子的活度；通过支持电解质的阳离子与离子发生竞争吸附或者支持电解质中的阴离子发生络合效应，改变土壤吸附表面的静电点位。

**4. 外源添加剂**

目前，各种农业生产或污染土壤修复的活动经常会向土壤中添加一些外源物质以改变土壤理化性质或者污染物在土壤中的特性，例如，农民通常利用草木灰与畜禽粪便混合作为肥料直接施入农田或者直接在田间燃烧农作物秸秆以快速清田，这些措施向土壤中加入了碳；污染土壤修复的过程中通常向土壤中加入表面活性剂以活化土壤中的污染物，这些物质都会对有机污染物在土壤中的吸附-解吸行为产生影响。

## 二、污染物在土壤中的解吸行为

### （一）概述

解吸指污染物从土壤表面释放出来的现象。这一过程与吸附的方向相反，常见于处于平衡状态的土壤表面和污染物溶液体系中。当溶液中污染物的浓度下降时，土壤表面吸附的污染物就会向溶液中解吸。污染物在土壤中被吸附后解吸的难易程度是影响其在环境中的移动性以及生物利用率的最主要因素之一，在污染物被土壤颗粒吸附后，有些分子可能仅仅是附着在土壤颗粒表面或是颗粒的缝隙中，这部分很容易通过动物的活动或土壤水的移动而被生物利用或转移到其他地方。特别是对已污染的土壤，解吸信息对于预测污染物的归趋，并有针对性地开发合理的、低成本的修复技术是必需的。

### （二）解吸滞后现象

一般来讲，解吸过程比吸附过程要难得多，并不是所有被吸附的物质都可以解吸，反应并不完全可逆，这种现象被称为解吸滞后现象，而且这种滞后现象在土壤-污染物相互作用中非常普遍。引起解吸滞后现象的因素主要分为实验因素和真正的解吸滞后因素（非实验因素）。

**1. 实验因素**

（1）吸附-解吸过程未达到平衡状态　达到平衡一般需要几周甚至几个月的时间，而之后的解吸阶段一般需要若干小时至若干天，在所有解吸阶段，吸附过程仍在继续进行，这样就会导致滞后现象增强。此外，也有人认为这是随着吸附时间的延长，污染物在土壤中发生了“老化”现象导致的。

（2）实验过程中污染物的损失　实验过程中有很多方面可以导致污染物在吸附试验中发

生损失，如污染物的挥发、污染物在实验器皿上的吸附、污染物的光降解和水解等。这就需要在实验过程中根据污染物的理化性质而改变实验条件，使污染物在吸附过程中除吸附之外的损失降到最低。

（3）固相效应　即第三相对吸附-解吸的影响。在吸附阶段，溶解到溶剂中的一些大分子化合物或有机质胶体能显著增加污染物在溶剂中的溶解度，从而使吸附到固相中的污染物减少，解吸滞后现象更明显。

**2. 非实验因素**

目前所报道的引起解吸滞后现象的机制主要有以下几个方面：

（1）化学键的形成或在特定吸附位点的不可逆结合　极性有机化合物和重金属离子可以通过共价键或氢键与有机质结合，或者专性化学吸附在黏土矿物的内外表面，在这些情况下，化学吸附是引起解吸滞后现象的主要原因。而对于疏水性污染物，化学吸附可能不是其主要原因。

（2）慢解吸速率　吸附的过程是一个能量降低的过程，而解吸的过程则需要活化能。有机物的吸附-解吸过程是一个两段行为，开始是快速吸附-解吸行为，随后是一个慢速阶段。分子扩散模型认为，有机物分子进入土壤颗粒需要经过五个阶段：①有机分子在水体中的扩散；②在颗粒表面的水膜中扩散；③在颗粒内中孔中扩散；④在颗粒内微孔中扩散；⑤向颗粒内有机质内部扩散。其中后三个阶段可能会引起慢速吸附。根据热球模型，解吸刚好是相反的五个过程，解吸的速度比吸附更慢。

（3）污染物被土壤颗粒捕获　包括黏土矿物的中孔或微孔的捕获或者有机质的捕获。

（4）微孔调节机制　这种机制认为微孔吸着是造成解吸滞后现象的直接原因，在吸附过程中，溶液中溶质分子可通过热力学作用导致有机质中孔洞扩张，形成新的内在吸附表面，化合物也可能通过主动扩散进入那些孔隙较小的微孔中，而迫使微孔孔径变大，使周围微孔发生变形。在解吸过程中，化合物分子离开其填充的微孔以及其周围微孔恢复原来状态以释放吸附的化合物分子之间存在着滞后现象，造成部分被吸附分子不能解吸，而使得化合物被吸附和解吸是在不同的物理形态下进行的，进而产生解吸滞后现象。

## 三、污染物在土壤中吸附行为的数值模拟

### （一）吸附等温线

在吸附研究中，吸附量是很重要的物理量。在恒定温度下，污染物在土壤中的吸附量与溶液中污染物的平衡浓度的关系曲线称为吸附等温线。根据吸附等温线的形状和变化规律可以了解污染物和土壤之间的作用强弱、界面上污染物的状态和吸附层结构。

Giles 等根据等温线起始部分的斜率和随后的变化情况，将等温线大致分为 4 类（图 3-1），包括 S 型、L 型、H 型和 C 型。

（1）S 型　初始阶段吸附等温线的斜率随着污染物浓度的增加而变大，即吸附曲线离开原点的一段曲线向浓度坐标轴方向突出。在低浓度时，吸附的污染物越多，就越容易吸附，这表明土壤表面的污染物促进了吸附，即协同吸附。但由于吸附点位被逐渐占据达到饱和吸附状态，斜率最终会减小到 0。

（2）L 型　吸附等温线的斜率随着污染物浓度的增加而减小，即吸附曲线凹向浓度坐标

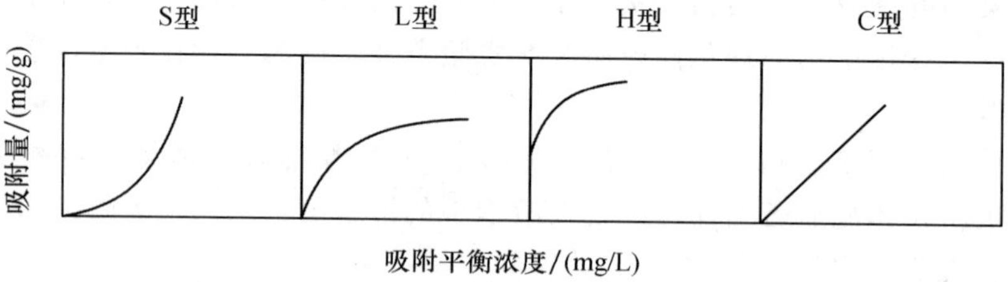


**图 3-1　常见的吸附等温线类型**

轴。这是最常见的等温线形式，随着土壤中的吸附位点被覆盖，吸附质分子越来越难碰撞到表面吸附位点上。

（3）H 型　高亲和力吸附等温线，该曲线最初离开原点后向吸附量坐标轴方向高度突出，可看作是 L 型曲线的特例。污染物在极低的浓度时就有很大的吸附量，污染物与土壤之间存在强烈的亲和力，溶液中的残余量极少，几乎检测不出。

（4）C 型　恒定分配线性曲线，污染物在溶液和土壤之间有一定的分配率，吸附量与污染物浓度呈线性关系。说明土壤表面吸附位点数量是一定的，也就是吸附位点被污染物占据后，又产生新的相同数量的吸附位点。通常浓度范围很小或浓度很低的情况下会表现出 C 型吸附曲线。

## （二）吸附等温线拟合模型

由于固-液界面上的吸附过程涉及溶质、溶剂和吸附剂三者间错综复杂的作用，加上土壤体系的多相性，因此，至今吸附等温线的定量描述仍以经验方程为主。其中应用较为广泛的模型包括线性（Linear）吸附等温方程、Freundlich 方程、Langmuir 方程和双模式模型（DMM）方程。现简述如下：

（1）线性（Linear）吸附等温方程：

$$Q_e = K_p c_e$$

式中，$Q_e$ 为污染物在土壤中的吸附量，$c_e$ 为污染物在液相中的平衡浓度，$K_p$ 为污染物在两相中的分配系数。线性吸附等温方程常用来描述有机物在土壤或沉积物上的分配作用。

（2）Freundlich 方程被认为是应用于描述非线性吸附的经验性模型，方程表述为：

$$Q_e = K_f C_e^n$$

或

$$\ln Q_e = \ln K_f + \frac{1}{n}\ln c_e$$

式中，$K_f$ 和 $n$ 为 Freundlich 吸附方程的两个可变参数；$K_f$ 为吸附容量；$n$ 为吸附等温线的非线性因子，范围在 0～1，当 $n$ 为 1 时，吸附方程即为线性模型，$n$ 小于 1 时，方程为非线性模型。

（3）Langmuir 方程是理论推导方程，方程式表述为：

$$Q_e = \frac{Q_{max} b c_e}{1 + b c_e}$$

式中，$Q_{max}$ 是最大吸附量，$b$ 是与吸附量有关的常数，$Q_e$、$c_e$ 同上。Langmuir 方程假设被吸附分子间无相互作用，即吸附层是理想的，整个表面的吸附能保持恒定，且与其在吸着物表面覆盖度无关，物质的吸附仅发生在固定位置。如果土壤有机质含量不太高而黏土矿物含量较高时，方程能较好地描述土壤对一些有机污染物的吸附作用。

（4）双模式模型（DMM）方程式表述为：

$$Q_e = K_d c_e + \frac{S_0 b c_e}{1 + b c_e}$$

式中，$K_d$ 为分配系数，$S_0$（mg/kg）和 $b$（L/mg）表征孔隙填充作用强度，为表面吸附相关的系数。$S_0 b$ 为吸附等温线在低浓度段的斜率。

通常情况下，非离子型有机物在土壤中的吸附主要是通过分配过程实现的，符合线性等温方程（C 型）；重金属等无机污染物在土壤中的吸附主要是通过离子交换和络合作用进行的，一般符合 Langmuir 方程（L 型）或可用 Freundlich 方程来描述，当然这也与污染物分子结构、土壤类型以及实验所采用的污染物浓度有关。浓度较低时，吸附等温线可能在初始区段呈线性（C 型），浓度升高时，曲线可能是 L 型。

# 第二节　污染物在土壤中的物理迁移过程

## 一、污染物在土壤中的迁移机理

污染物在土壤中的迁移受各种物理、化学和生物反应的作用，是一个复杂的过程，包括对流、扩散、弥散、吸附、溶解、沉淀、水化等。本节主要讨论污染物在土壤中的物理迁移过程，主要包括三种机理：①对流迁移；②扩散迁移；③机械弥散。在流体携带污染物迁移的过程中，机械弥散和扩散迁移往往同时发生。我们把机械弥散和扩散迁移合称为水动力弥散。下面分别进行详细介绍。

### （一）对流迁移

土壤中的污染物会随着地下水的流动而发生迁移，这个过程即是所谓的对流迁移，简称对流，引起对流迁移的作用称为对流作用。在对流作用下，单位时间内通过土壤中单位横截面积的污染物质量称为对流通量。对流通量是污染物浓度和流体运动速度的函数，表示为：

$$F_x = unc$$

式中，$F_x$ 为对流通量［g/(m$^2$·s)］，$n$ 为有效空隙度，$c$ 为流体中污染物的浓度（g/m$^3$），$u$ 为流体运动的实际速度（m/s）。在污染物的迁移分析中，需要考虑实际情况，因此通常使用实际速度 $u$ 而不是渗流的达西速度 $v$。实际速度 $u$ 与达西速度 $v$ 之间的关系为：

$$u = \frac{v}{n} = -\frac{K}{n} \times \frac{dH}{dl}$$

式中，$K$ 为水利传导系数（m/s），$dH/dl$ 为水力梯度。

对流作用是污染物在含水层中迁移的主要动力，只要有流体的移动，就存在对流作用。在渗透性强、水流速度快的含水层中，对流作用常常是污染物迁移的主要动力。

### （二）扩散迁移

流体中的溶质在动能作用下从高浓度向低浓度方向移动的现象称为溶质扩散，简称扩散。分子扩散是由分子的不规则热运动（即布朗运动）引起的。只要流体中污染物存在浓度梯度，即使在静止的流体中，扩散也会发生。污染物在孔隙水中的扩散遵从菲克定律，即单位时间内通过土壤中单位横截面积的污染物质量与该处污染物的浓度梯度成正比，可表示为：

$$F_d = -D_d \frac{c_2 - c_1}{\Delta L}$$

式中，$F_d$ 为扩散通量［$g/(m^2 \cdot s)$］，即分子扩散作用下单位时间内通过土壤中单位横截面积的污染物质量，$D_d$ 为扩散系数（$m^2/s$），$c_2 - c_1$ 为扩散距离 $\Delta L$ 上的浓度差。式中负号表示污染物的迁移是从高浓度向低浓度方向扩散。

污染物在土壤中的扩散要比在纯溶液中的扩散慢得多，因为污染物是在土壤的孔隙中扩散的，由于受到固体骨架的阻挡，污染物一般需要经过更长的孔隙通道才能迁移到远处。土壤中污染物的分子扩散系数与纯溶液中扩散系数的关系可表达为：

$$D^* = \tau D_d$$

式中：$D^*$ 是土壤中污染物的扩散系数，称为有效扩散系数；$D_d$ 是污染物在水中的分子扩散系数，其值主要取决于污染物分子的特性和温度；$\tau$ 是弯曲因子，与土壤的孔隙弯曲度有关，无量纲，一般取 $0<\tau<1$。弯曲因子可以通过污染物在土壤中的扩散试验加以确定，非扰动土壤的 $\tau$ 值为 0.01～0.5。

### （三）机械弥散

土壤中存在着形状各异、大小不一又互相连通的孔隙通道。当污染物随流体在土壤中迁移的时候，流体不断细分进入更微小的孔隙，但每个孔隙通道中的流体流速方向和大小都不均一，这使得流体中污染物在流动过程中，逐渐分散并占有越来越大的渗流区域范围，而且土壤中渗透性的不均匀会促进这种作用。污染物的这种迁移过程称为机械弥散。机械弥散主要为纯力学作用的结果。由于机械弥散作用，污染物沿平均水流方向上存在一定的扩展现象，称为纵向机械弥散；沿垂直于平均水流方向上的扩展现象，称为横向机械弥散。纵向机械弥散作用使污染物的迁移速度比平均水流速度或快或慢，从而形成沿流动方向的污染范围扩散；横向机械弥散作用则形成污染范围的横向扩散。

机械弥散在微观尺度上主要分为 3 种基本情况：

（1）同一孔道中心轴处流速最大。由于流体与土壤颗粒表面间存在摩擦阻力，流体在孔隙中流动时存在黏滞性，使单个孔隙通道中心轴处的流速最大，而固体表面处的流速接近于零，类似于笔直的毛细管的流体速度的抛物线分布。

（2）不同孔道流速大小存在差异。由于不同孔道口径大小不均匀，较大孔隙孔道比较小孔隙孔道对流体运动的阻力小，因此流体在较大孔道中的流速会比在较小孔道中的流速大。

(3) 不同孔道流速方向与平均流速方向存在差异。由于土壤颗粒的阻挡，流体在不同空隙中的流动方向并不相同，流线相对于平均流动产生起伏，流体的实际运动是迂回曲折的。

机械弥散作用产生的污染物迁移通量也可以采用菲克定律表示：

$$F_m = D'J_c = -D'\frac{c_2 - c_1}{\Delta L}$$

式中，$D'$表示机械弥散系数（$m^2/s$）；$F_m$ 表示通过机械弥散作用在单位时间内垂直通过单位面积的污染物质量，称为机械弥散通量［$g/(m^2 \cdot s)$］；其余符号同前。由此公式可以看出，机械弥散通量与浓度梯度成正比。

弥散度是表征介质机械弥散能力的重要参数。通常均质介质的弥散度小，而非均质介质的弥散度大；分选好的介质弥散度小，而分选差的介质弥散度大。

### （四）水动力弥散

一般情况下，污染物的迁移过程中，分子扩散和机械扩散往往同时发生，我们把分子扩散和机械扩散合称为水动力弥散。用水动力弥散系数 $D$ 综合表示分子扩散和机械弥散系数，即有

$$D = D' + D^*$$
$$D_L = D_{L'} + D^*$$
$$D_T = D_{T'} + D^*$$

式中，$D_L$ 为纵向（水流方向）水动力弥散系数，简称纵向弥散系数（$m^2/s$）；$D_T$ 为横向（垂直于水流方向）水动力弥散系数，简称横向弥散系数（$m^2/s$）。

污染物的水动力学弥散同样可以用菲克定律来表示：

$$F = DJ_c = -D\frac{c_2 - c_1}{\Delta L}$$

式中，$F$ 为水动力弥散通量［$g/(m^2/s)$］；$D$ 为水动力弥散系数，简称弥散系数（$m^2/s$）；其余符号同前。在实际应用中，当水流速度较大时，机械弥散的作用会超过分子扩散的作用，此时水动力弥散中只需考虑机械弥散作用；反之，当土壤中水流静止或流速较小时，机械弥散的作用很小，只需考虑分子扩散的作用。污染物迁移过程中机械弥散和分子扩散的相对贡献可用 Peclet（佩克莱）数表示。Peclet 数有多种表示形式，通常表示为：

$$P_e = \frac{uL}{D_L}$$

$$P_e = \frac{ud}{D_d}$$

式中，$P_e$ 为 Peclet 数，无量纲；$u$ 为实际速度（m/s）；$d$ 和 $L$ 为特征长度（m）；$D_d$ 为分子扩散系数（$m^2/s$）；$D_L$ 为纵向水动力弥散系数（$m^2/s$）。$P_e$ 越大，对流对迁移的相对贡献越大。

## 二、污染物在土壤中迁移的影响因素

污染物在土壤中的迁移行为受到很多因素的影响，主要包括三个方面：污染物的理化性质、土壤理化性质和环境条件，具体如下。

### （一）污染物的理化性质

一般来说，水溶性强的污染物在土壤中的迁移性较强，有可能进入深层土壤而造成地下水污染，而脂溶性的有机污染物易被土壤强烈吸附，较难迁移，不易流失，对水体污染较轻；污染物的挥发性也会影响其在土壤中的迁移能力，通常情况下，挥发性强的污染物容易挥发进入大气中，而在土壤中向下淋溶迁移较少；污染物本体状态对其在土壤中的迁移能力也存在一定的影响。例如，同种农药，剂型不同，则农药的主要成分在土壤中的淋溶迁移能力就存在差异。甲磺隆钠盐在土壤中的淋溶迁移能力明显大于甲磺隆粉剂。

### （二）土壤理化性质

土壤理化性质对污染物淋溶迁移存在着显著的影响。通常情况下，土壤黏粒含量越低，土壤的砂性越重，土壤中大孔隙所占比例越高，单位体积土壤内的比表面积越小，土壤对污染物的吸附能力越弱，污染物的淋溶迁移能力就越强。土壤有机质是影响污染物在土壤中迁移的重要因素，其对污染物迁移的影响存在于两个方面：溶解性有机质的增溶迁移作用和不溶性有机质的吸附滞留作用。吸附到溶解性有机质上的污染物会随着有机质的迁移而迁移，这种溶解态迁移方式大大提高污染物的迁移能力；不溶性有机质对污染物具有吸附作用，从而使污染物向固相富集的趋势增强，从而减弱污染物淋溶迁移的能力。

土壤 pH 不同，污染物的淋溶迁移性能也不同。通常 pH 对离子型污染物吸附影响大，pH 直接影响离子型污染物的水溶性，从而进一步影响其迁移能力。土壤初始含水量对污染物的淋溶迁移也具有重要的影响。当土壤性质基本相同时，含水量低的土壤吸附系数大于含水量高的吸附系数。例如，将农药施用在干土中，被土壤吸附后再灌溉，农药淋溶流失受阻，而在湿土中却无此现象。土壤阳离子交换量通常对离子型污染物的淋溶迁移存在一定的影响。

### （三）环境条件

温度是影响污染物在土壤中淋溶迁移的最主要的环境因素。污染物在土壤和地下水中运动，由于分子扩散和补给因素的相互作用，使地下水水温不断随时间和空间的变化而变化。在饱和含水层区域，地下水中水温对污染物的迁移影响机理可以从分子扩散作用和补给作用两个方面来综合分析。

**1. 分子扩散作用**

温度不同会导致污染物分子的扩散方向发生变化。一般来说，污染物分子会从温度较高的区域向温度较低的区域扩散，最终使整个含水层土壤中污染物分子内部达到一个温度动态平衡。温度越高越有利于污染物的扩散。当温度达到平衡以后，由于污染物分子的运动，使得原本达到浓度平衡的区域发生了浓度的改变，污染物分子也会随之进行扩散。一般来说，污染物分子会从浓度高的区域逐渐向浓度低的区域扩散，从而使得整个含水层中污染物分子浓度达到新的平衡。

**2. 补给作用**

当含水层有地热、温泉或地表有热源存在时，由于水温比热源要低，热源中的热量会以不同形式传递到含水层中，从而增加此处的温度，最终影响污染物在其中的迁移。当含水层温度高于外界温度时，其会与外界环境发生分子扩散作用，使其中的热量不断向外传递，最终会与外界环境达到一个新的平衡，降低其温度，最终也会影响污染物在其中的迁移。

总之，含水层水温会影响污染物的迁移，污染物分子总是在温度平衡而浓度不平衡到浓度平衡而温度不平衡之间反复运动，从而不断推动污染物扩散。

## 三、土壤胶体对污染物的协助迁移

土壤胶体是指土壤中粒径在 1 nm 至 1 μm 的组分，包括层状硅酸盐、铁铝氧化物、有机大分子、细菌和病毒等。土壤胶体广泛存在于土壤环境中，是土壤中最细小且最活跃的成分，对于土壤整体的性质和功能具有重要的影响。土壤胶体的构造复杂，胶体微粒核由无机物、有机物或有机-无机复合体组成，外部由决定电位离子层（吸附层）和补偿离子层（扩散层及非活性离子层）组成。决定电位离子层和补偿离子层合在一起称为双电层。组成胶体微粒核的物质可能是有机物或者无机物，也可能是有机-无机复合体，因此胶体可分为有机胶体、无机胶体和有机-无机复合体。腐殖质和微生物是土壤中有机胶体的主要组成部分，黏土矿物、铁铝氧化物是土壤中无机胶体的主要成分，一般比有机胶体含量高几倍到几十倍。

土壤胶体与溶液性质之间的差异导致它们在土壤介质中的迁移规律不同。在一定条件下，胶体在土壤中的迁移速度远远高于土壤溶液在土壤中的迁移速度。土壤胶体在土壤介质中的迁移主要是受对流扩散作用控制，另外，胶体在固体介质上的释放和沉淀、胶体的滤除、胶体在多孔介质中的堵塞、胶体在固液界面的滞留、气液界面对胶体的滞留等作用都对胶体迁移有重要影响。

土壤胶体表面积巨大，通常对污染物具有较强的吸附作用，土壤胶体颗粒与污染物结合，能够在污染物的迁移过程中起到载体的作用。Ryan 和 Elinelech 认为土壤胶体要对污染物迁移起到促进作用需要满足以下 3 个条件：①存在大量的胶体颗粒；②胶体颗粒可以吸附污染物质；③胶体在多孔介质中的移动要比污染物质在没有胶体存在的情况下移动速度快。

土壤胶体巨大的比表面积和孔隙为污染物提供了更多的吸附位点，所以，当土壤胶体颗粒释放并随着水流迁移时，吸附在胶体上的污染物质便会随之发生迁移，扩大污染范围，甚至对地下水造成严重危害。胶体的这种促进作用对低溶解度的污染物更加显著。

胶体在多孔介质中的迁移具有重要意义，主要是由于胶体促进很多种类的无机和有机污染物的迁移，这些污染物吸附到胶体颗粒上迁移到更广泛的区域，加剧了对地下水的污染风险。因此，详细了解胶体颗粒在地表环境的迁移过程，对于预测污染物的归趋是很必要的。胶体能与土壤中的无机、有机污染物形成胶体污染物复合物，从而提高污染物在土壤中的迁移能力。

## 第三节　污染物在土壤中的化学转化过程

土壤是极为复杂的多相体系，污染物进入土壤后不仅会发生吸附-解吸和迁移等环境行为，还会在土壤中发生化学转化。例如，重金属在土壤中会由于价态的转变而产生沉淀，与土壤结合得更加牢固；有机污染物会发生降解代谢从而在土壤中逐渐消减。污染物在土壤中的化学转化过程是污染土壤修复的重要依据和理论基础。污染物在土壤中的化学转化过程可分为水解作用、光解作用、氧化还原作用、络合作用和螯合作用等。由于重金属是单原子物质，在土壤中不会发生降解，只能通过氧化还原作用、配合作用和螯合作用等发生化学转化。而对于有机污染物而言，上述 5 种作用均有可能发生。

### 一、水解作用

水解作用是水中的有机污染物与水分子之间发生相互作用的过程。污染物的水解是一个化学反应过程，污染物分子与水分子发生相互作用，污染物分子的离去基团 X 断裂，与水共价形成新的基团。污染物水解后将改变其分子结构和毒性，其水解反应通式为：

$$RX+H_2O=\!=\!=ROH+HX$$

污染物在土壤中的水解主要存在两种类型：一是土壤溶液中发生的反应（即酸碱催化的水解），二是发生在黏土矿物表面的反应（即非均相的表面催化作用）。一般情况下，有机污染物水解生成低毒产物，更有利于生物降解；但也有可能产生毒性更大的产物，如 2,4-D 酯类的水解就生成毒性更大的 2,4-D 酸。甲基对硫磷的部分水解产物为对硝基苯酚，是美国国家环境保护局的优先控制污染物，更加难以生物降解。

污染物水解过程首先与其自身的结构和性质密切相关。一般具有卤代烷基、酰胺基、氨基、氨基甲酸酯、环氧基、腈基、磷酸酯和硫酸酯等官能团的有机污染物易于水解。例如，磺酰脲类除草剂分子上含有磺酰脲桥，很容易发生断裂生成芳基磺酰胺和氨基杂环；有机物的存在形态对水解也会产生重要影响，结构相同的磺酰脲化合物分子型比阴离子型敏感 250～1 000 倍。

除自身结构外，污染物的水解过程还受到 pH、温度、浓度和光照等多种因素影响。pH 常常决定了有机污染物水解反应速率的大小。有机物的水解速率都随着温度的升高而增加，通常在温度为 10～50 ℃时，温度升高 1 ℃，水解速率常数提高 10%；温度升高 10 ℃，水解速率常数值将提高 2.5 倍；温度提高 25 ℃水解速率常数值提高 10 倍。温度升高能增加有机污染物的水解速率，但是其程度因污染物的种类和介质 pH 而异。克草胺在酸性条件下（pH 5.0），温度升高能大大加快其水解速率，但在碱性条件下（pH 9.0），水解速率随温度的升高而加快的现象不是很明显；甲基异柳磷的水解速率受温度的影响在碱性条件下比酸性条件下显著。此外，土壤中含有大量的黏土矿物，其对一些有机污染物的水解也具有显著影响。在所有的黏土矿物中，蒙脱石具有良好的水解催化性能，但其对污染物水解的影响也与污染物的种类有关。例如，蒙脱石可以促进氨基甲酸酯类农药如丁硫克百威的水解，但却会阻碍氯苯胺灵的水解。

## 二、光解作用

光解作用是指污染物由于光的作用而分解的过程。光解作用是有机污染物真正的分解过程，因为它不可逆地改变了反应分子，也是有机污染物在土壤中降解的一个主要方式。光解的实质是污染物分子接受光辐射能量，转变成激发态的分子，导致污染物分子键断裂的反应过程。

光解过程可分为三类：第一类称为直接光解，直接光解是有机污染物吸收光子后形成激发态，激发态分子通过均裂、异裂和光致电离形成产物，这个过程包括光氧化反应、光重排反应、光水解反应、脱卤作用、脱羟基作用和氢抽取等；第二类称为敏化光解，土壤中存在的天然物质（如腐殖质等）被光激发，又将其激发态的能量转移给化合物而导致的分解反应；第三类是氧化反应，天然物质被辐照而产生自由基或纯态氧（又称单一氧）等中间体，这些中间体又与化合物作用而生成转化产物。直接光解过程一般发生在土壤-空气界面，敏化光解或氧化反应可以在更深的土层中进行。

影响有机污染物在土壤中光解的因素很多。土壤中的自然组分是污染物光化学行为的重要影响因素。

土壤颗粒组成对光解速率起主要影响，有机污染物在高孔隙度的砂质土壤中迁移速率更快，而且光线能穿透更深的砂质土层。土壤湿度的大小也显著影响着污染物的光解速率。土壤中水分的增加可以增强有机污染物在土壤中的移动性，也能强化生物降解，有利于有机物的光解。此外，土壤 pH 等对有机污染物的光解也都会产生重要的影响。例如，随着土壤 pH 的增大，丁草胺在土壤中的光解加快，光解深度也随之增加。

自然环境中的许多物质，如核黄素、光黄素、阳离子、阴离子等，能够吸收光子形成激发态或光解生成自由基阳离子、中性自由基、活性氧等活性物质，然后这些活性物质可与有机污染物、有机污染物过渡态以及有机污染物的光解产物发生反应，影响有机污染物的光解速率，甚至光解途径。

## 三、氧化还原作用

电子在物质之间传递的过程称为氧化还原反应。氧化反应是物质失去电子的反应，还原反应是物质获得电子的反应。土壤中存在各种氧化还原体系，污染物在土壤中的氧化还原反应发生普遍。土壤中大多数氧化还原反应均有氢离子参与。此外，氢离子可影响有机氧化还原物质的离解，从而影响其氧化还原反应。

土壤中的氧化还原体系大致可以分为有机体系和无机体系两大类。有机体系包括不同分解程度的有机化合物、微生物细胞体及其代谢产物，可能还包括小部分植物根系分泌物。比如土壤中腐殖酸具有明显的还原能力，与环境中的金属和有机物的氧化还原反应密切相关。腐殖酸的氧化还原特性是由于醌、酚等官能团的存在，尤其是醌基团在电子传递中起到了重要的作用，还原态醌基团是腐殖酸还原能力的主要来源。在好氧环境中存在的腐殖酸仍具有明显的还原能力，腐殖酸中的醌、酚基团紧密相连，将自由基完全包裹，这种特殊的结构只有在溶液中特定的条件下才能打开，避免了其被氧化，因此腐殖酸中的自由基比其他类型半醌自由基都更加稳定，所以天然腐殖酸在好氧条件下经过萃取、清洗过程后依然具有持久的还原能力。无机体系主要包括氧体系、铁体系、锰体系、硫体系和氢体系等。其中氧体系是地球上最常见的氧化还原体系。铁在地球上分布较广，在土壤中主要以铁矿物的形式存在，具有二价和三价两种价态，二者可通过氧化还原反应转化，进行电子的传递。土壤中三价铁的还原主要是异化铁还原，即由异化铁还原菌驱动的电子传递，电子最终被传递到三价铁，三价铁还原为二价铁同时释放能量。锰体系和硫体系也是土壤中两种较为重要的氧化还原体系。

土壤氧化还原电位（Eh）是反映土壤氧化-还原状况的综合性指标，可显著影响污染物在土壤中的存在形态和生物有效性，尤其是对重金属而言。在不同氧化还原电位条件下，重金属在土壤中的存在形态会发生相互转换。比如，在还原条件下，有机结合态 Cd 最稳定，但在氧化条件下，有机结合态 Cd 可转化为生物可利用的水溶态、可交换态或溶解络合态而释放到水中，并随氧化还原电位增大，释放量增多。因此，在淹水条件下，Cd 的生物有效性降低。As 是变价类金属，$As^{3+}$ 和 $As^{5+}$ 是环境中 As 的主要存在形式，土壤 pH 和 Eh 是影响 As 的存在形态和价态的最主要影响因素。对于有机物而言，氧化还原过程也是有机污染物在土壤中降解的重要途径。比如氯代有机污染物的还原脱氯降解。

影响污染物在土壤中氧化还原过程的环境因素包括土壤 pH、温度、光照和氧气含量等。pH 会影响土壤中氧化还原物质的溶解度，改变其氧化还原电势，从而影响土壤中氧化还原物质的氧化还原能力。比如高 pH 会促使腐殖质的很多酸性官能团离解，从而改变腐殖质的溶解状态。温度会影响氧化还原过程中电子的传递反应速率，较高的温度可以加快反应的发生。光照会促使土壤中腐殖质发生光解氧化，从而使腐殖质提供电子的能力降低。氧气含量是影响有机污染物在土壤中发生氧化还原反应的重要因素。一些有机污染物易于在有氧或无氧条件下进行氧化或还原反应。例如，特丁硫磷、甲拌磷和涕灭威等在土壤氧气充足时很快氧化；对硫磷和杀螟硫磷等在厌氧条件下很快分解。土壤透气性较好时，氧化还原电位高，有利于氧化反应的进行；反之，土壤透气性差（比如淹水条件下）时，其中的氧气浓度降低，还原性物质增多，有利于还原反应的发生。

## 四、络合作用

络合作用是电子对给予体与电子对受体互相作用而形成各种络合物的过程。给予体是指能提供电子对的物质，包括构成单质或化合物的原子或离子，接受体是指接受电子对的物质，包括金属离子和有机化合物。络合物是典型的 Lewis 酸、碱加合物，其中 Lewis 酸和碱分别被称为中心离子和配体。一般来说，中心离子多为可接受电子空穴的金属离子或原子，如 $Cu^{2+}$、$Fe^{2+}$、$Cd^{2+}$ 等；而配体多为可给电子的非金属离子或分子，如 $OH^-$、$COO^-$、$H_2O$ 等。分子或者离子与金属离子结合，形成很稳定的新离子的过程称为络合反应，也称配位反应。络合反应可以用下式表示：

$$M+L \rightleftharpoons ML$$

络合物稳定常数是指当络合反应达到平衡状态时的平衡常数，即 $K_{稳}$，可用下式计算：

$$K_{稳}=\frac{[ML]}{[M][L]}$$

络合物稳定常数（简称络合常数）可以表征络合物的稳定性，络合常数大小与络合物稳定性呈正相关，即络合常数越大，络合物越稳定；络合常数越小，络合物越不稳定。络合常数的影响因素包括金属阳离子的性质、配体结构、土壤 pH、温度和离子强度等。

土壤 pH 能显著影响金属离子与配体的络合能力。一般情况下，金属离子与有机物质络合物的稳定性随 pH 增加而增加。

络合作用对重金属在土壤中的环境行为具有重要影响。重金属与土壤中其他离子或有机物质发生络合反应，可能会增大重金属在土壤溶液中的溶解度，使土壤中吸附的重金属释放回土壤溶液中，增加重金属在土壤中的迁移能力，增强重金属在土壤中的有效态含量，从而增强重金属的毒性效应。

### 五、螯合作用

螯合配位体（含两个或两个以上具有孤对电子原子的配位体）与中心离子同时形成两个或更多的配位键而生成环状结构的配位化合物，此环状配位化合物的形成过程即螯合作用。通过螯合作用形成的环状结构的配合物称为螯合物。螯合物最显著的特性是热力学稳定性和热稳定性。螯合环的稳定性与芳香环相似。螯合物可为不带电荷的中性分子，也可为带电的络离子，前者易溶于有机溶液，后者可溶于水。

能够与单价或多价金属形成金属螯合物的化合物称为螯合剂。螯合剂一般是含有氮、氧、硫、磷以及砷等配位原子的较复杂的有机化合物。

不同的螯合剂对金属的亲和力不同，这跟螯合剂和金属离子形成的金属螯合物的稳定性有关，稳定系数越高，螯合剂对相应重金属离子的活化能力越大。

螯合剂的活化作用是指其可以和土壤溶液中的重金属离子相结合，有效降低土壤溶液中重金属离子的浓度，同时，也维持了液相和固相之间金属离子平衡，重金属离子从土壤颗粒表面解吸，重金属离子由不溶态转化为可溶态，为生物吸收和降解创造有利的条件。此外，螯合剂萃取重金属对土壤结构和性质的影响较小，远远不及酸洗技术所造成的影响，因此螯合剂在土壤修复中有很广阔的应用前景。

## 第四节　污染物的生物富集与转化过程

### 一、生物富集

生物富集，又称生物浓缩，是指生物体从环境介质（水、土壤、沉积物和大气等）中通过呼吸和皮肤吸收摄取污染物，导致生物体内污染物的含量超过环境介质中该污染物含量的现象，不包括消化道吸收（即摄食途径）。生物富集性可以间接反映生态系统中的生物要素和非生物要素对生物富集作用的影响。污染物在生物体内的富集不仅可能对生物自身带来不利影响，同时也可能通过食物链传递对生态系统和人类健康造成潜在威胁。因此生物富集监测被选为 5 种环境监测方法之一，又是生物监测重要的组成部分，这种监测方法可以得到更加准确的环境暴露数据，因而对环境风险评价具有重要作用。

生物富集程度通常用生物富集系数（BCFs）评价，即生物体内污染物的含量与环境介质中该污染物的含量的比值。不同条件下，生物富集程度还可以用平衡生物富集系数（BCFE）和动力学生物富集系数（BCFK）描述，如表 3-1 所示。由于疏水性强的有机物富集达到平衡需要时间，BCFE 测量较为困难，一般多以 BCFK 为度量指标。

表 3-1　生物富集系数分类

| 指标 | 含义 | 公式 |
|---|---|---|
| BCFE | 平衡生物富集系数，仅考虑呼吸过程而不包括摄食吸收和排泄损失 | $c_0/c_W=k_R/k_V$ |
| BCFK | 动力学生物富集系数，考虑呼吸过程，不包括摄食吸收，但包括排泄损失以及可能的代谢和生长稀释损失 | $c_0/c_W=k_R/k_T$ |

注：$c_0$，生物体内化学物质浓度；$c_W$，土壤中化学物质浓度；$k_R$，呼吸吸收速率常数；$k_V$，呼吸消除速率常数；$k_T$，总消除速率常数。

摄食作用使生物体内污染物浓度增加，通常称为生物累积作用。生物累积是指生物体内的污染物浓度相比于周围环境中污染物浓度增加的过程，包括所有能使生物体内污染物浓度升高的暴露途径，包括摄食吸收、体表与呼吸摄入。生物累积程度可用生物累积系数（BAFs）评价，需要考虑摄食吸收和呼吸吸收以及所有的损失过程，因此生物累积系数更为全面地描述了生物体对化学物质吸收和消除的各种过程。文献中通常将生物富集与生物积累混为一谈，而很少细分，因此在这里也统一放在生物富集这里进行讲述。

**1. 植物富集污染物**

污染物主要通过 3 种途径进入植物：①根部吸收，植物根部从污染土壤中吸收污染物，污染物通过蒸腾作用经木质部在植物体内向上迁移；②大气中或吸附在大气颗粒物上的污染物被植物表皮或表皮气孔吸收，进入韧皮部，通过光合作用，韧皮部把污染物转移到根部和植物的其他部位；③土壤颗粒物上的污染物吸附到植物表面，在表皮停留或者穿透表皮进入植物体内。

污染物进入植物体后，虽有一部分可通过体内代谢发生转化或排出体外，但总有一部分可与植物体内某些蛋白质或多肽相结合而在某些组织和器官中长期存留下来形成富集，并在一定的时间内随着植物的生长不断积累增多。比如一些特有植物体对重金属具有超富集特性，被称为超富集植物。自 20 世纪 90 年代中后期以来，尤其是 2000 年以后，我国境内发现了一系列重金属富集或超富集植物，主要代表性植物有 Cu 富集植物海州香薷、鸭跖草，As 超富集植物蜈蚣草、大叶井口边草，Cd 和 Zn 超富集植物东南景天、龙葵、伴矿景天、圆锥南芥、长柔毛委陵菜，锰超富集植物商陆，铬超富集植物李氏禾等。超富集植物能够超量富集重金属，同时能够正常生长，其体内重金属在液泡和细胞壁的区隔化被认为是重要的重金属耐性和超富集机制。

植物对持久性有机污染物也具有一定的富集特性。有机污染物的理化性质，包括辛醇-水分配系数（$K_{OW}$）、水溶解度、蒸气压以及亨利系数都能影响植物对污染物的吸收及累积，尤以 $K_{OW}$ 最为明显。植物易吸收环境中的中等亲水性有机污染物（$\lg K_{OW}=0.5\sim3.0$），这是因为疏水性有机污染物（$\lg K_{OW}>3.0$）易于被根表吸附而难以被转运到植物体内，而易溶于水的有机物（$\lg K_{OW}<0.5$）不易被根表吸附而易被运送到植物体外。污染物被植物吸收后，植物根部对有机物的吸收量直接与有机物的相对亲脂性有关。此外植物对有机物的富集也与植物种类和环境因素等有关。

**2. 动物富集污染物**

土壤中存在各种各样的动物类群。土壤动物在其生命活动过程中，对土壤有机物质进行强烈的破碎和分解，将其转化为易于植物利用或易矿化的化合物，对土壤理化性质产生显著影响。土壤动物对土壤有机质的形成、养分的富集、土壤结构的形成、土壤发育及通气透水性能等均具有较好作用。土壤动物生活在土壤环境中，因此它们在一定程度上能够反映土壤的污染状况。土壤动物对土壤中的污染物具有一定程度的吸收，其体内的污染物含量能在一定程度上反映其生活环境的污染物浓度水平。土壤动物对重金属的吸收具有一定的差异，但总体来讲，其体内重金属含量仍随环境浓度的增加而增加，但由于土壤动物种类不同而产生的重金属含量平均值的差异要大于环境化学组成差异对它的影响，如蚯蚓对砷的富集能力较强，而腹足类对钙的选择性吸收能力强。蚯蚓对土壤重金属元素有很强的富集能力，其富集量与蚯蚓的种类、重金属类型、土壤理化性质以及污染浓度有密切关系。此外，蚯蚓穴居在土壤中，以富含有机质的土壤为食物，其体内的脂类含量相对较高，使之可以从污染土壤中富集多环芳烃、多氯联苯等持久性有机污染物。

## 二、生物放大

生物放大作用是指生物体内某种元素或难分解化合物的浓度随生态系统中食物链营养级的提高而逐步增大的现象。重金属元素或难降解的有机污染物进入低营养级生物体后很难转化或代谢，因此会在生物体内逐渐富集，高营养级生物以低营养级生物为食物，这就导致在生态系统的同一食物链上污染物浓度随营养级的提高而逐步增大。生物放大的结果使食物链上高营养级生物中某种化合物或元素的浓度明显超过低营养级及环境中的浓度。生物放大作用的途径是生态系统的食物链，如果离开生态系统的食物链也就不会存在生物放大效应。

污染物在食物链中的生物放大行为通常用生物放大系数（BMF）和营养级放大因子（TMF）等参数来评估。生物放大系数指某一捕食者体内的浓度和一个特定的被捕食者体内浓度的比值，营养级放大系数指污染物在食物网中从低营养级到高营养级平均放大系数。通过计算 BMF 和 TMF 值，可以研究污染物在食物链上的传递特征，定量评估污染物在生物体内和沿食物链的生物放大效应。

污染物在食物链上的生物放大效应受到多种因素共同影响。污染物的结构和理化性质是影响生物放大效应的首要因素。陆地生态系统中有机物的生物积累潜能是由 $K_{\mathrm{OW}}$ 和辛醇-空气分配系数（$K_{\mathrm{OA}}$）控制的，当 $K_{\mathrm{OW}}$ 过大时则由 $K_{\mathrm{OW}}$ 控制。$K_{\mathrm{OA}}$ 是陆地食物链中影响有机物生物放大作用的重要因素。代谢活性低，$K_{\mathrm{OW}}$ 在 $10^2 \sim 10^5$ 的疏水性有机物在陆地食物链中具有明显的生物放大作用。只有在代谢转化速率很高的情况下，有机物的代谢转化才可减少或消除生物放大潜能，但需要将生物积累过程中 POPs 的代谢过程考虑进去。此外，不同种类的生物对同种污染物的生物放大作用也存在差异，即使是同一种生物，根据不同捕食关系计算出的营养级放大因子也有较大差异。

一般而言，生物对有机污染物的浓缩系数会随营养级的提高而增加，但这并不是绝对的。生物放大的效果取决于不同营养级上的生物对某一污染物的摄取和消除的相对速度，因此，处于食物链中部的生物体内所积累的该污染物浓度也有可能大于营养级比它高的生物，如无脊椎动物对 DDT 的浓缩系数就大于石斑鱼。

## 三、生物降解

生物降解是指通过生物的作用将污染物大分子转化为小分子，实现污染物的分解或降解的过程。根据降解主体，生物降解可以分为植物降解、动物降解和微生物降解。

### （一）植物降解

植物降解土壤中有机污染物的主要机制可以概括为三个方面：①植物对有机污染物的直接吸收降解；②植物通过外分泌酶降解土壤中的有机污染物；③植物通过根系分泌物促进土壤微生物对污染物的降解作用。

植物根系可直接吸收富集土壤中的有机污染物，并将其吸收的一部分转移、积累到地上部分。植物对污染物的吸收转运能力与有机污染物的辛醇-水分配系数密切相关，此外也与植物种类有很大关系。进入植物体内的有机污染物在组织间分配或挥发的同时，有些植物还能将其在体内进一步代谢或矿化，使其转化为无毒的中间产物储存在植物体内或完全矿化为 $CO_2$ 和 $H_2O$ 等无机物。植物对有机污染物的转化代谢可以通过植物体内的各种过氧化物酶、羟化酶以及糖化酶来实现。此外，植物细胞色素酶 P450 和脱氢酶在有机污染物降解过程中也起着重要的作用。比如细胞色素酶 P450 能代谢 PCBs，使其转化为羟基衍生物。

植物在生长过程中会向土壤中释放一定数量的酶，主要有漆酶、脱卤酶、硝基还原酶、腈水解酶和过氧化物酶，这些酶可能会直接降解土壤中的有机污染物。同时植物死亡后酶释放到环境中还可以继续发挥分解作用。美国的 EPA 实验室从淡水的沉积物中鉴定出五种酶：脱卤酶、硝酸还原酶、过氧化物酶、漆酶和腈水解酶，这些酶均来自植物。这些酶被释放进入土壤后可以保持一段时间的降解活性，促进了根际有机污染物的降解。但植物根系分泌出的酶对环境要求较高，不适宜的酸度、过高的金属浓度或细菌毒素都会使酶失活或被破坏，但酶在植物组织内或根区附近能够得到一定的保护，就算释放到土壤中后，还可以保持一段时间的降解活性。

植物根际是受植物根系活动影响的根-土界面的一个微区，也是植物-土壤-微生物与其环境条件相互作用的场所。植物每年可向土壤环境中释放大量的根际分泌物（糖类、醇类和酸类等）和脱落的死亡细胞，其数量占其年光合作用产量的 10%～20%。植物根际分泌物可增加土壤有机质含量，为根际微生物生长提供有机碳源和氮源，从而增加根际微生物数量，提高根际有机污染物的生物降解效率。不同的植物释放出的根系分泌物在组成和数量上差异很大。因此，植物的年龄、种类，甚至根毛的多少以及根的其他性质，都可以影响根际微生物的群落组成，导致对特定有毒物质的降解能力和速率的影响。

### （二）动物降解

土壤动物降解是指通过土壤动物群（蚯蚓、线虫类等）对污染物的直接吸收、转化和分解作用，以及其对土壤理化性质、土壤肥力、植物和微生物生长的间接促进作用，从而对土壤中污染物进行降解的过程。土壤动物在土壤中的活动、生长、繁殖等都会直接或间接地影响土壤的物质组成和分布。土壤动物对土壤中的有机污染物有机械破碎、分解作用，与此同时，它们还分泌许多酶等，并通过肠道排出体外，而大量的肠道微生物也会转移到土壤中，与土著微生物一起分解污染物，使污染物浓度降低或消失。例如，污染土壤中加入蚯蚓可以改善土壤通气条件，为 PCBs 的好氧降解提供分子氧作为末端电子受体，从而促进土壤中 PCBs 的降解，同时，蚯蚓的生物扰动作用使土壤中剩余的 PCBs 分布均匀。而且蚯蚓也能提高土壤中 PCBs 降解菌的传播，促进土壤中联苯降解菌种群数量的增加，从而降低土壤中 PCBs 的含量。

### （三）微生物降解

微生物降解是指天然存在的或人工培养的功能微生物，在适宜环境条件下，将有机污染物矿化或降解的过程。微生物对有机污染物的降解通常有两条途径：一是以有机污染物为唯一碳源和能源，对其进行降解乃至矿化；二是从其他有机物中获得碳源和能源，进而对目标污染物进行降解，即底物共代谢作用，简称共代谢。土壤中有机污染物的微生物降解主要有好氧降解、厌氧降解以及厌氧-好氧的协同降解作用。

土壤有机污染物的微生物降解方式、程度和速率由其自身性质、降解微生物种类和环境条件共同决定。影响有机污染物微生物修复的因素包括以下几个方面：

（1）有机污染物的化学结构、含量以及中间代谢产物的影响　有机污染物的化学结构直接决定了其生物降解的难易程度。例如，PCBs 的微生物降解速率随着 PCBs 氯代数目的增加而减少，并且 PCBs 结构中如果两个氯原子在同一个环的相邻位置或是分别在两个环的相邻位置就很难被微生物降解。含有相同数目氯原子的 PCBs，所有氯原子分布在同一环上的比分布于两个环上的更易被微生物降解，并且多氯联苯的裂环总是选择在较少氯原子或无氯原子的苯环上进行。

有机污染物的浓度也会影响生物降解，污染物浓度太低，不利于降解菌的存活以及诱导降解菌产生降解酶；而污染物浓度太高，则对微生物产生毒害作用，同样不利于降解菌发挥降解作用。在低浓度范围内，有机污染物降解率随浓度的增加而呈直线增加。有机污染物在降解过程中可能会产生毒性更强的中间代谢产物，这些代谢产物会抑制细胞分离，对微生物生长产生影响，从而抑制其进一步降解有机污染物。

（2）微生物菌种自身的影响　不同种类的微生物对于有机污染物的降解能力有所不同，每一种有机污染物都有其特定的降解菌。有机污染物作为一种自然选择因子，不仅能够影响土壤微生物的群落结构，也能影响微生物的机能。自然状态下，微生物的混合菌群往往比单一菌种对有机污染物的降解性能更佳。

（3）环境条件的影响　外界环境因素如土壤性质、通气性、温度、营养物质、共代谢基质、电子受体等与微生物生长和污染物生物可利用性有密切关系，也是影响降解菌对有机污染物降解效率的重要环境条件。土壤中的强疏水性有机污染物主要以吸附态存在，土壤中有机质含量、颗粒大小及胶体组成对于有机污染物的吸附和环境行为有直接影响，而且吸附态的有机污染物生物可利用性低，不易被微生物所利用。微生物降解中主要的好氧降解途径和厌氧还原途径都不可避免地与氧气条件产生关联，氧气对厌氧微生物的抑制效果随在氧气中暴露时间的延长而加强；对好氧微生物而言，氧气则是保持微生物活性的重要因素。温度直接影响着微生物的生长代谢活性，因此也会对有机污染物的降解产生直接影响。此外，一些能够影响微生物生长的营养因素如乙酸盐、丙酮、甲醇或葡萄糖等，还有某些共代谢基质都会对土壤中有机污染物的降解带来影响。

## 思考题

1. 阐述土壤中污染物的物理迁移过程并举例说明。
2. 阐述污染物在土壤中的化学转化过程。
3. 阐述污染物在土壤-植物系统中的生物富集与转化过程。

# 第四章　土壤污染风险评估

## 第一节　生态风险评价

### 一、生态风险评价概述

#### (一) 生态风险及其评价的基本内涵

生态系统为人类的生存和发展提供了大量的物质材料，然而环境的严重污染使生态系统安全遭受着极大的威胁和压力。生态风险就是指生态系统及其组分所承受的风险，即一个物种、种群、生态系统或整个景观的正常功能受外界胁迫，从而在目前和将来减小该系统内部某些要素或其本身的健康、生产力、遗传结构、经济价值和美学价值的可能性。而评价则是定量预测各种风险源对生态系统产生风险的方法。简单来说，生态风险评价（ecological risk assessment，ERA）就是指在生态系统受一个或多个胁迫因素影响后，对不利的生态后果出现的可能性进行评估。

生态风险评价是在风险管理框架下发展起来，属于生态科学研究的重要领域，也是环境风险评价的重要组成部分。生态风险评价研究的发展可以大致分为 4 个阶段：第 1 阶段（20 世纪 80 年代以前）为萌芽阶段，主要是针对突发环境事件的风险评价；第 2 阶段（20 世纪 80 年代）为定量评估起步阶段，主要研究内容为毒理评价和人体健康评价；第 3 阶段（20 世纪 80 年代末至 90 年代）是生态风险评价的规范化阶段，多个国家和组织颁布了生态风险评价相关的标准文件；第 4 阶段（20 世纪 90 年代末至今）则是生态风险评价的发展阶段，研究人员开展了景观、区域和流域等大尺度的综合生态风险评价研究。生态风险评价的发展也逐步呈现由单一风险源到多风险源、由单一受体到多受体、由局地到区域景观水平的变化。

#### (二) 国外生态风险评价的研究进展

**1. 美国**

美国是世界上最早开展生态风险评价方法制定的国家。美国国家科学院早在 1983 年就提出了风险评价的 4 个步骤，即危害识别、剂量-效应关系、暴露评价和风险表征。以这 4 个基本步骤为指导，1992 年，EPA 依托风险评价论坛编制了“生态风险评价框架”，提出了生态风险评价的一般性原则和部分术语。在该框架的基础上，EPA 于 1998 年正式发布了《生态风险评价指南》。在 EPA 的框架中，生态风险评价主要包括 3 个阶段：问题描述、问题分析和风险表征。同时要求在正式的科学评价之前，首先制定一个总体规划，以明确评价目的。美国生态风险评价流程如图 4-1(a) 所示。

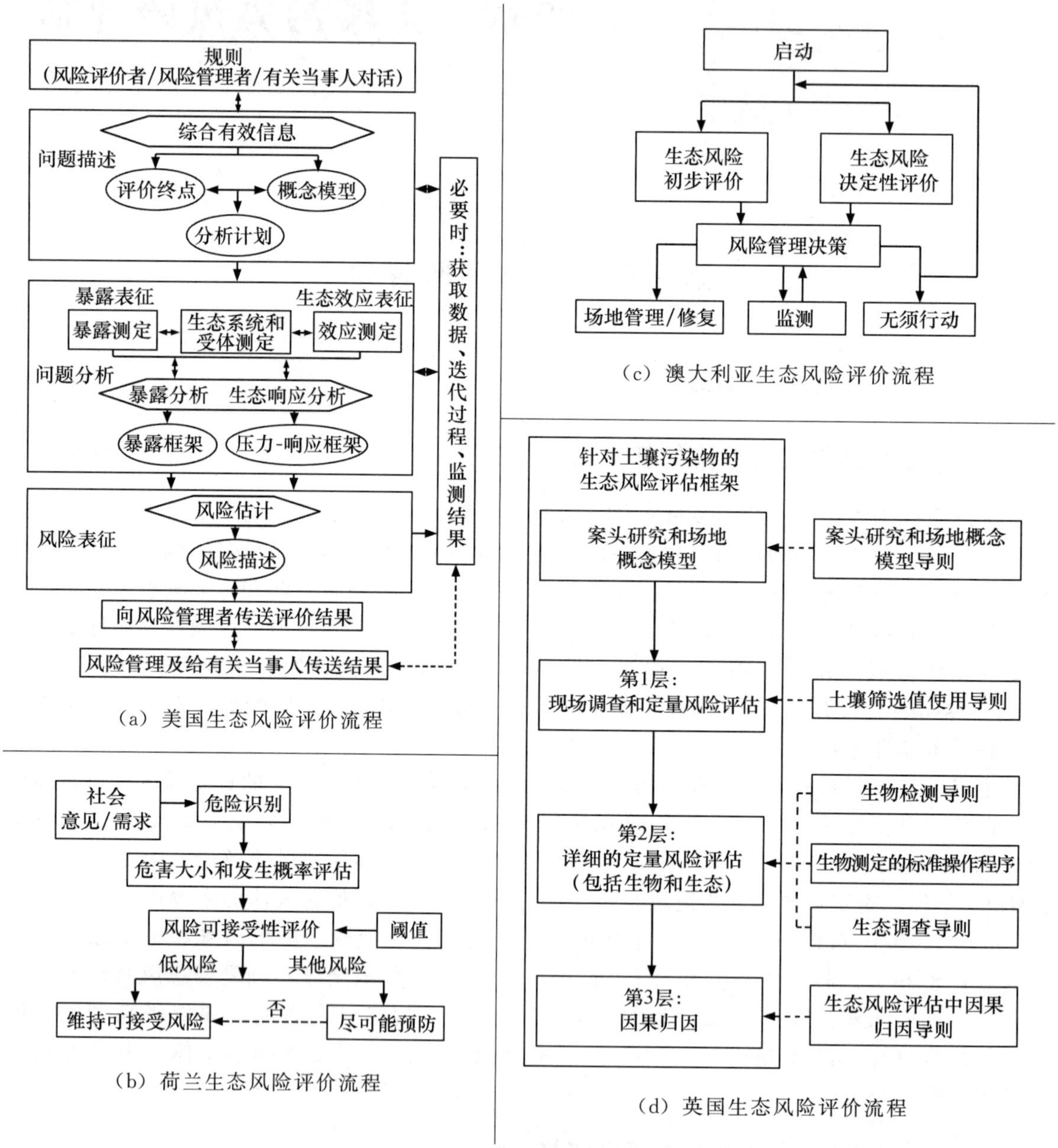


**图 4-1　国外生态风险评价流程示意图**

**2. 荷兰**

荷兰风险管理框架是荷兰房屋、自然规划和环境部（NMHPPE）于 1989 年提出的，其关键是应用阈值（决策标准）来判断特定的风险水平是否能接受。该框架的创新之处在于利用不同生命组建水平的风险指标，如死亡率或其他临界响应值，用数值明确表达最大可接受或可忽略的风险水平，图 4-1(b) 所示。

**3. 澳大利亚**

在 EPA 生态风险评价框架的基础上，澳大利亚与新西兰于 1992 年制定了当地适用的生态风险评价框架。在澳大利亚 1999 年颁布的《国家环境保护办法：场地污染评价》(NEPM) 中，对该评价方法进行了完善和扩展，形成了层次化的评估框架［图 4-1(c)］。澳大利亚生态风险评价分为初步评价和决定性评价 2 种类型；无论是哪种类型，都需进行以下 5 个方面的工作：①问题确定；②风险受体确定；③暴露评估；④毒性评价；⑤风险表征。

**4. 英国**

为了响应 1990 年的《环境保护法案》中与土地污染相关的规定，英国环保署一直致力于建立合适的生态风险评价（ERA）框架，以衡量土壤污染所产生的生态风险。在参考了美国、澳大利亚、荷兰和加拿大所制定的生态风险评价框架之后，英国环保署于 2002 年编制了《根据土壤污染评价生态风险》的报告，提出了生态风险评价框架的构架建议。2008 年，英国环保署与食品部等多个部门机构联合，正式颁布了针对土壤污染物的生态风险评价框架［图 4-1(d)］。与 EPA 的经典框架相比，英国生态风险评价框架诞生较晚，也更多地吸收了生态风险评价领域的实践经验，明确采用了层次性风险评价框架，使整个评价过程更科学、经济、合理。

## （三）国内生态风险评价的研究进展

我国生态风险评价起步较晚，于 20 世纪 80 年代开始对事故风险加以重视，并进行研究，并且大多集中在对国外生态风险评价基础理论、方法和制度的探讨方面。20 世纪 90 年代以来，我国学者在介绍和引入国外生态风险评价研究成果的同时，开始对水环境生态风险评价和区域生态风险评价等领域的基础理论和技术方法进行了探讨。例如，王印等和刘良等采用澳大利亚的 Burrliz O 模型，分析了 DDT、林丹及多环芳烃对淡水生物的生态风险。刘征涛等总结了我国辽河和太湖等水体中应用生态风险评估方法对 Cd、Cr、硝基苯和微囊藻毒素等污染物进行风险评估的成果。在土壤污染物对陆生生态物种的风险评价方面，我国学者也开展过大量研究工作。例如，颜增光等针对当前广泛采用的蚯蚓毒理试验方法，就毒性试验、种群动态调查、回避试验、生物富集试验和生物标志物试验的原理及特征进行论述，并对各种试验方法在土壤污染环境检测和生态风险评价中的应用及发展前景进行探讨。刘志全等采用点估计商、暴露分布/效应分布比较和基于分布商的 3 种评价方法，对典型石油化工污染场地中萘的生态风险进行评价。

在制度方面，我国于 2003 年和 2004 年先后发布了《新化学物质环境管理办法》和《新化学物质危害评估导则》，2010 年发布了《生态风险评价导则》，2011 年发布了《化学物质风险评估导则》（征求意见稿）等，规定了生态风险评价的原则、内容、程序、方法和技术要求等，促进了生态风险评价的发展。在研究方向上，主要集中在以下几方面：

(1) 水环境化学生态风险评价　该类研究以有毒有机化合物、重金属及营养盐富集等的生态效应为主，目前已趋于成熟。今后应对污染物生态效应出现的频率和强度时空变化做统计分析，以进一步划分和识别污染物潜在的危险区域和赋存形态。

(2) 区域生态风险评价　从20世纪90年代至今，区域生态风险评价引起了诸多学者的关注和参与，评价内容也由最初的单因子单风险评价、多因子单风险评价逐步向多因子多风险评价演化，同时遥感和GIS等空间分析工具的利用，使评价范围得以向更大尺度扩张。未来区域生态风险评价需要围绕多重因子（风险压力—生态受体—生态效应）之间的相互作用和影响，开展区域多因子多风险评价分析，并在不同空间尺度下整合区域生态风险评价结果，探索减小区域风险评价不确定性的手段。

(3) 景观生态风险评价　该类研究来源于区域生态风险评价，并基本沿袭了其研究热点，目前我国已形成了具有国际领先水平的评价理论框架，诸多学者开展了景观生态风险评价方面的研究。现阶段由于景观格局和空间异质性的量化集成尚显薄弱，加之尺度问题，给景观生态风险评价的发展带来一定的局限性。在未来，应加强以下几方面的研究：理论上生态内涵要更加清晰；综合途径上更注重格局过程与人和自然的耦合；尺度转换上从景观方法拓展到区域和全球尺度；方法上更注重尺度推演在风险评价中的应用，利用其特点推动学科应用到相关领域的景观评价。

(4) 流域生态风险评价　该类研究具有其独特的流域特征，以流域内水为单元，通过上、中、下游和子流域组成的具有相关联系的复合生态系统，分析流域水文变化、地质灾害、环境恶化和人为活动对区域内生态系统结构和功能等产生的不利影响，之后进一步开展流域生态风险评价与生态修复研究，为流域和区域经济可持续发展提供技术支撑。有研究者在白龙江流域开展了生态风险评价研究，内容涉及滑坡、泥石流、地震、景观类型、水土流失等方面。流域系统在水环境、水循环、水灾害和水资源等方面相互关联，存在着能量、物质和信息流动。因此，今后应从综合全视角方面对整个流域开展生态风险研究，内容从流域内水生生态系统逐渐过渡至陆地生态系统。

(5) 农药生态风险评价　2012年，周军英等在研究美国、欧盟、欧洲和地中海植物保护组织（EPPO）农药生态风险评价框架的基础上，提出了我国农药生态风险评价框架，以及相应的评价程序与评价技术。我国农药生态风险评价的基本程序借鉴了美国生态风险评价框架，分为问题描述、问题分析和风险表征3个阶段。借鉴国际经验，我国农药生态风险评价也采用了多层次的评价方法，最底层的评价是筛选性评价，通常采用较简单的模型，在比较保守的情景下推算出较严格的筛选值，或较保守地对可能的风险进行估测。当污染物浓度超过筛选值，或经保守评估，风险超过可接受风险水平时，则应进行更高层次的评价。评价的层次越高，采用的模型越复杂，越接近实际情况。在高层次评价中，逐步引入生物毒性试验，试验环境也从实验室环境逐步上升到微宇宙，以及田间试验。在每个评价层次中，遵循的程序依然是问题描述、问题分析和风险表征的基本程序。对相关的评价模型和生物毒性试验，指定了风险受体、评价终点和评价方法。虽然该技术体系主要针对特定污染物（农药化学品）的潜在风险，而非针对特定生态环境进行的风险评估，但该成果对在我国系统地开展生态风险评价工作具有较高的借鉴价值。

### （四）生态风险评价步骤

按照风险评价的一般流程，结合不同国家的生态风险评价程序可知，不同国家生态风险评价的程序在本质上一致。总体而言，分为4个步骤：①识别污染物和保护目标，收集相关信息（危害识别）。危害识别是整个评价过程的基础，主要内容包括收集要评价的生态系统的有关资料，分析污染源，通过监测、现场调查等手段确定主要有害物质及可能的受体，最终确定指标体系。②确定污染物与保护目标之间的效应关系（暴露-效应分析）。暴露-效应分析的目的在于通过实验或经验数据，确定生物对不同剂量有毒物质的反应，从而确定其安全浓度/剂量。此阶段所需信息与数据可通过监测或模型计算获得，一般通过两者组合获得。③建立污染物与保护目标之间的联系（暴露评估）。暴露评估包括两方面内容：一是分析污染物在不同环境介质中的分布和归趋；二是预测环境浓度。④有害生态效应的综合判断和表达（风险表征）。风险表征主要有定性、定量及定性和定量相结合 3 大类。

## 二、不良生态效应识别

不良生态效应的识别是污染土壤生态风险评价的第一步，是对人类活动产生的生态效应提出假设及进行评估的过程，是生态风险评价的基础。这一步工作的主要目的是结合所有理论上的可能性对污染土壤潜在的暴露终点及关键暴露途径进行确定，识别的主要对象如表 4-1 所示，主要内容包括以下三方面。

**表 4-1　不良生态效应识别的主要对象**

| 对象 | 关键信息 |
| --- | --- |
| 污染的第一环境要素 | 污染源是否继续存在以及污染方式 |
| 污染的第二环境要素 | 有关环境迁移行为及形态转化的内在性质 |
| 识别相关的生态终点 | 对不同物种的毒性以及对地下水污染的潜在威胁 |

**1. 评价终点的选择**

评价终点的选择基于对土壤中潜在污染物的生态相关性和生态敏感性的了解，并且与生态风险的管理目标有关。相关的生态评价终点能够反映该污染土壤生态系统的重要特征，与其他终点在功能上具有相关性，并且这些终点可以在任何尺度水平上得以明确（如个体、种群、群落、生态系统及景观等），其内容包括生态系统有关资料的收集，如地理位置、地形地貌、水文、气象、土壤类型、地质及土壤母质、水、矿产、植被覆盖、资源分布及开发利用情况、环境质量状况、人群分布、社会经济等方面。污染物行为模式分析包括来源、种类、数量、主要污染物半衰期、排放方式、去向、排放强度等。生态系统敏感性分析包括对生态系统中生物的死亡率和不良生殖效应的分析。综合分析，即对上述调查和分析的资料进行综合，找出可以作为评价终点的符合必要的科学要求的生态函数，并对这些函数进行现场调查，以确定其作为潜在评价终点的有效性。

**2. 概念性模型的建立**

概念性模型是有关生态实体与污染物之间相关性的书面描述和报告，所描述的内容包括一次、二次、三次暴露途径及其生态效应与受体。概念性模型的复杂程度取决于土壤中污染物种类及数量、评价终点的数目、生态效应的性质及生态系统的特征等方面。概念性模型为风险评价工作提供了参考和方法。

**3. 分析计划的制订**

分析计划的制订是不良生态效应识别的最后一步，根据所得到的数据对不良生态效应进行评估，以确定该如何对生态风险进行评价。随着风险评价的独特性及复杂性的增加，分析计划的重要性也随之得到提升。

## 三、生态效应评估

生态风险评价是量化有毒污染物生态危害的重要手段，最终目的是得出一个浓度阈值或风险值，为环境决策或与其相关的标准或基准的制定提供参考依据。在生态风险评价中，比较常用的指标是预测环境浓度（predicted environmental concentration，PEC）和预测无效应浓度（predicted no effect concentration，PNEC）。PNEC 需要根据无观察效应浓度（NOEC）来获得，由于缺乏大多数化合物的 NOEC，目前生态风险评价中所用到的 NOEC 需要从急性毒性数据（$LC_{50}$ 或 $EC_{50}$）来外推。生态效应评估主要方法如下。

### （一）评估因子法

当可获得的毒性数据较少时，PNEC 的评估通常是应用评估因子（assessment factor，AF）来进行的，就是由某个物种的急性毒性数据或慢性毒性数据（通常通过急性毒性数据和急慢性毒性比 ACR 获得）除以某个因子来得到 PNEC。其因子的确定主要依赖对于最敏感的生物体来说可获得的毒性数据的数量和质量，如物种数、测试终点、测试时间等，AF 的取值范围通常是 10～1 000。评估因子法较为简单，但在因子选择上存在着很大的不确定性。

### （二）物种敏感度分布曲线

当可获得的毒性数据较多时，物种敏感度分布曲线（species sensitivity distribution，SSD）能用来计算 PNEC。它是假定在生态系统中不同物种可接受的效应水平跟随一个概率函数（称为种群敏感度分布），并假定有限的生物种是从整个生态系统中随机取样的，因此评估有限物种的可接受效应水平可认为是适合整个生态系统的。物种敏感度分布曲线的斜率和置信区间揭示了风险估计的确定性。一般用作最大环境许可浓度阈值（$HC_x$，通常取 $HC_5$），$HC_5$ 表示该浓度下受到影响的物种不超过总物种数的 5%，或达到 95%物种保护水平时污染物的浓度。虽然选择保护水平是任意的，但它是统计考虑（$HC_x$ 太小，风险预测不可靠）和环境保护需求（$HC_x$ 应尽可能地小）的折中。

### （三）微宇宙或中宇宙生态模拟

在生态系统层次上开展生态风险评价是一种理想状态，在实际工作中很难找到应激因子与生态系统改变之间关系的直接证据。表征污染物对种群水平或生态系统的影响可以利用微宇宙（microcosm）和中宇宙（mesocosm）生态模拟系统。它是指应用小型或中型生态系统或实验室模拟生态系统进行实验的技术，能对生态系统的生物多样性及代表物种的整个生命循环进行模拟，并能表征应激因子作用下物种间通过竞争和食物链相互作用而产生的间接效应，探讨物种多样性与生态系统生产力及其可靠度的关系，也能在研究化学污染物质的迁移、转化及归宿的同时预测其对生态系统的整体效应。通过构建一个相对较小的生态系统研究某个局部大环境乃至整个生态系统的风险，可以在减少消耗财力、物力、人力的前提下，达到区域生态风险评价的目的。中宇宙实验中通常以生长抑制、繁殖能力等慢性指标或物种丰度来表征生态系统的健康状况，通过定义一个可接受的效应水平终点（$HC_5$ 或 $EC_{20}$）可以实现区域生态系统水平上的生态风险评价。近年来，该技术在国外的生态环境风险管理中的应用表现出上升的发展趋势。

### （四）生态风险模型法

微宇宙或中宇宙模拟生态系统虽然能观察到化合物的间接作用及物种间的相互关联。但是进行微宇宙或中宇宙测试来评估化合物对生态系统的效应要包括复杂的技术和高昂的费用。此外微宇宙或中宇宙生态模拟系统所用的物种多是易于饲养的生物，对于水生生物来说这种生物大约只有100种，而实际的生态系统通常涵盖很宽的范围的敏感度不同的物种。在一定意义上，中宇宙实验中采用的物种也不符合生态系统随机采样的原则。因此，在评估化合物的生态效应时，在考虑真实生态系统的基础上，人们需要寻求一种经济和可靠的方法，生态风险模型的出现使生态风险评价由单纯依靠生态毒理学实验工具向毒理学和模型模拟相结合转化。近年来，生态风险评价模型发展很快，包括提出问题的概念模型，用于获得PEC的暴露评估模型及用于获得PNEC的生态风险分析模型。目前应用较成功的这类模型有AQUATOX、CASM等。生态风险模型的优点在于能把暴露和生态效应之间的过程关系用数学公式进行量化，因此它的应用很灵活，它可以用一个简单的公式来表征一个简单的过程，也可以用一个复杂的公式来表征一个复杂的生态效应，人们甚至能把生态系统中各种效应和生态过程用数学公式来描述，构建一个庞大的区域生态模型或流域景观生态模型。因此，种群或生态系统风险模型的应用为生态风险评价提供了广阔的发展空间。

生态风险分析模型主要是根据生态系统中各物种的生物量变化来表征风险。任何一种生态风险评价方法都需要定义一个可接受的效应水平，而不是绝对的无效应终点。例如，在前三种方法中定义的可接受的效应终点是$HC_5$或$EC_{20}$而不是NOEC。这有两个原因：首先，$HC_5$或$EC_{20}$比NOEC更可信赖，更具有统计学意义；其次，$HC_5$或$EC_{20}$被认为是可以忍受的最大抑制值，而且许多学者已报道NOEC值与5%～30%抑制值在统计学上并没有显著差异。在生态风险模型中定义的效应通常采用的是生物量变化。一般认为生态系统中的某个物种或种群在有毒物质与无毒物质存在下相比，其生物量从减少20%到增加20%均是正常的，超过这个范围则认为偏离了正常值。生态风险分析模型已经有一些应用案例。例如，Naito等利用综合水生态系统模型（CASM-SUMA）评价了日本湖区污染物的生态风险，该模型对于确定水生生态系统中污染物生态防护水平提供了很好的基础，为水生生态系统中污染物风险管理的决策过程提供了重要的信息。AQUATOX模型目前被广泛用于北美地区水体中有机氯农药、多环芳烃、多氯联苯及酚类化合物的生态风险评估。在我国，这一模型已经用来评价松花江硝基苯污染事件的生态风险。

## 四、生态风险表征

风险表征是对暴露于各种应激下的有害生态效应的综合判断和表达，其表达方式有定性和定量两种。当数据、信息资料充足时，人们通常对生态风险实行定量评价。定量风险评价有很多优点：允许对可变性进行适当的、可能性的表达；能迅速地确定什么是未知的，分析者能将复杂的系统分解成若干个功能组分，从数据中获取更加准确的推断；并且评价结果具有重现性，所以适合于反复进行评价，目前定量风险表征方法主要有以下几种。

### （一）商值法

由于其应用较为简单，当前大多数定量或半定量的生态风险评价是根据商值法来进行的，适用于单个化合物的毒理效应评估。它是将实际监测或由模型估算出的环境暴露浓度（EEC 或 PEC）与表征该物质危害程度的毒性数据（预测无效应浓度，PNEC）相比较，从而计算得到风险商值（RQ）的方法。比值大于 1 说明有风险，比值越大风险越大；比值小于 1 则安全，此时各种化学物的参考剂量和基准毒理值被广泛应用。

商值法通常在测定暴露量和选择毒性参考值时都是比较保守的，它仅仅是对风险的粗略估计，其计算存在着很多的不确定性，例如，化学参数测定的是总的化学品含量，假定总浓度是可被生物利用的，但事实并非完全如此。而且，商值法没有考虑种群内各个个体的暴露差异、受暴露物种的慢性效应的不同、生态系统中物种的敏感性范围以及单个物种的生态功能。并且商值法的计算结果是个确定的值，不是一个风险概率的统计值，因而不能用风险术语来解释，商值法只能用于低水平的风险评价。

### （二）概率风险评价法

概率风险评价是传统生态风险评价的外延，目前正被广泛应用，它把可能发生的风险依靠统计模型以概率的方式表达出来，这样更接近客观的实际情况。概率风险评价方法是将每一个暴露浓度和毒性数据都作为独立的观测值，在此基础上考虑其概率统计意义。在概率生态风险评价中，暴露评价和效应评价是两个重要的评价内容。暴露评价试图通过概率技术来测量和预测研究的某种化学品的环境浓度或暴露浓度，效应评价是针对暴露在同样污染物中的物种，用物种敏感度分布曲线（SSD）来估计一定比例的物种（$x\%$）受影响时的化学浓度，即危害浓度（$HC_x$）。暴露浓度和物种敏感度都被认为来自概率分布的随机变量，二者结合产生了风险概率。运用概率风险分析方法，考虑了环境暴露浓度和毒性值的不确定性和可变性，体现了一种更直观、合理和非保守的估计风险的方法。概率风险评价法包括安全浓度阈值法和概率曲线分布法。

**1. 安全浓度阈值法（$MOS_{10}$）**

传统商值法表征的风险是一个确定的值，而不是一个具有概率意义的统计值，因此用该方法表征的风险值不足以说明某种毒物的存在对生物群落或整个生态系统水平的危害程度及其风险大小。因此，需要选择代表食物链关系的不同物种来表示群落水平的生物效应，从而对污染物的生态安全进行评价。为保护生态系统内生物免受污染物的不利影响，通常利用外推法来预测污染物对于生物群落的安全阈值。通过比较污染物暴露浓度和生物群落的安全阈值，即可表征污染物的生态风险大小。安全阈值是物种敏感度或毒性数据累积分布曲线 10％处的浓度与环境暴露浓度累积分布曲线 90％处浓度之间的比值，其表征量化暴露分布和毒性分布的重叠程度。比值小于 1 揭示对生物群落有潜在风险，大于 1 表明两分布无重叠、无风险。通过比较暴露分布曲线和物种敏感度分布曲线可以直观地估计某一化合物影响某一特定比例生物的概率。

**2. 概率曲线分布法**

概率曲线分布法是通过分析暴露浓度与毒性数据的概率分布曲线，考察污染物对生物的毒害程度，从而确定污染物对于生态系统的风险。以毒性数据的累积函数和污染物暴露浓度的反累积函数做图，可以确定污染物的联合概率分布曲线。该曲线反映了各损害水平下暴露浓度超过相应临界浓度值的概率，体现了暴露状况和暴露风险之间的关系。概率曲线分布法是从物种子集得到的危害浓度来预测对生态系统的风险。一般用作最大环境许可浓度的是

$HC_5$ 或 $EC_{20}$。这种将风险评价的结论以连续分布曲线的形式得出的方法，不仅使风险管理者可以根据受影响的物种比例来确定保护水平，而且充分考虑了环境暴露浓度和毒性值的不确定性和可变性。

### （三）多层次的风险评价法

随着生态风险评价的发展，逐渐形成了一种多层次的评价方法。它是把商值法和概率风险评价法进行综合，充分利用各种方法和手段进行从简单到复杂的风险评价。多层次评价过程的特征是以一个保守的假设开始，逐步过渡到更接近现实的估计。低层次的筛选水平评价可以快速地为以后的工作排出优先次序，其评价结果通常比较保守，预测的浓度往往高于实际环境中的浓度水平。如果筛选水平的评价结果显示有不可接受的高风险，那么就进入更高层次的评价。更高层次的评价需要更多的数据与资料信息，使用更复杂的评价方法或手段，目的是力图接近实际的环境条件，从而进一步确认筛选评价过程所预测的风险是否仍然存在及其风险大小。它一般包括初步筛选风险、进一步确认风险、精确估计风险及其不确定性、进一步对风险进行有效性研究 4 个层次。目前，已有学者对这方面进行尝试性研究，如 2005 年 Weeks 提出有关土壤污染物的生态风险“层叠式”评价框架，并为大多数环境学家所认同和接受。2007 年 Critto 等基于“层叠式”生态风险评价框架，发展了环境污染生态风险评价决策支持专家系统。

## 五、生态风险管理

生态风险管理是指根据生态风险评价的结果，根据恰当的法规条例，选用有效的控制技术，进行消减风险的费用和效益分析，确定可接受风险度和可接受的损害水平，并进行政策分析及考虑社会经济和政治因素，决定适当的管理措施并付诸实施，以降低或消除事故风险度，保护人群健康与生态系统的安全。

生态风险管理是生态风险评价的最终目的，而生态风险评价为生态风险管理提供了理论依据，对于生态风险管理的结果可返回进入下一轮的风险评价以不断改进管理政策。生态风险管理的目标是将生态风险减少到最小，管理决策的正确与否将决定风险能否得到有效控制。风险分析和评价为风险管理创造了条件：①为决策者提供了计算风险的方法，并将可能的代价和减少风险的效益在制定政策时考虑进去；②对可能出现和已经出现的风险源开展风险评价，可事先拟订可行的风险控制行动方案，加强对风险源的控制。因此，以后要加强生态风险管理的研究，使生态风险评价能够真正为环境管理决策服务，尽快建立适合我国生态环境的生态风险评价标准方法和技术指南，以及科学的生态风险决策管理法律和法规。

# 第二节　健康风险评价

## 一、健康风险评价概述

### （一）健康风险评价的定义

风险评估可以定义为对人类活动或自然灾害的不利影响的大小和可能性的评估，健康风险评估指的是有毒有害物质（包括化学品和放射性物质）对人体健康安全的影响程度。通过收集毒理学资料、人群流行病学资料、环境和暴露的因素等，直接以健康风险度为表征（以对人体健康危害的年风险来表示），对人体健康受到损害的可能性及其程度大小进行概率估计，这样能够更直观和准确地得到主要污染物以及最优的治理顺序，为政府机构和有关部门改善环境状况、判断潜在危害的主次和敏感人群、提高居民认知与区别污染物对身体产生的现实与潜在的危害、减小环境对人体健康风险提供科学依据。

### （二）国外健康风险评价的研究进展

**1. 美国**

美国国家科学院、美国国家研究理事会和美国国家环境保护局等研究机构在健康风险评价和框架发展等领域做了诸多开创性的工作，并取得了丰硕的研究成果。1976 年由美国国家环境保护局制定的“Interim Procedures and Guidelines for Health Risk Assessments of Suspected Carcinogens”，已被认为是人类健康风险管理的重要里程碑。1983 年由美国国家科学院和美国国家研究理事会专家小组联合制定的红皮书“Risk Assessment in the Federal Government：Managing the Process”，提出了著名的健康风险评价“四步法”，即危害鉴别、剂量-效应关系评价、暴露评价和风险表征，该报告全面描述了风险评价的方法和管理过程，已被许多国家和国际组织广泛认可，并成为许多国家开展健康风险评价的指导性文件。随着健康风险评价的发展，又在“四步法”的基础上，完善补充了第五步“风险管理”重要环节。此后，EPA 制订且颁发了一整套相关的技术管理规定、规章和指南等文件。1986 年美国国家环境保护局首次发布“Guidelines for Carcinogen Risk Assessment”，并于 1996、1999、2001、2003 年历经四次修订后于 2005 年更新发布。1997 年美国总统与国会风险评价与管理委员会发布的“Framework for Environmental Health Risk Management”，是现今最有影响的风险管理框架，被公认为风险管理的最高水平。1989—2009 年，美国国家环境保护局历时二十年，陆续发布了“Risk Assessment Guidance for Superfund”，该超级基金风险评价指南（Ⅰ～Ⅲ卷）是著名的场地污染风险评价指南，广泛应用于场地污染风险评价和场地修复等风险管理中。2004 年美国国家环境保护局提出了《人体健康研究战略》，明确了 2006—2013 年提高人体健康风险评价科学基础的战略研究方向。

**2. 欧盟**

欧盟及其成员国的立法以控制一切威胁人类健康的风险为基础，不断促进完善环境与健康领域的法律法规，为民众的健康提供了法律保障。1993 年欧盟议会通过了已有物质的健康风险评估和危险物质对人类健康风险评价的“Council Regulation（EEC）No. 793/93”和“Commission Directive 93/67/EEC”两个指令。2003 年欧盟议会实施了“Directive 96/82/EC on the Control of Major Accident Hazards Involving Dangerous Substances”指令，以预防和控制重大事故造成对环境及人类健康危害的影响。同时，欧盟实施了系列的环境健康的战略计划，如“欧盟环境与健康战略”，并在此战略制订后，推进实施了“国家环境与健康行动计划”（NEHAP），并制定了针对儿童等特定人群的 NEHAP 和“2004—2010 年欧洲环境和健康行动计划”等环境健康评价和政策实施的行动计划，包含环境与健康领域决策和管理方式，已成为欧盟国家和未来成员国家的环境与健康行动计划。

## (三) 国内健康风险评价的研究进展

与国外相比，中国的健康风险评价起步晚，对于风险评价模型的研究比较缺乏。近年来，中国对健康风险评价的研究逐渐重视。我国国家自然科学基金委员会从2003年开始对健康风险评估相关研究进行资助，从每年资助1～2项，资助金额每项25万元左右，到2013年每年资助已近20项，资助金额最高达400万元。尽管中国利用风险概念分析方法对环境健康风险进行评价的应用研究已经取得较大进展，但针对中国居民特征的健康风险评价方法仍然没有建立。目前，中国的健康风险评价仍然多借用国外模型，而由于人种和地区的差异，国外的暴露参数并不能准确反映中国人群的暴露特征，因此简单套用国外模型可能导致健康风险评价结果失真。此外，有关有害物质暴露的健康风险评价涉及婴幼儿童、孕妇等特殊群体的研究较少；对于人体对污染物摄取吸收率方面的研究资料也存在不足，没有考虑如加热等加工手段对污染物浓度变化的影响；一些评价计算也不够精密，评价模式基本以污染状况长期不发生改变为前提，而不考虑污染物的迁移转化过程，这样得到的结果与实际情况必定有偏差。

## (四) 健康风险评价步骤

目前，“四步法”健康风险评价运用最为广泛，可运用于各种环境介质（大气、水、土壤、食物等）中的多种污染物（如PAHs、PCBs、重金属等）的健康风险评价研究。具体步骤如下：

**1. 危害鉴定**

危害鉴定是健康风险评价的首要步骤，主要是在收集研究区域的污染物数据、监测资料的基础上，定性评价污染物质危害人群健康的性质，评估对人体可能的危害程度，主要目的是判定有机污染物是否具有致癌性。根据人群暴露于某种化学物质条件下，该物质是否能够对人体健康产生危害，或是引起不良健康效应，国际癌症研究机构（IARC）将有毒有害化学品划分为5类，分别为：1类，对人体致癌的物质；2A类，很可能对人体致癌的物质；2B类，有可能对人体致癌的物质；3类，没有数据证明对人体致癌的物质；4类，很有可能对人体没有致癌性的物质。有些重金属，如铅、镉和持久性有机污染物PCP、PCBs等，由于其具有潜在的致癌能力而被划分为致癌类物质，而有些物质如菲，虽然不会对人体健康产生致癌效应，但会对人体健康产生其他危害，因而被划分为3类或4类污染物。

**2. 剂量-效应评估**

剂量-效应评估即确定污染物的暴露剂量与人体或者动物群体中出现不良效应之间的关系，用于评估污染物的毒性，是健康风险评价的重要步骤。目前剂量-效应关系主要是根据毒理学动物研究或者相关的人类流行病学研究，对有机污染物的致病机理进行讨论，并基于现有的统计结果和实验数据，做出剂量-效应关系曲线，并由此计算出致癌或者非致癌的参数。污染物的致癌能力用致癌斜率因子（CSF）表示；非致癌风险用参考剂量来量化评估，用RfD表示，计算公式如下：RfD＝NOAEL或LOAEL/UF。式中，RfD为某种有阈化学物质的参考剂量，单位为mg/(kg·d)；NOAEL为最大无害作用水平；LOAEL为最小有害作用水平；UF为总不确定系数。研究发现，动物实验取得的非致癌和致癌参考剂量往往比人体实际环境中的暴露剂量要高，人们通常采用实验获取的剂量-效应关系资料推断在低剂量条件下的剂量-效应关系，称为低剂量外推。低剂量外推法包括线性和非线性两种模型。EPA 推荐在缺少足够资料时采用线性多阶段模型。

**3. 暴露评估**

暴露评估即在确定暴露人群、暴露时间、暴露途径、暴露频率等参数的基础上，选择合适的暴露评估模型计算暴露剂量，是进行健康风险评价的定量依据。EPA 推荐了土壤、空气、水体、食物等环境介质的暴露途径，继而可在选取相关暴露参数的基础上，选择合适的暴露评估模型计算出人体的日暴露剂量。

**4. 风险表征**

风险表征即在综合分析前三项的基础上，描述人群健康风险的性质和大小，并呈现出不确定性，在风险评价与风险管理中起着桥梁作用。由于致癌和非致癌的剂量-效应评估存在着本质上的区别，它们的风险特征也截然不同，要分开进行讨论并分别以 Risk（风险）及 HQ（危害系数）表示。在进行风险特征计算后，需主要表达和描述下述情况的风险：①在总人群中具有高风险分布的人群；②重要的分组人群，如高暴露或高易感性的人群或个体；③全部的暴露人群。

即使应用最准确的数据和最精密的模型，在评价过程中也会存在不确定性。不确定性分为以下 2 种：①不能准确测量的变量（可能由于仪器的限制或测量中的变化造成定量不准）；②模型运用过程中的不确定性。包括了将动物模型外推并应用于人体致癌效应上以及用计算机模型来预测环境中化学物质的传输和汇集等。

## 二、危害鉴别

危害识别主要包括三方面内容：首先，要识别出有哪些污染物可能会产生健康危害效应；其次，要确定环境污染物是否存在健康危害效应，有什么样的健康危害；最后，结合暴露和毒性两方面的信息最终确定是否需要进行定量健康风险评估，需要对哪些化学物质进行评估。

### （一）污染物的识别

**1. 环境污染物识别**

进行环境污染物识别时必须调查并获取污染物的化学结构、理化特性、用途、使用方式与范围等相关的资料，此外，还需要就污染物生成或转化为毒性更强或较弱的衍生物方面进一步搜集资料，才能够全面确定该物质是否引起致癌效应或其他健康危害效应。一般情况下，对某一环境进行污染物危害识别时，还需考虑某些污染物进入人体后将可能转化为其他代谢物，还需要识别其可能产生危害的衍生物及其代谢产物。

**2. 单一污染物识别**

人类生活与工作环境中化学污染物质种类繁多，很少以纯净物形态存在，故此种类型的危害识别情形较少见，常见于研究目的、原因确定时，对环境中某一化学污染物进行危害识别与评估。例如，在某些环境突发事件中，某种化学物质事故性泄漏后，由于无法在较短时间内对环境中存在的化学污染物进行有效清除或由于条件所限无法清除，人类将会通过吸入、经口摄入、皮肤接触等途径暴露于此类环境中的化学污染物而产生健康风险，同时假设该污染物的环境本底水平对于人群的健康风险暂不考虑或处于可接受水平，此种情况下就需要对该污染物产生的健康风险进行监测和评估。如某饮用水水源地发生了苯罐车泄漏事件，苯污染了当地的水源，假设当前情况下尚无法对水体中的苯进行有效清除，苯在当地的水体中将会持续存在一段时间，当周围居民继续以该水源地为水源时，就需要评估由于苯泄漏污染导致的当地居民健康风险的水平。

**3. 多种污染物识别**

多种污染物识别在水环境、土壤环境、大气环境的健康风险评估中应用最为常见，可通过现场调查法、监测法和文献检索法筛选当前环境中可能存在的化学污染物质，之后依据研究目的或者调查监测结果确定拟要评估的污染物种类与数量，分别识别出致癌物和非致癌物。

### （二）健康危害效应的判定

对目前已有的化学性污染物，确定其与健康效应是否有关联的常用方法包括流行病学研究、临床试验研究和动物实验研究等，在没有条件或者由于其他原因不能进行上述科学研究时还可以通过文献法查询已有的权威数据库进行健康危害效应的判定。

**1. 流行病学研究**

流行病学研究可验证人群暴露于某种环境污染物和产生健康危害效应是否存在统计学关联。其优势在于它是基于人群基础上的研究，可直接反映出人群暴露后所产生的有害健康的影响特征，不需要进行种属的外推，是危害识别中最有说服力的证据。但一般情况下由于无法获得人群水平上准确的暴露信息，研究结果存在局限性：现有资料多来自职业流行病学研究，很难用于一般人群的影响研究，尤其是对于发病率很低的疾病，需要大样本量的人群才能说明问题；很难找到理想的反映不同污染区暴露水平的暴露现场；环境中存在较多的混杂因素，因此很难同时确定多种环境污染物的健康效应。

**2. 临床试验研究**

严格控制的人体临床试验可为环境中某种化学物质导致的健康效应提供有力的证据，可作为判断对机体有无致癌、致畸、致突变可能性的辅助资料。但是，因涉及伦理学，这类人体环境健康危害临床试验研究经常无法实施。

**3. 动物实验研究**

当基于人体的研究和实验无法实施时，可以利用动物（鼠类、兔、猴、犬等动物）开展相关研究，其结果可作为对人体潜在健康效应的参考。通过设计、控制、实施动物实验，其结果能够填补一些证据上的空白与缺陷。动物实验研究的优点在于实验条件易于人为控制，可以较为确切地反映出各种特定条件下产生的特定的健康效应，其因果关系明确，容易得出污染物的暴露-效应关系曲线。但是，由于动物与人存在种属差异，动物实验研究结果外推至人体时存在一定的不确定性。

**4. 文献法**

通过文献法查询已有的权威数据库进行健康效应的判定，这些权威数据库都是综合了大量的流行病学、临床试验和动物实验研究的结果，可以作为“危害识别”中重要的参考资料。目前，国际上较权威数据库有国际癌症研究机构（IARC）、美国国家环境保护局的综合风险信息系统（IRIS）和欧洲经济共同体（EEC）等。IARC 对 970 种化学污染物进行了识别和危害性确定，EEC 主要列举了职业暴露情况下的环境污染物的接触限值水平，IRIS 则列出了550余种化学物质的人群健康影响综合信息。在实际工作中研究人员可通过查询相关机构的主页，确定环境中化学物质的危害性。

### （三）评估结果

通过上述方法可以得到人群健康风险评估的阶段性评估结果，即危害识别的表征指标——危害污染物及其健康效应，确定哪些污染物需要进行健康风险评估，健康危害效应是致癌效应还是非致癌效应。对单一环境化学污染物进行识别时，有标准限值的污染物超过标准限值或者无标准限值的污染物超过背景浓度水平均需进行健康风险评估；对多种环境化学污染物的识别，一般可根据研究目的不同，分别开展不同类型、不同数量的污染物风险评估，不需要对所有存在的污染物开展风险评估；此外，还需考虑其在进入人体后将可能转化为其他代谢物，识别其可能产生危害的衍生物及其代谢产物。进行健康效应判定时，主要是确定哪些化学物质具有致癌性、哪些物质存在潜在致癌性、哪些物质无致癌性，并确定健康效应的暴露途径。

## 三、剂量-效应评估

### （一）非线性剂量-效应关系评估

非线性剂量-效应关系评估通常用于危害性化学物质产生的不良健康效应具有阈值的情况。暴露剂量范围在0到某一限值（阈值）之内时，靶器官会对有阈值化学物质耐受，从而观察不到不良反应；暴露剂量超过阈值后，不良反应（或前驱反应）开始出现。人群中存在敏感者，其发生不良反应的阈值是最低的，因此，敏感人群更应该受到关注。如果“作用方式”信息提示毒物具有阈值，即低于某一暴露剂量不会发生不良反应，则评估的类型属于非线性剂量-效应关系评估。“非线性”在这里是狭义的，而非它在数学领域中的定义；非线性评估中的剂量-效应关系在暴露剂量为0时，斜率为0，不同暴露剂量下斜率发生相应的变化。

在非线性剂量-效应关系评估中，NOAEL指无论在统计学意义上还是生物学意义上，暴露组的健康效应均与对照组无明显不同的最高剂量。但动物实验中NOAEL的观察有一定的难度，因此常采用在暴露组观察到的LOAEL替代NOAEL。由于一般人群多属低暴露，不能直接使用动物实验或流行病学研究的结果来评估其致癌效应。阈值是根据NOAEL、LOAEL等并考虑了不确定因子（UFs）后推理得出的。UFs是为求得RfD/RfC，说明关键研究（其研究结果用于推算RfD/RfC）的可信性、物种间外推、个体间变异、全部资料的充分性和毒性性质的各个因子的乘积。UFs包括从动物外推至人的种属差异，通常乘以10；UFs还包括人群中的敏感性差异，因此一般还需再乘以10；最终UFs需要乘以100。如果是使用LOAEL代替NOAEL，则UFs还需要再乘以10；在缺乏主要毒理学数据的情况下，可能还需要增加UFs。当关键研究中定性评估存在额外不确定性，以及在所有数据库中对某一化学物质无明确的UFs时，也会使用修正因子（MF）。MF的值为0～10，其默认值为1。

当已确定某种化学物质有阈值，使用非线性剂量-效应关系方法进行评估后，还需要确定此种化学物质的暴露途径（吸入、经口摄入、皮肤接触），不同途径的毒理学过程、计算指标与外推方法有所不同。此外，EPA 等机构根据化学物质的暴露方式，将非线性剂量-反应关系评估分为慢性、亚慢性、短期、急性以及发育毒性几种情况，使用针对不同暴露时间研究的毒理学数据，代入相应的外推公式进行计算。

（1）吸入途径　目前，EPA 确定了 RfC 作为人群（包括敏感人群）持续性吸入暴露的估计值，终生吸入此浓度水平以下的化学物质不太可能出现可检测到的有害效应。当缺乏人类流行病学数据时，一般可以使用 NOAEL、LOAEL、基准浓度，加入不确定因子后推导 RfC。何时使用 RfC，应用何种类型的 RfC，取决于关键效应（即主要的效应，可为进展性的或其他类型的效应）与暴露方式（慢性、亚慢性、短期、急性、发育毒性）。也可以用美国毒物与疾病登记署（ATSDR）慢性吸入性最小风险水平（MRLs）作为慢性 RfC，中等水平吸入性 MRLs 作为亚慢性 RfC；还可以使用加利福尼亚环境保护局的慢性参考暴露水平（RELs）作为慢性 RfC。RfC 的单位为 $mg/m^3$。RfC 的计算公式如下：$RfC=NOAEL_1$（或 $LOAEL_1$）/(UFs×MF)。式中，$NOAEL_1$ 表示吸入某化学物质的 NOAEL 值；$LOAEL_1$ 表示吸入某化学物质的 LOAEL 值。

（2）经口摄入途径　目前，EPA 明确 $RfD_0$ 作为人群（包括敏感人群）日均经口摄入暴露的估计值，终生摄入此剂量水平以下的化学物质不太可能出现可检测到的有害效应。当数据存在局限性时，它一般可以使用 NOAEL、LOAEL、基准剂量，加入不确定因子后推导出来。$RfD_0$ 是普遍应用于评价非致癌健康效应的毒性值。何时应用 $RfD_0$，应用何种类型的 $RfD_0$ 取决于关键效应和暴露方式。也可以使用 ATSDR 慢性经口摄入 MRLs 作为 $RfD_0$。$RfD_0$ 的单位为 mg/(kg·d)，$RfD_0$ 的计算公式为：$RfD_0=NOAEL_0$（或 $LOAEL_0$）/(UFs×MF)。式中，$NOAEL_0$ 表示经口摄入某化学物质的 NOAEL 值；$LOAEL_0$ 表示经口摄入某化学物质的 LOAEL 值。

（3）皮肤接触途径　使用吸收 RfD，即 $RfD_{ABS}$ 作为评价经皮肤接触吸收某化学物质造成的潜在效应参考值，终生经皮肤接触此水平以下的化学物质不太可能出现可检测到的有害效应。虽然 EPA 已经认识到了经皮肤接触吸收的化学物质造成的有害效应有别于其他途径，但是目前没有完整的皮肤接触毒性因子的毒理学数据库。$RfD_{ABS}$ 的单位为 mg/(kg·d)。因此，除直接查找皮肤接触毒性因子之外，EPA 利用化学物质经胃肠道吸收的比例（$ABS_{GI}$）进行如下的外推：$RfD_{ABS}=RfD_0\times ABS_{GI}$。式中，$RfD_{ABS}$ 表示吸收参考摄入量；$RfD_0$ 表示经口参考摄入量；$ABS_{GI}$ 表示化学物质经胃肠道吸收的比例。

### （二）线性剂量-效应关系评估

若危害性化学物质的“作用方式”信息提示其毒性没有阈值，则以线性剂量-效应关系进行评估。在线性剂量-效应关系评估中，理论上在没有暴露的情况下，不会产生不良反应。但是只要有此种化学物质的暴露，不论剂量多少都会有不良反应产生。癌症风险的评估一般属于此类范畴。在没有足够的“作用方式”信息时，如果是致癌物，则使用线性外推法作为剂量-效应关系评估的折中方法。线性剂量-效应关系评估过程中不使用 UFs 进行外推。线性剂量-效应关系评估的图形可以表示为，从观测值锚点到原点（剂量与效应均为 0 的点）做直线。在使用模型模拟了剂量-效应数据后，得出基于终生暴露的该化学物质的 SF；在暴露途径为吸入时，类似于 SF，使用吸入单位风险（IUR）表示。SF 是定量表征剂量-效应关系的毒理学参数，即斜率。SF 基于终生的暴露而得出。SF 的含义为在某种预测的速率下，随着暴露于化学物质量的增加，肿瘤发病风险增加的可能性。

SF 是最普遍应用的评价可能的人类致癌风险的毒性数据。一般情况下，SF 是一生中每摄入一个单位的化学物质引起可能性效应的近乎合理的评估上限。在环境健康风险评估中，SF 用于估计暴露于一定水平的可能致癌物后个体终生发展为癌症的可能性的上限值。

当确定某种化学物质无阈值，使用线性剂量-效应关系方法进行评估后，也需要确定此种化学物质的暴露途径（吸入、经口摄入、皮肤接触），根据不同途径使用不同的指标与外推方法。

（1）吸入途径　IUR 是持续暴露于空气中浓度为 1 $\mu g/m^3$ 的物质，估计终生超额癌症风险的上限值，IUR 的单位为 $(\mu g/m^3)^{-1}$。

（2）经口摄入途径　经口摄入 SF，即 $SF_0$，用来评价个体经口摄入暴露于污染物后一生中引起癌症的可能性，$SF_0$ 的单位为 $[mg/(kg \cdot d)]^{-1}$。

（3）皮肤接触途径　类似于 $SF_0$，使用 $SF_{ABS}$ 作为评价经皮肤接触吸收某化学物质造成的致癌效应斜率。$SF_{ABS}$ 的单位为 $[mg/(kg \cdot d)]^{-1}$。除直接查找皮肤接触毒性因子之外，EPA 使用如下公式计算 $SF_{ABS}$，即 $SF_{ABS}=SF_0/ABS_{GI}$。式中，$SF_{ABS}$ 表示吸收斜率因子；$SF_0$ 表示经口摄入斜率因子；$ABS_{GI}$ 表示化学物质经胃肠道吸收的比例。

## 四、暴露评估

### （一）暴露评估方法

暴露评估指确定或者估算暴露量的大小、暴露频率、暴露的持续时间和暴露途径。关于暴露情况的收集主要分为直接法和间接法。

直接法包括个体监测和生物监测。个体监测是测量一定时间内个人身体接触污染物平均浓度的方法。如利用个体监测法对汞作业人员和暴露于烟雾环境中的工人进行 24 h 采样监测，但是此种方法受采样器材、样本数量的限制较大，使用随机抽样监测，不确定性也较大，我国并未广泛使用。生物监测即生物标志物法，是一种直接监测生物介质中污染物暴露的重要方法。通过皮肤、血液、唾液、头发、指甲、母乳等人体生物样本的取样监测，反映多暴露途径进入人体的暴露剂量。对于急性毒性，目前国际上普遍认为生物标志物法暴露评价结果比较精准，可以反映暴露早期的生物学或生理学改变。段小丽等对多环芳烃的生物标志物展开研究，发现尿中的 1-羟基芘（1-OH-Pyr）、3-OH-BaP 的比值可以定量评价人体暴露于 PAHs 致肺癌的风险。Wang 等、杨彦等用 8-羟基脱氧鸟苷（8-OH-dG）反映 DNA 氧化应激水平作为电子废弃物拆解从业人群的 Pb、Cu 等重金属污染物暴露的生物标志物，建立其剂量-效应关系。尽管生物标志物在健康风险评价中起着关键性的指示作用，由于其测定困难、花费高、特异性不够显著、灵敏度不够高等缺陷，暂时还无法取代其他方法。

间接法通过对污染物浓度的监测、对不同人口学特征人群在不同环境介质中的暴露时间和频率进行调查、统计，估算人群的实际暴露浓度，以评估健康风险。我国学者使用该法对各种环境介质中的污染物通过不同的暴露途径进入人体的健康风险进行科学评估。随着近年来对健康风险评价研究的不断深入，污染物生物有效性也被用于健康风险评价。崔岩山等通过多种体外实验研究土壤中重金属的生物有效性，评估重金属对人体健康的影响。

除了上述方法之外，国际上越来越多的研究尝试将地理信息系统（GIS）技术应用于暴露评估研究中，发展了许多将暴露模型和 GIS 技术相结合的方法和手段。我国也有关于 GIS 技术环境风险评价相结合的研究，如《基于环境风险分区的布局优化调整决策支持方法》，但是将 GIS 技术与健康风险暴露模型结合的研究和报道较为少见。

### （二）暴露参数

人体的暴露参数是环境健康风险评价中的主要因子，暴露参数选择的准确性是决定健康风险评价准确性和科学性的关键因素之一。美国、欧盟、日本、韩国等均发布了适用于本地区的人群暴露参数手册或数据库。国内的科学家积极开展了暴露参数的研究工作，王宗爽等采用呼吸速率的能量估算方法，对我国居民呼吸速率进行研究。向明灯等通过实测的方法对太湖某饮用水源地附近居民经口暴露参数进行研究，并与美国、日本人群暴露参数进行比较。杨彦等针对太湖流域（苏南地区）和浙江沿海温岭地区人群，采用问卷调查及实测结合的方法对调查对象的身高、体重、皮肤、呼吸、饮食饮水、活动行为模式等暴露参数进行细致的调查分析。在暴露参数优化方式上，国内多使用 EPA 推荐的计算模型或者仅使用其推荐的方法。如皮肤暴露参数中最为主要的皮肤体表面积计算形式上，许文生于 1928 年提出了计算体表面积的 Stevenson 模型，此后国内生理学大多采用这一模型，1999 年胡咏梅等对该模型进行了模型系数优化。在环境与健康领域，也有研究人员运用该模型优化皮肤暴露参数。杨彦等在近期研究中采用覆盖法对我国 1 008 名男性成人进行体表面积实测，分别建立了最新的我国男性体表面积估算的非线性 DuBois 模型和 Stevenson 模型，比较两者发现新建的 DuBois 模型更加适合我国人群。

### （三）暴露评价模型

近年来，发达国家在暴露评价模型方面发展较快，国外许多国家和研究机构开发了多种评价模型，其中，美国的 RBCA 模型、CLEA 模型和荷兰的 CSOIL 模型使用最为广泛。我国也提出了基于多介质的暴露模型，但由于起步晚，在暴露模型方面，多是引用国外较为成熟的模型，建立多暴露途径、复合污染的暴露评价模型已成为我国健康风险评价工作需要解决的关键问题。目前常用于风险评估的暴露模型包括环境暴露评估模型、膳食暴露评估模型。

环境暴露评估模型是为了对自然环境中的化学物质在暴露人群中的量化而建立起来的模型。根据提供参数不同，环境暴露评估模型被分为 2 类：环境浓度模型和人群吸入模型。环境浓度模型包括污染物淋溶模型 ConSim 和 LSim、空气扩散模型 UKADMS 和 AERMOD、污染物排放模型 SIMCAT。其中，ConSim 和 LSim 主要应用于确定地下水污染物的暴露水平；UKADMS 和 AERMOD 主要用于量化大气污染物暴露水平；SIMCAT 主要应用于地表水污染物的暴露量化。利用环境浓度模型可以对个人或人群平均时间的活动模式及污染物，在时间和空间的变异进行有效模拟，然后再根据环境标准和环境指导值对污染物在暴露人群的健康风险进行评估。该类模型的缺陷是不能完全模拟污染源—污染暴露途径—污染物最终受体这一整体过程，因此，应用该类模型进行暴露评估时还需要加入一个额外暴露组成。人体吸入模型是为了量化人群在接触相关环境媒介时吸入的化学污染物而建立起来的。CLEA 模型是人体吸入暴露常用模型，该模型主要应用于处理污染土壤的直接或间接暴露。它的缺点是，目前构建的 CLEA 模型只能用于在实验室获得土壤参考值，不能用于具体场地的暴露模拟。在应用人体吸入模型进行暴露评估时，除了要求获得与污染物和环境相关的参数，也要获得暴露人群活动参数及暴露人群生理参数。

膳食暴露评估模型分为确定性模型和概率模型 2 类。确定性模型可用于评估某时期或某时刻人群暴露于污染物下的风险，模型中数据的输入为单一的数字。该模型应用简单，节省时间，但是对于风险情况缺乏全面、深入的理解，通常忽略评估信息的“变异性”和“不确定性”。概率模型中，数据输入为一个可能的取值范围，该范围内所有值的概率组成一个概率分布。概率模型的结果中尤其强调了数据的“变异性”和“不确定性”，考虑了几乎所有的可能性及其可能的发生方式。由于概率模型的分析和计算相对复杂，经常需要应用相关的工具和计算软件。美国和欧盟在这方面的研究一直处于前沿，目前相继建立了评估美国人群和欧洲人群的膳食暴露评估模型。

美国目前使用的膳食暴露评估模型包括 DEEM、Calendex 和 LifeLine。DEEM 模型的目的是利用蒙特卡罗方法评估毒物、营养素、农药、食品添加剂和某些天然成分的摄入水平，该模型有估计急性和慢性模块并且能急性确定性评估和概率评估。DEEM 模型被 EPA 农业计划办公室广泛用于农业最大残留限量的建立，因此得到美国农药公司的广泛使用。Calendex 是美国第一个为蓄积性和累积性农药暴露评估特别设计的模型。此外，Calendex 模型还可以与 DEEM 模型一起进行膳食暴露评估，称为 DEEM/Calendex 模型。LifeLine 模型最初设计用于评估来自居住环境、膳食和自来水的农业暴露。该模型通过模拟人群每个个体一生中各暴露情况，对环境污染物的蓄积性暴露风险进行评估。

欧洲用于膳食暴露评估的模型主要有 Consumer 模型和 POCER 模型。Consumer 模型包括慢性和急性评估模型。前者涉及水果、蔬菜、谷类和肉类等共计 14 大类 125 小类的初级及其加工日用品；后者则共涉及 16 大类 125 小类。模型涉及了婴儿、学步的孩子、4～6 岁的儿童、7～10 岁的儿童、11～14 岁的儿童、15～18 岁的青少年、成人、素食者和年长者等暴露人群。POCER 模型是以欧洲法令 91/414/EC 为基础，以经济合作与发展组织对农药风险指标的设定为原则制定的。该模型既可以反映农药喷施对人体职业、非膳食和膳食暴露造成的风险，也可以反映农药的使用对环境造成的风险。

## 五、风险表征

### （一）致癌风险的定量表征

致癌风险（risk）的计算方法如下：①吸入途径 risk = $LADD_{inh} \times IUR \times 1\ 000$；②经口摄入途径 risk = $LADD_{ing} \times SF_0$；③皮肤接触途径 risk = $LADD_{der} \times SF_{ABS}$。式中，$LADD_{inh}$ 表示污染物吸入途径的致癌终生日均暴露剂量，$mg/m^3$；$LADD_{ing}$ 表示污染物摄入途径的致癌终生日均暴露剂量，mg/(kg · d)；$LADD_{der}$ 表示污染物皮肤接触途径的致癌终生日均暴露剂量，mg/(kg · d)。

除非有明确的证据显示多种致癌物质具有交互作用，否则各种致癌物质应各自计算其致癌风险后再求和，即为总致癌风险。对于同一污染物的不同暴露途径，应分别计算各途径的致癌风险后再求和，即为总致癌风险。致癌风险无量纲，用科学计数法表示，例如，计算得到的风险是 $1\times10^{-6}$，那么致癌风险为每 100 万人中，有 1 人可能患癌症。

目前，各机构给出的最大可接受风险水平略有不同，瑞典环保局、荷兰建设和环境保护部以及英国皇家学会推荐的年最大可接受风险水平均为 $1\times10^{-6}$；国际辐射防护委员会推荐为 $5\times10^{-5}$。荷兰建设和环境保护部以及英国皇家学会还提出了可忽略的风险水平，分别为 $1\times10^{-8}$ 和 $1\times10^{-7}$。当前我国普遍采用 EPA 推荐的可接受风险水平，即如果某污染物的终生致癌风险小于 $1\times10^{-6}$，则认为其引起癌症的风险性较低；如果某污染物的终生致癌风险介于 $1\times10^{-4}\sim1\times10^{-6}$，则认为有可能引起癌症；如果污染物的终生致癌风险大于 $1\times10^{-4}$，则认为其引起癌症的风险较高。人群风险的计算是上述风险值与人群数相乘，然后除以 70（寿命，年），得到每年预测的新增病例，单位为癌症病例数/年。

### （二）非致癌风险的定量表征

非致癌风险的健康风险，即危害系数（HQ）的计算公式如下：①吸入途径 $HQ = ADD_{inh}/RfC$；②经口摄入途径 $HQ = ADD_{ing}/RfD_0$；③皮肤接触途径 $HQ = ADD_{der}/RfD_{ABS}$。式中，$ADD_{inh}$ 表示污染物吸入途径日均暴露剂量，$mg/m^3$；$ADD_{ing}$ 表示污染物摄入途径日均暴露剂量，mg/(kg・d)；$ADD_{der}$ 表示污染物皮肤接触途径日均暴露剂量，mg/(kg・d)；RfC 表示吸入途径参考剂量，$mg/m^3$；$RfD_0$ 表示经口摄入参考剂量，mg/(kg・d)；$RfD_{ABS}$ 表示经皮肤吸收参考剂量，mg/(kg・d)。

此外，目前国际上根据化学物质的暴露方式，将其非致癌健康效应分为慢性、亚慢性、短期、急性以及发育毒性，在查询相应的 RfC 和 RfD 等毒理学数值时，应按照对应的暴露途径和暴露方式进行查询。将各种污染物或污染物的各暴露途径的危害系数相加，得到危害指标（HI），即 $HI = \sum HQ$。危害系数无量纲，如果危害指标≤1，预期将不会造成显著损害，表示暴露剂量低于会产生不良反应的阈值。如果危害指标>1，则表示暴露剂量超过阈值，可能产生毒性。

## 六、不确定性分析

健康风险评价是一个复杂的过程，因此其中的每一个步骤都会涉及不确定性。不确定性的产生是因为缺乏对某些因素（如污染水平或不良反应）的了解。不确定性讨论是对整个风险评估过程以及每个步骤不确定性的讨论，是风险特征描述的重要方面，也是风险评估过程中的重要步骤。

风险评估过程中最大的问题是数据不足，因此需要对未知数进行假设和推测，而假设和推测是否合理是评估不确定性的来源，也是关系到风险特征分析准确与否的关键。目前，对风险评估中不确定性的描述并没有统一模式，但是在进行风险评估的过程中，必须对可能存在的不确定性进行分析。其中应包含评估过程存在哪些不确定性，这些不确定性是如何产生的，对评估结果造成何种影响。对不确定性的讨论需要包括所用数据的质量和数量、化学物数据库的缺失、检测数据的质量、假设的使用、生物学现象的不完全理解、解决信息缺失所使用的科学判断或科学政策立场。在风险评估过程中所使用的来源不同的信息的不确定性类型不同，信息的差异及信息来源的差异是关键。另外，风险评估过程包含数据的收集，不确定性分析应讨论哪些数据可能对不确定性产生显著的影响。具体有以下几方面：①测量不确定性。在采样和检测过程中，由于实验方法和仪器的问题，会产生实验误差，导致测量不确定性。②污染物的准确定量困难。环境是复杂并且不断变化的，在评价过程中往往对此认识不足或难以准确定量。③种属外推合理性。目前，很多污染物对人造成何种程度的不良效应是由动物实验外推得来的，动物与人体存在一定的差别，因此该步骤也存在不确定性。④人群自身条件变化。随着时间的推移，人群的年龄结构、生活方式以及行为模式都会发生变化，造成不确定性。⑤相关模型的不确定性。在有些污染物的评价过程中，需要利用模型计算，这些模型自身存在一定的不确定性。⑥数据量不足。在风险评估中，需要对数据是否足以支撑结论进行描述。⑦评估过程中提出的假设。由于数据条件有限，在评估过程中可能需要提出一些假设，这些假设会带来不确定性。

除上述对不确定性的定性描述外，为了降低评估无法避免的不确定性，可以用数值分析方法——蒙特卡罗模拟法对不确定性进行描述。蒙特卡罗模拟法又称随机模拟法，是针对某一假设环境条件与过程，将各种情境复制呈现的方法，在已知的流程框架下，由参数的变化就可以模拟系统的反应与变化程度。蒙特卡罗模拟法多应用于产生已知或假设概率分布的随机数，并将符合特定概率分布的随机数带入模型中运算，从而得到因参数变化而出现的变异性。蒙特卡罗模拟法广泛应用于计算各种领域的风险，是预测和估算实施概率常用的方法之一。在地下水流分布、气候变化或金融交易中，都使用过蒙特卡罗模拟法解决模型中复杂的不确定性问题。在不同暴露介质下的暴露评定和风险评估模型中使用了大量数据，这些数据大都是各项研究结果的平均值或单一测量值，但是对于整个人群而言，这些参数存在一定的变异特征与概率分布，使用蒙特卡罗模拟法可以由累积分布函数描述概率性风险的分布，获得污染物可能产生风险的中位数（P50）及上限值（P95），从而评估这些参数的不确定性。在以蒙特卡罗模拟法进行评估时，建议以 P95 作为风险的估计值。

## 第三节　环境风险评价

### 一、环境风险评价概述

#### （一）环境风险及其评价的基本内涵

环境风险是指突发性事故对环境（或健康）的危害程度，其具体指由自然原因或人类活动引起的通过环境介质传播的能对人类社会及自然环境产生破坏、损害甚至毁灭性作用等不确定性或突发性事件发生的概率及其后果。一个完整的环境风险系统包括风险源、初级控制（对风险源进行控制的人为因素）和二级控制（传播风险的自然条件的控制）。环境风险可分为自然环境风险和人为环境风险。综合参考国内外文献，当前所研究的环境风险评价大多是针对人为环境风险，较少研究自然灾害的环境风险评价。

环境风险评价（ERA）有广义和狭义 2 种定义。广义上是指对人类的各种社会经济活动所引发的危害（包括自然灾害）对人体健康、社会经济、生态系统等所造成的可能的损失进行评估，并据此进行管理和决策的过程；狭义上是指对有毒有害物质（包括化学品和放射性物质）危害人体健康和生态系统的影响程度进行概率估计，并提出减小环境风险的方案和对策。环境风险评价具有复杂性、综合性和不确定性三大特点，它要对污染物性质、扩散条件和受体特质等进行多方面的分析和评价，综合应用环境毒理学、环境化学、环境污染生态学、环境地质学、环境工程、数学以及计算机科学等。由于风险评价属于预见性的工作，受到人们主观认识事物的限制，在各个环节都具有一定的模糊性，所以环境风险评价的方法多与模糊理论及概率论相结合。

## （二）国外环境风险评价的研究进展

环境风险评价兴起于20世纪70年代，迄今为止，环境风险评价研究的发展大体可以分为以下3个阶段。

第一阶段：20世纪30年代到60年代，环境风险评价处于萌芽阶段。主要采用毒物鉴定方法进行健康影响分析，以定性研究为主。

第二阶段：20世纪70年代到80年代，环境风险评价研究处于高峰期，评价体系基本形成。事故风险评价最具代表性的评价体系是美国1975年完成的《核电厂概率风险评价实施指南》，即著名的WASH-1400报告，该报告系统地建立了概率风险评价方法。健康风险评价以美国国家科学院和EPA的成果最为丰富，其中具有里程碑意义的文件是1983年美国国家科学院出版的红皮书《联邦政府的风险评价：管理程序》，提出风险评价“四步法”，这已成为环境风险评价的指导性文件，目前已被荷兰、法国、日本、中国等许多国家和国际组织所采用。

第三阶段：20世纪90年代以后，风险评价处于不断发展和完善阶段，生态风险评价逐渐成为新的研究热点，随着相关基础学科的发展，风险评价技术也不断完善，美国对20世纪80年代出台的一系列评价技术指南进行了修订和补充，同时又出台了一些新的指南和手册。其他国家，如加拿大、英国、澳大利亚等国也在20世纪90年代中期提出并开展了生态风险评价的研究工作。

目前国外环境风险评价的研究工作发展趋势是：研究热点由人体健康风险评价转移到生态风险评价，由单一污染物作用进步到考虑多种污染物的复合作用，并且不仅考虑化学污染物，还考虑到非化学因子，从评价范围上由局部环境风险发展到区域性环境风险乃至全球环境风险，生态风险不仅只考虑到生物个体和种群，还考虑到群落甚至整个生态系统，技术处理上由定性向定量方向发展。

## （三）国内环境风险评价的研究进展

我国环境风险评价研究起步较晚，但是我国政府部门对环境风险比较重视，因此，环境风险评价方法在我国逐步被实施，评价制度也逐步建立，大致经过以下几个阶段。

第一阶段：环境风险评价起始阶段。1989年3月成立了有毒化学品管理办公室，组织有毒化学品的风险评价，标志着我国正式开展环境风险评价和风险管理。我国环境风险评价的研究，以介绍国外的理论为起始，以核设施运行环境风险评价为行业试点开端。

第二阶段：环境风险评价普遍开展阶段。20世纪末我国环境风险评价开始向多领域发展，重大项目报告书中普遍开展了环境风险评价，并且对大部分含有环境风险事故的项目开始要求进行环境风险评价。同时，该阶段环境风险管理也取得了一定发展，例如，1997年国家环境保护局、农业部、化工部联合发布了《关于进一步加强对农药生产单位废水排放监督管理的通知》，其规定新建、改建、扩建生产农药的建设项目必须针对生产过程中可能产生的水污染物，特别是原料、中间体及产品可能进入废水中的特征污染物进行环境影响评价。表明风险评价是风险管理的必要阶段，风险评价应与风险管理相结合，否则，也就失去了评价的意义。

第三阶段：环境风险评价逐步完善阶段。进入 21 世纪，环境风险评价理论和方法的发展受到国家的高度重视，2004 年 12 月 11 日，国家环境保护总局发布了《建设项目环境风险评价技术导则》，对环境风险评价的目的、基本原则、程序、方法和内容都做了相关规定。2006 年 2 月，国家环境保护总局宣布对 127 个重点化工石化类项目进行环境风险排查，促使环境风险评价工作不断完善，风险管理水平不断提高。

近年来，环境风险评价向着更广泛的领域发展，目前在油气田、地下水、农田土壤、化工石油、病毒实验室、区域规划等方面都引入了环境风险评价理论，并且评价方法多种多样，层出不穷。

### （四）环境风险评价的程序

环境风险评价自出现以来，不同国家和不同机构对环境风险评价给出了不同的程序方案。Contini 提出一个 4 阶段组成的完整风险定量评价程序：①危害识别；②事故频率和后果估计；③风险计算；④风险减缓。被广泛认可的基本框架是美国国家科学院 1983 年提出，后被美国 EPA 于 1986 年采用的风险评价的“四步法”。在此基础上，Tanaka 等延伸发展了致癌风险评估、致畸风险评估、暴露评估、场地风险评估等健康风险评估的生态风险评估的内容。还有一个使用广泛的程序是 1990 年亚洲开发银行推荐的风险评价五步法：①危害识别；②危害核算；③环境途径评价；④风险表征（评价）；⑤风险管理。

## 二、环境风险评价的内容

环境风险评价包括 4 项主要内容：源项分析、事故后果分析、风险表征和风险管理。

### （一）源项分析

源项分析是环境风险评价的首要任务和基础工作。源项分析的目的是通过对评价系统进行危害识别和分析，正确筛选出最大可信事故及确定其源项，其分析的准确性与环境风险评价的质量直接相关。

源项分析分为 2 个阶段：第一步是危险的识别，即对系统进行划分，找出风险的来源，由物质危险性筛选出可能的风险评价因子，由工艺过程危险性筛选出重大危险源，确定事故类型和发生的原因。这一阶段以定性分析为主，常常用经验进行判断。第二步是进行风险事故源项分析、筛选，估算事故发生的频率，以确定最大可信事故，并确定最大可信事故的事故源项。这一阶段以定量分析为主。同时确定评价的等级、范围、时间和评价对象，其中人体健康风险的评价对象侧重社会公众，而非职业人员。

### （二）事故后果分析

事故后果分析相当于美国 EPA 推荐流程中的危害认定、剂量-效应评价和暴露量估算阶段。此阶段的目的是估算有毒有害物在环境中的迁移、扩散、浓度分布及人员（生态）受到的暴露与剂量。

危害认定是通过某种污染物的理化特性、迁移途径和人体的接触途径判断其对人体健康或生态系统产生的危害，并通过动物实验外推和流行病学研究结果确定其危害的后果。

剂量-效应评价是对有害因子暴露水平与暴露人群或生态系统中的种群、群落等出现不良效应发生率间的关系进行定量估算的过程。这种剂量-效应关系可用 2 种方式表现：①暴露于某一化学物的剂量与个体呈现某种生物反应强度之间的关系；②某一化学物的剂量与群体中出现某种反应的个体在群体中所占比例，可用百分比表示，如死亡率、肿瘤发生率等。

暴露评价重点研究人体（或其他生物）暴露于某种化学物质或物理因子条件下，对暴露量的大小、暴露频度、暴露的持续时间和暴露途径等进行测量、估算或预测的过程，是进行风险评价的定量依据。在该过程中应对接触人群（或生物）的数量、分布、活动状况、接触方式以及所有能估计到的不确定因素进行描述。

### （三）风险表征

此阶段的主要工作是给出风险的计算结果及评价范围内受体的致死率或有害效应的发生率。将最大可信事故的后果与同行业同类项目风险可接受水平进行比较，在最大可信事故的风险值高于可接受水平的情况出现时，应进行反馈，进一步确定其次的灾害事故，并进行风险值计算，直到可接受水平以内的灾害事故出现为止。

### （四）风险管理

环境风险管理是基于环境风险评价的结果，通过各种法律或者行政等手段控制或消除进入环境的危害，将这些有害因素导致的人体健康（或生态）风险减小到目前公认的可接受水平。环境风险管理的具体目标是做出相应的管理决策，而在此过程中需要集中利用风险表征、控制方法选择和非危害因素分析等方面的资料和研究结果。在对管理方案的选择中要同时对风险的可接受性和控制费用的合理性进行效益-代价分析，平衡效益和危害，得到尽可能大的效益，将危害降到最低。

此外，为了降低事故的发生概率，或是在发生事故时有充分的应对能力，遏制和控制事故扩大，需要制定好的防范措施和应急预案。防范措施应围绕建设项目本身采取，而应急预案是在贯彻预防为主的前提下，对建设项目可能出现的事故，及时控制危害源、抢救受伤人员、指导民众撤离等救援活动的预想方案，视事故的情况而划分为不同的应急响应级别。

## 三、环境风险评价的技术方法

### （一）源项分析方法

环境风险识别是在环境影响识别的基础上进一步辨识风险影响因素。首先是利用核查表或概率风险评价方法（如德尔菲法等）筛选必须开展环境风险评价的项目，源项分析是在此基础上对识别出来的影响因子进行进一步筛选。风险识别范围包括风险物质识别和生产设施风险识别。

**1. 风险物质识别**

风险物质识别首先需要确定物质的风险类型，如有毒、易燃、易爆、腐蚀性、致畸性、有害等。对于有毒、易燃、易爆物质，可参照《建设项目环境风险评价技术导则》附录 A 中的物质危险性标准来判断项目的危险程度；对于有害、腐蚀性和致畸性物质，可采用健康

危害系数 $R$ 来判断危险程度，$R$ 的计算方法由美国 EPA 提出，其公式如下：$R=D/\mathrm{RfD}\times 10^{-6}$。式中，$R$ 为有毒、有害物质健康危害终生危险系数；$D$ 为单位体重日均暴露剂量，mg/(kg·d)；RfD 为该毒物的参考剂量，mg/(kg·d)。其中参考剂量是指人群中发生有害效应的阈值，参考剂量水平相应的健康危害的风险为 $10^{-6}$。其数值可查阅美国环境保护局补救响应司（ORR）出版的《优先投资项目公众健康评价手册》提供的 RfD 值。通过对物质风险识别，可了解物质的危险程度，就能够识别出项目的主要风险物质。

**2. 生产设施风险识别**

生产设施风险识别包括主要生产装置、贮运系统、公用工程系统、工程环保设施及辅助生产设施等。生产设施风险的危害途径如下：

有毒化学物质危害：贮量→释放→浓度→照射→剂量→效应。

易燃易爆物危害：贮量→着火→压力、热量、有毒产物→照射→剂量→效应。

生产设施风险与各种物品的生产、储存的压力、浓度和数量有关，一种风险物质在生产过程产生的风险，可通过生产的全过程分解成事故树，每个过程标出参数。例如，某化工生产中以甲醇为原料，分解如下：甲醇储罐（常压，浓度 95%，常温，存量 1 000 t）→换热器（常压，浓度 95%，100 ℃，存量 0.3 t）→反应器（常压，浓度 5%，500 ℃，存量 5 t）。

（1）存量（重大危险源）分析　重大危险源识别应根据 GB 18218—2018《危险化学品重大危险源辨识》中辨识重大危险源的依据和方法，对所有重大危险源进行识别。GB 18218—2018 中规定的甲醇生产场所临界量 2 t，储存区临界量 20 t，比较后可以得出储罐和反应器均为重大危险源。

（2）温度危险性分析　温度危险性分析应考虑沸点、闪点、自燃点等。沸点是指在一定压力下，某物质的饱和蒸气压与此压力相等时对应的温度。当风险物品温度到达沸点时，液体内部和表面同时发生的剧烈汽化现象，即物质由液态转变为气态，此时发生风险物品将以气态方式存在，对外界的影响范围要比液体时大。

闪点是指在一稳定的空气环境中，可燃性液体或固体表面产生的蒸气在试验火焰作用下被闪燃时的最低温度。高于闪点时风险物品容易发生火灾，进而引起大量泄漏。

自燃点是指在规定的条件下，可燃物质产生自燃的最低温度是该物质的自燃点。当工艺条件达到自燃点时风险物品容易发生火灾，进而引起大量泄漏。

通过对全过程的温度分析，可以判别出危险的单元。如上述例子中，甲醇是一种无色、透明、易燃、易挥发的有毒液体，略有酒精气味，分子量 32.04，相对密度 0.792 ℃，熔点 −97.8 ℃，沸点 64.5 ℃，闪点 12.22 ℃，自燃点 463.89 ℃，蒸气相对密度 1.11，蒸气压 13.33 kPa，蒸气与空气混合物爆炸下限 6%～36.5%。对照工艺过程，储罐温度低于沸点，高于闪点，泄漏后会发生火灾；换热器温度高于沸点，甲醇以蒸气形式存在，容易泄漏；反应器温度高于自燃点，在有氧时会燃烧；从温度上可以判断反应器的风险最高。

（3）浓度和压力危险性分析　浓度和压力危险性分析主要应考虑爆炸极限和饱和蒸气压。

爆炸极限是指可燃物质（可燃气体、蒸气和粉尘）与空气（或氧气）必须在一定的浓度范围内均匀混合，形成预混气，遇到火源才会发生爆炸，这个浓度范围称为爆炸极限，或爆炸浓度极限。风险物质浓度在该范围时容易爆炸，并将爆炸产物和该物质扩散到周围环境。

饱和蒸气压是在一定温度下与液体或固体处于相平衡的蒸气所具有的压力。同一物质在不同温度下有不同的蒸气压，并随着温度的升高而增大。饱和蒸气压可以表征在发生泄漏时周围空气中风险物质的浓度和数量。

上述例子中甲醇的蒸气压为 13.33 kPa，甲醇蒸气与空气混合物爆炸下限为 6%～36.5%，反应器中浓度略低于爆炸极限，其他过程中则差距较大，其自身爆炸风险不是关键问题，但储罐区和换热器发生泄漏后产生的混合气体会发生爆炸。

通过对工艺全过程的分析可以得出，储罐区和反应器储量为重大风险源：储罐温度低于甲醇沸点、高于闪点，泄漏后会发生火灾；换热器温度高于甲醇沸点，甲醇以蒸气形式存在，容易泄漏；反应器温度高于自燃点，在有氧时会燃烧；从温度上可以判断反应器的风险最高。此外，储罐区和换热器存在泄漏后爆炸的风险。综合判断，储罐区发生泄漏后存在较大风险，反应器在工作过程中有较大风险。

### （二）事故后果分析方法

事故后果分析包括危害认定、剂量-效应评价和暴露评价。

危害认定一般是通过代谢与药代动力学实验、长短期动物实验以及人类流行病学研究来认定污染物对人体的危害，通过环境监测来认定污染物对环境的危害。

剂量-效应评价是在各种调查和实验资料的基础上估算得到的，由于生态风险系统复杂，公认的研究资料还很少，在健康风险评价中的评估方法是无阈效应（如致癌）和有阈效应（如非致癌）。在无阈效应中，利用低剂量模式评估人群暴露水平上所致的危险概率，常用到的低剂量外推模型有对数-正态模型、威布尔模型、单击模型、多阶段模型和线性多阶段模型等；在有阈效应中，计算参考剂量 RfD，当低于此剂量时不会发生有害效应。

暴露评价在条件允许的情况下可以直接测定，但通常是根据污染物的排放和迁移转化等使用一定的数学模型进行估算。在评价中常常需考虑过去和将来的暴露情况，对于未来暴露量的估算可依据未来条件的模型进行计算，对过去暴露量的估算根据测定结果或模型所计算的过去浓度或测定的化学物浓度进行。

### （三）风险表征方法

在风险表征时常用到商值法和外推法。商值法是设定一个参照浓度指标（基准值、环境质量标准值、$LC_{50}$等），与估计的环境浓度进行比较，超过参照浓度的部分被认为具有潜在风险，这种方法简单粗略；外推法有 3 种表征：个人最大超额风险、人群超额病例数和可接受暴露限。

### （四）区域环境风险评价方法

区域环境风险评价是在单个风险因素评价的基础上，对单个评价结果加权处理和合理叠加得到的区域风险度。评价的风险因素受到区域开发性质和类型、环保目标和标准、敏感目标的影响，各风险因素的评价和综合评价的方法有所不同。目前的主要方法有逻辑分析法、综合评价法和模糊数学法等。

**1. 逻辑分析法**

将层次分析方法（analytic hierarchy process，AHP）和故障树及事故树等逻辑分析方法用于区域环境风险评价中，分析事故源项，取各风险因素的风险“相对大小”，即衡量对区域综合风险的“贡献”。故障树分析法就是采用逻辑推导的方法，形象地进行危险的分析工作，特点是直观明了、思路清晰，能对事故进行定性和定量分析，查明哪些危险因素对系统的安全有较大的影响，还可以进一步对系统进行安全评价。事故树分析法能够全面描述事故发生的原因及其逻辑关系。例如，用事故树分析法进行炼厂油罐爆炸事故的环境风险评价，论述风险、风险评价、环境风险评价的概念及其主要内容，说明利用事故树分析法进行工程环境风险评价的程序和方法，并对炼厂油罐爆炸事故进行了大气环境风险评价。针对煤气事故发生特点，采用事故树分析法对其进行环境风险评价，根据基本事件的重要性，比较分析事故的预防重点，并提出相应的防控措施和应急预案。

**2. 模糊数学法**

区域环境风险涉及复杂的因果关系，往往用精确的方法难以解决，风险在大与小之间没有明显的界线，模糊数学法恰恰能够表达这种差异的中间过渡性，较为客观地刻画出风险的大小。杨晓松和谢波对综合指数评估法和模糊数学评估法进行了对比分析。薛鹏丽和曾维华从环境风险受体敏感性和适应力两方面构建了脆弱性概念模型和评价指标体系。潘长波应用模糊评价法进行了环境风险评价研究，用模糊集理论进行风险评价是环境风险评价方法的一个发展方向。

**3. 综合评价法**

20 世纪 90 年代后期以来，一些学者认识到健康风险评价和事故风险评价的孤立发展带来的缺憾，提出应采用“综合风险评价”。定义其为“基于科学的方法，在一个评价下统一对人类、生物区和自然资源进行风险评估的过程”。王玉秀和常艳君提出了对主要风险因素评估结果进行综合的方法，对无量纲或同一量纲的数值进行综合，对危险累积或危险分布图进行拟合和叠图，从而得到区域环境风险综合指数，以表征区域风险大小。郑淼基于层次分析法-模糊综合评价建立了化工项目环境风险评价体系。蒋文燕等提出了基于模糊层次分析法的指标权重确定方法和基于模糊隶属度的指标风险水平确定方法，计算化工企业环境风险综合评价值，判定风险等级。王亚男和李磊建立了突发性环境污染事故风险评价指标体系，运用模糊综合评价方法，确定了该企业的突发性环境污染事故风险等级。

**4. 信息扩散法**

信息扩散法主要是针对实际评价中可能出现的信息不足的问题，通过集值化模糊数学处理优化利用样本模糊信息的一种评价方法，目前在环境风险评价中已有比较广泛的应用，使用该方法开展环境风险评价主要包括 5 个步骤：评价区域网格化、构建子风险信息矩阵、数值修正、风险值叠加和环境风险分区。针对区域环境风险评价信息相对缺乏、风险因素多、风险叠加难度大等特点，谢元博等应用信息扩散法对广州南沙地区现有及规划风险源进行综合评价，解决评价信息不足的问题。

## （五）环境风险管理方法

环境风险管理就是提出减缓或控制环境风险的措施或决策，既要满足人类活动的基本需要，又要不超过当前社会对环境风险的接受水平。其包括三个方面的内容：①提出减缓或控制环境风险的措施或决策。实质就是采用技术、经济、法律、教育、政策和行政等各种手段对人类的行动实施控制性的影响，使人们按生态规律、自然规律和经济规律办事。②人类的需要应与环境相协调。人类的需要又必须与社会发展水平相协调，包括对自然资源、环境资源的合理利用，因此，人类活动的基本需要必须满足与环境的协调关系。③以环境风险制约人类的活动。不存在没有风险的活动，人类要生存、要发展就必须承担环境风险。但是环境风险的可接受性又与多种因素有关，不仅包括技术的、经济的、政治的因素，还包括心理的和社会的因素。因此，在制订人类活动方案时要充分考虑各种可能产生环境风险的因素。

环境风险是可以预测的，也是可以控制的，控制措施有以下几种：①减轻环境风险，通过改革生产工艺或改造生产设备，使环境风险降低。②转移环境风险，如利用迁移厂址、迁出居民等措施，使环境风险转移。③替代环境风险，通过改变生产原料或改变产品品种，可以变为另一种较小的环境风险。④避免环境风险，要想真正避免某一环境风险，只有关闭造成这一环境风险的工厂或生产线。

不同行业、不同类型的工厂发生事故的隐患和性质都是不同的，因此，预防事故发生的措施也不同，但总的来说，包括设备和管理两个方面。事故发生后的危害度也与工厂的性质有关。应急计划与工厂的性质有关，一般包括以下内容：建立事故应急组织和抢险救灾的专业队伍；配备必要的防护器具和药品；加强技术培训；应急通信联络；事故后果评价；应急监测；应急安全、保卫；应急医学救援；加强对污染突发事件应急的安全知识教育，提高环境意识；建立事故报警系统，及时发现、处理，及时做好补救工作。

## 思考题

1. 阐述污染土壤生态风险评价程序，请举例说明。
2. 阐述污染土壤健康风险评价程序，请举例说明。
3. 阐述污染土壤环境风险评价程序，请举例说明。

# 第五章　污染土壤物理修复技术

## 第一节　物理修复技术定义及特点

污染土壤物理修复是指采用物理方法进行调节或控制，使污染土壤的物理性状改变，即将污染物与土壤分离，或者将土壤中的污染物转化为低毒或无毒物，从而使土壤中的污染物得到有效控制的物理修复过程。污染土壤物理修复技术适用于大多数污染物，修复效果较稳定、彻底，是一种常用的、治本的土壤修复措施。但其费时费力，修复成本高，易使土壤肥力降低，较适用于小面积的重度土壤污染区。

针对场地土壤有机物污染的主要物理修复手段是热处理，常用的包括土壤蒸汽抽提技术、热脱附技术、超声/微波加热技术等；针对场地土壤重金属污染的主要物理修复手段是固化/稳定化技术、热脱附技术、玻璃化技术以及换土法等；电动力修复技术适用于场地土壤重金属和有机污染物的修复。这些技术根据修复实施场地的不同，又可分为原位修复和异位修复。

## 第二节　物理修复技术及应用

### 一、土壤蒸汽抽提技术

土壤蒸汽抽提（soil vapor extraction，SVE）技术是一种针对挥发性和某些半挥发性污染物的土壤原位修复技术。自 20 世纪 80 年代美国研发了蒸汽抽提技术以来，该技术广泛应用于挥发性/半挥发性有机物污染土壤的修复。SVE 也被称为“土壤通风”或“真空抽提”，是一种土壤原位修复技术。因其对挥发性/半挥发性有机物污染的土壤及地下水治理的有效性、经济性和环境友好性，20 世纪 80 年代被 EPA 列为“革命性技术”并大力倡导应用。

**1. 技术原理**

有机污染物进入土壤/沉积物多孔介质后的迁移转化途径包括：①微生物和化学降解；②吸附与解吸；③通过多孔介质迁移到地下和地表水体；④动植物吸收及降解；⑤通过孔隙气体交换迁移到大气中。土壤蒸汽抽提技术基于多孔介质孔隙气体与大气的交换，在污染土壤内引入清洁空气产生驱动力，利用土壤固相、液相和气相之间的浓度梯度，在气压降低的情况下，将其转化为气态的污染物排出土壤外。土壤蒸汽抽提利用真空泵产生负压驱使蒸汽流过污染的土壤孔隙而解吸并夹带有机组分流向抽气井，最终于地上进行处理。为增加压力梯度和蒸汽流速，很多情况下同时向污染土壤/沉积物中注入蒸汽和从该区域抽出孔隙气体，如图 5-1 所示。

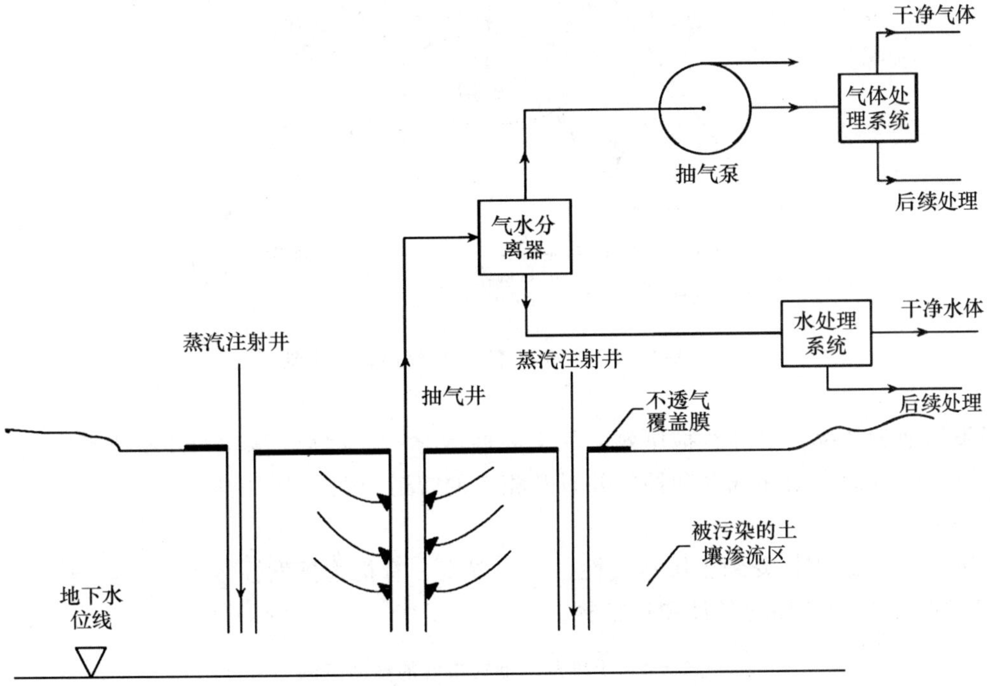


图 5-1　土壤蒸汽抽提技术（SVE）的原理示意图

**2. 影响因素**

SVE 技术对土壤中 VOCs/SVOCs 的去除主要受以下物理化学过程控制：污染物气体在大孔隙或中孔隙的水平层流迁移、VOCs/SVOCs 从微孔隙向中孔隙或大孔隙的扩散、挥发过程、吸附解吸、生物降解以及扩散作用过程。VOCs 在高度异质土壤/沉积物多孔介质污染区域的赋存形态和迁移转化过程：①以气态形式存在于孔隙中；②以非水相液态形式存在于土壤颗粒间的毛细管孔隙中；③以溶解态形式存在于孔隙水中；④以吸附态形式存在于矿物颗粒表面及有机质中。在注气和抽气过程中，VOCs/SVOCs 通过层流、挥发、解吸、扩散等过程，随孔隙气体迁移到地表。图 5-2 阐释了 VOCs/SVOCs 在土壤/沉积物中赋存形态和迁移转化受多孔介质性质和污染物性质的影响，其中 $c_a$、$c_w$ 和 $c_s$ 分别代表 VOCs 在气相、液相和固相中的分配浓度，$K_H$ 代表亨利常数，$K_p$ 代表固-气两相分配常数，$K_d$ 代表固-液两相分配常数，$\rho_b$ 代表土壤容重。因此，SVE 技术的修复效果受到一些因素的影响和制约，主要包括有机污染物的饱和蒸气压、环境温度、抽气速率、土壤通气性、土壤湿度以及土壤有机质含量等。

此外，土壤结构和分层是影响 SVE 技术修复效果的重要因素。如果修复区域内含有砾石层或裂隙，在抽气过程中，气体会优先沿着孔隙较大的砾石层或裂隙运动，而不流经修复区域大部分的土壤孔隙，即产生优先流现象。优先流的产生会极大地降低 SVE 技术修复有

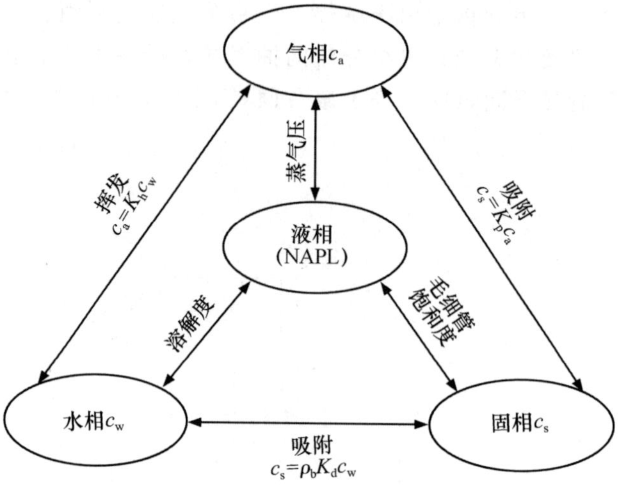


图 5-2　VOCs 在土壤/沉积物中转化过程

机物污染场地的效率，是导致拖尾效应的主要原因之一。因此，采用 SVE 技术修复类似区域时，科学合理地布设注气井和抽气井以及相应的管道至关重要。

**3. 适用范围**

SVE 技术的适用性受到土壤透气性、土壤湿度、有机物挥发性等因素的影响，表 5-1 归纳了 SVE 技术适用的场地条件和污染物。

表 5-1　土壤蒸汽抽提技术的适用范围

| 项目 | 参数 | 一般适用于 | 一般不适用于 |
| --- | --- | --- | --- |
| 污染物 | 主要形态 | 气态或蒸发态 | 固态或强吸收态 |
| | 蒸气压(20 ℃)/Pa | $>1.33\times10^4$ | $<1.33\times10^3$ |
| | 溶解度/(mg/L) | <100 | >1 000 |
| | 亨利常数 | >0.01 | <0.01 |
| 土壤 | 温度/℃ | > 20 | <10 |
| | 相对湿度/% | <10 | >10 |
| | 空气传导率/(cm/s) | $>10^{-4}$ | $<10^{-6}$ |
| | 组成 | 均匀 | 不均匀 |
| | 地下水深度/m | >3 | <0.9 |

SVE 技术在欧美地区已有许多实践经验，在场地修复应用中，SVE 系统涉及的污染土壤深度范围为 1.5～90 m，主要应用于处理 VOCs、燃料油的土壤污染。一般要求有机污染物的亨利常数大于 0.01 或蒸气压大于 0.5 mmHg（≈66.7 Pa）。在实际应用中，可以通过地表铺设土工膜，避免短路，增加抽提井的影响半径。SVE 技术不能单独使污染物浓度降到很低，有时需要有后续的其他修复技术补充，如微生物降解修复等。

SVE 技术不能去除重油、PCBs 或二噁英，但对于低挥发性有机污染物可以通过气体的流动，改善其微生物原位修复的条件，因而，SVE 技术也有一定的作用。表 5-2 列出了 SVE 技术应用的优缺点。当土壤细粒物质含量大，含水率高时，需要增大抽真空的压力，增加了修复费用；当土壤有机质含量高或极度干燥时，其对有机物的吸附容量增大，则会降低 SVE 技术的去除率。

**表 5-2　SVE 技术应用的优缺点**

| 优点 | 特点 |
| --- | --- |
| 设备简单，易于安装操作 | 将污染物浓度降低 90%以上较为困难 |
| 对现有环境破坏小 | 对低渗透性土壤和非均质介质的效果不确定 |
| 修复时间短，在适宜条件下少于 2 年 | 对抽出的污染气体需进行后续处理 |
| 修复费用低廉，一般为 20～50 美元/t | 只能对非饱和区域土壤进行处理 |
| 易于和其他修复技术联合使用 | |
| 可以在建筑物下面操作，而不破坏地上建筑物 | |

**4. 应用实例**

国际上对 SVE 技术的去污机理以及影响因素、模拟模型都进行了较为系统的研究，而且在许多污染场所进行了实践应用，取得了较好的处理效果。我国开展 SVE 技术研究相对较晚，但已有实践应用的报道。

王慧玲等报道了 SVE 技术对化工厂搬迁遗留场地中苯系物的修复效果。修复试验场地位于北京市某化工厂内，在化工厂的粗苯车间附近，占地面积约 1 000 $m^2$。粗苯车间建立于 20 世纪 60 年代，主要有洗萘、脱苯等工艺。试验场地为已运行 40 余年的粗苯车间用地，由于长期生产排放以及泄漏等原因，试验场地内的土壤普遍被污染，特征污染物为挥发性有机化合物（主要为苯、甲苯、乙苯、二甲苯等）、半挥发性有机化合物（主要为多环芳烃）。污染最严重的土层为地面下 4～6 m 的粉砂以及 8～10 m 的粉质黏土和细砂层，土壤中 VOCs 的浓度最高可达 1 000 mg/kg。

试验场地地形基本平坦，地面标高在 31 m 左右。地面下 2.0 m 内以房渣土和粉土填土为主，土层透气性差异较大；地面下 2.0～7.5 m 主要为粉土和粉砂，呈非饱和状态，透气性相对较强；7.5～8.5 m 主要为粉质黏土，透气性差；地面下 8.5～18.0 m 为细砂层，透气性及透水性均较强。试验场地地面下 18 m 深度内主要分布 1 层地下水，该层地下水赋存于细砂层中，水位埋深在 13 m 左右，静止水位标高为 18 m 左右，地下水类型为潜水。场地地面下 7.5 m 内的粉土和粉砂层在丰水季节或年份也可赋存地下水。

根据污染物分布特征和场地土层分布条件，试验场地内布设 8 m 深抽气井 1 眼、监测井 5 眼，井径 75 mm、过滤管长度为 4 m，主要针对 4.0～7.5 m 内非饱和的粉土和粉砂层进行设置。同时还布设 10 m 深抽气井 1 眼、观测井 3 眼，井径 75 mm、过滤管长度为 2 m，针对 8.5 m 以下的细砂层。在考察气相抽提真空度、气体抽排流量、空气渗透率及温度变化等对污染物去除效果的影响基础上，得知抽提真空度存在最优值（试验场地在 30 kPa 左右），在该值附近，抽取的气体流量最大（流量为 13.5 $m^3/h$）；抽出气体的污染物浓度及去污速率随流量增大而提高，在不考虑污染物由土壤中迁移过程的限制时，去污速率基本正比于抽气流量；土壤的透气性越强，气相抽提的影响半径越大，抽气流量以及去除污染物的速率也越高；抽出气体的污染物浓度及去除速率总体随温度的升高而增大。土壤内的气体总量有限，在抽提一段时间后，土壤气体需要恢复。故 SVE 系统宜采用间歇性的运行方式，每次抽气时间及两次抽气的时间间隔需通过多井联抽试验来确定。

## 二、热脱附技术

热脱附（thermal desorption）技术最先被应用于美国海军储油库的污染土壤修复项目。随着经验的不断积累，美国 EPA 于 1985 年首次将热脱附技术采纳为一项可行的土壤环境修复技术。经过 25 年的发展，该技术已经被成功地运用于众多的环境修复项目当中，其中包括了数百个 EPA 指导下的土壤以及地下水修复超级基金项目。至今，热脱附技术在美国、加拿大等西方发达国家已经发展成商业化的成熟技术。

**1. 技术原理**

热脱附技术是指在真空条件下或通入载气时，通过直接或间接热交换，将土壤中的有机污染物加热到足够的温度，以使有机污染物从污染介质上得以挥发或分离，并进入气体处理系统的过程。

**2. 工艺流程**

热脱附技术通常包括土壤预处理、旋转炉热处理及出口气体处理等 3 个阶段。根据进料方式不同可分为连续进料式和间歇进料式两大类，其中连续进料式按加热方式又进一步分为直接加热式（如回转窑）和间接加热式（回转窑和螺旋输送器一体化），间歇进料式也可分异位和原位修复，原位修复指原料就地处理，处理前不需要开挖土壤。根据热修复设备的可移动性又可分为固定式热脱附系统和移动式热脱附系统，其中间接加热移动式热脱附系统由于灵活性较强、处理量大（25 t/h 以上）和对有机物的去除率可达 99%以上的特点而备受青睐。

热脱附系统主体设备由如下几个部分组成：进料系统、处理系统、控制室和附属装置，其中处理系统和控制系统是核心部分。热脱附处理的典型工艺流程如图 5-3 所示。

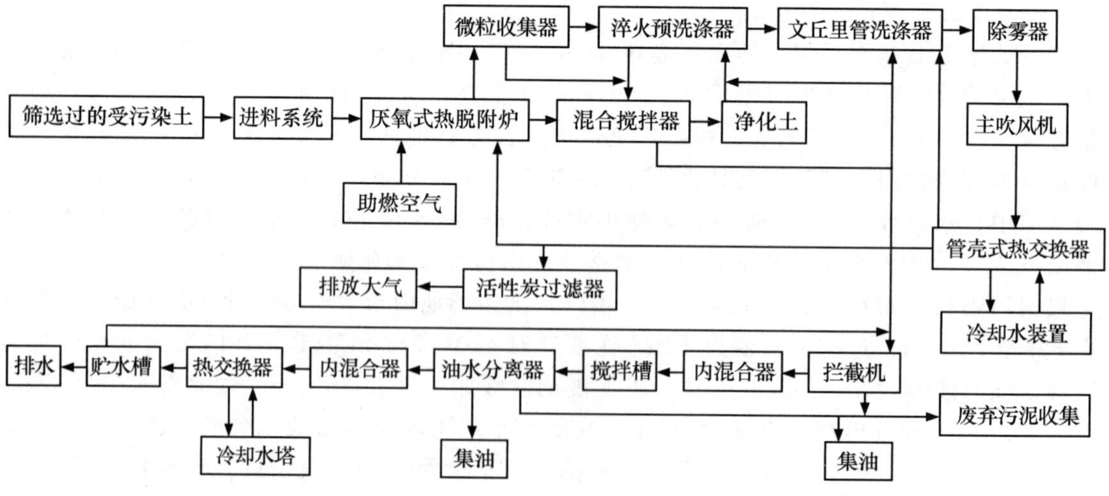


**图 5-3　土壤热脱附处理工艺流程**

将污染土壤从原地块挖掘出来，经矿石筛选后通过传送带送往厌氧式热脱附炉进行热脱附，加热燃料采用丙烷气、天然气或＃2 柴油与助燃空气混合后通入热脱附炉，热量通过一系列的燃烧器提供给厌氧式热脱附炉，炉有两个膛，燃烧气体加热旋转解吸炉外部，通过圆筒壁传热给炉内土壤。燃烧气体不能进入厌氧式热脱附炉内部接触原料，通过两个堆栈直接排入大气。采用间接加热可以大大降低要处理的气体量。

处理后的高温土壤经由一个耐高温螺旋输送机通过双重倾翻阀（气塞）离开厌氧式热脱附炉。该气塞确保维持厌氧式热脱附炉内部的厌氧条件。经过热脱附处理后，土壤从炉内排到混合搅拌器。土壤在混合搅拌器内与水结合，以防止扬尘，加速冷却，同时保护设备和人员。接着螺旋输送机把冷却了的土壤转移到存储区域。

过程气体离开厌氧式热脱附炉时通常为 430～540 ℃。废气流速可达到 30～40 $m^3$/min。气体通过一个机械收集器离开厌氧式热脱附炉时可以去除 50％～60％的灰尘，所收集的灰尘通过空气密封阀进入土壤冷却系统而被去除。气体经过机械采集器后，再经过预洗涤器，用水冲刷以降低温度，并去除大部分油及其余的颗粒物质。此时高温气体温度降低到低于 90 ℃，再通过文丘里管洗涤器进一步洗刷，温度可低于 55 ℃，残留颗粒物几乎全部被去除。为了提高去除效率，必须在文丘里管洗涤器后面设一个除雾器。在低于 55 ℃的温度范围内，所有的碳氢气体和挥发性重金属气体已经被浓缩出来。最后用活性炭、生物过滤器或在厌氧式热脱附炉内热氧化去除挥发性冷凝物中存在的气体。

水处理装置设计用于分离过程中的油-水-固态混合物，物料从蒸汽回收单元出来后有三个独立流，即油，水和固体，为进一步在洗涤系统中利用冷却工艺用水。流程中的混合物在进入油水分离器进行更精细的分离之前先经过一个拦截机的初级分离，污泥和油分别进行收集，然后将混合物输送到搅拌槽进行混合，再经油水分离器将油、污泥、水分开，再次对污泥和油分别进行收集，将处理水经内混合器混合后送入下一个处理单元，最后通过热交换器将处理水中的热量吸收掉，一部分直接排放，一部分作为工业循环水用作洗涤蒸汽与土壤混合。

**3. 技术特点及适用范围**

热脱附是将污染物从一相转化为另一相的物理分离过程，在修复过程中并不出现对有机污染物的破坏作用。通过控制热脱附系统的温度和污染土壤停留时间有选择地使污染物得以挥发，并不发生氧化、分解等化学反应。根据温度的不同，传统热脱附可分为低温脱附（90～320 ℃）和高温脱附（320～560 ℃）。此技术具有污染物处理范围宽、设备可移动、修复后土壤可再利用等优点，特别是对 PCBs 等含氯有机污染物，非氧化燃烧的处理方式可以显著减少二噁英的生成。同样，热脱附技术还能使土壤中的挥发性重金属元素，如 Hg、As 等受热挥发，再利用系统的真空负压或者载气将挥发态重金属收集起来，从而达到去除土壤中重金属的目的。另外，热解吸修复技术对于处理一些突发性的有机污染环境事故，如由于意外泄漏、倾倒而发生的突发性土壤污染事故的应急修复，也将是一种不可替代的选用技术方案。

热脱附技术已被成功用于下列污染物相关的污染场地修复项目中：多环芳烃、其他非卤代半挥发性有机物、苯系物、其他非卤代挥发性有机物、有机农药和除草剂、其他卤代半挥发性有机物、卤代挥发性有机物、多氯联苯。热脱附技术的主要适用范围是半挥发性和挥发性的有机污染物，包括多环芳烃、有机农药和杀虫剂、多氯联苯等。

**4. 应用实例**

目前，传统热脱附技术主要为滚筒式热脱附，新兴热脱附技术包括流化床式热脱附、微波热脱附和远红外线热脱附。目前，欧美国家对热脱附处理污染土壤的研究较为深入，在我国仍处于起步阶段。国内大型环保公司正在努力研发异位热脱附处理设备，但是能够真正有效地运用于土壤修复的还相对较少。

胡孙等运用南京中船绿洲环保有限公司自主研发的 SRO2A 异位热脱附设备，对镇江某化工搬迁遗留场地土壤中的有机污染物和汞进行了中试修复实验。该热脱附系统由进料斗、计量料秤、进料输送机、一级脱附室、二级脱附室、出料输送机、燃烧室、烟气风机、喷淋罐、除雾罐、活性炭吸附装置、循环水箱、空气冷却器等组成，具体的系统原理见图 5-4。

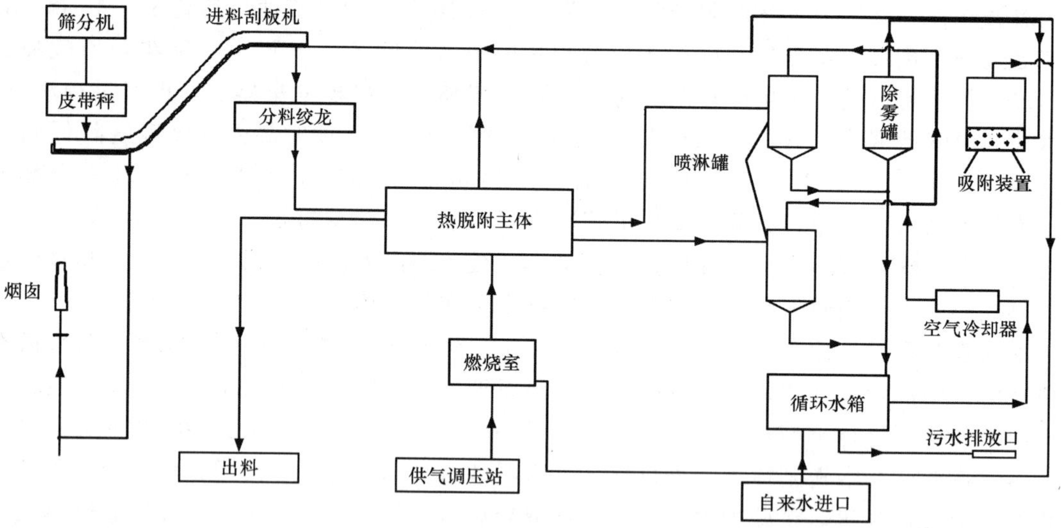


**图 5-4 热脱附系统原理**

（1）热脱附设备组成及其功能

①预处理设备　包括调节土壤含水率和筛分 2 部分。调节土壤含水率是通过挖掘机拌和生石灰，使土壤由块状变成散状，同时黏度降低，有利于后续处理。然后采用特制的滚筒筛分机对预处理之后的土壤进行筛分，去除大石块和垃圾杂物，使土壤呈现散状，方便土壤进入热脱附设备进行热处理。

②进料设备　由进料斗、皮带称重机、刮板输送机构成。预处理后的土壤用装载机投入进料斗，通过皮带秤控制进料量，由刮板机提升至热脱附系统进料口。为了充分利用高温烟气的余热，本设备在刮板机中设置了烟道，可以使排出的烟气对土壤进行预热，实现能量的充分利用。

③热脱附本体　由燃烧室、一级热脱附室、二级热脱附室、气锁、烟气风机、烟囱等组成。该燃烧室主要通过燃烧天然气对整个设备进行加热，而一级热脱附室以及二级热脱附室主要通过吸收燃烧室产生的热量对土壤进行加热处理。

④热脱附出料设备　由一台螺旋输送机及除尘加湿喷淋管路组成，通过该设备处理后的土壤运输到指定区域。

⑤混合蒸汽处理设备　由喷淋塔、除雾塔、活性炭吸附罐、引风机、循环水箱、循环水

空冷机及配套管路阀件组成，该设备主要是对热脱附室产生的混合蒸汽进行循环喷淋冷却处理。

⑥电控系统　为整套系统的控制核心，可实现对电磁阀、电动阀、电机、水泵、燃烧器等执行器件的准确控制，以及对设备温度、压力、流量等运行参数的实时监控与记录。系统由设在集装箱的总控室、各现场控制柜、各测量仪表、传感器及连接电缆构成。

(2) 处理方法及过程　SRO2A 异位热脱附系统基本操作流程：预处理—启动—升温—进料—调温—控温—出料—停止—降温。控温和调温点位于二级脱附室靠近出口部位，隔着钢板外壳的温度传感器采到的温度，该温度并不是直接的土壤温度，需要通过试烧过程摸索传感器温度和出料取样口温度的对应关系。

预处理工序包括：土壤开挖、转运至料场、添加少量生石灰调节含水率、筛分去除大石块。热脱附系统启动升温 2 h，调温 0.5 h，在温度达到实验要求之后，依次进入需要处理的不同物料。进料 30 min 后，设备内前一种物料绝大部分被排出，最大程度上避免几种不同土壤之间的相互影响。之后进入控温阶段，在控温阶段采集出土样品。4 种物料在一个工况点完成实验后，调温到下一个工况点，再进行切换物料控温采样等操作循环。每种物料的每个工况点实验用时为 1.5 h 左右，实验结束后停止及降温 2 h。

(3) 污染场地的基本情况　中试场地位于风险控制区东侧，占地面积 100 m×100 m，四周设置围挡，分试样土壤暂存区、预处理区、异位热脱附设备区、出土待检区和备用区。土壤暂存区、预处理区和设备区场地用素混凝土硬化，在土壤暂存区和预处理区西侧设置了污水暂存池，热脱附产生的污水排放到暂存池后交由统一的污水处理设备处理。该中试场地布置见图 5-5。

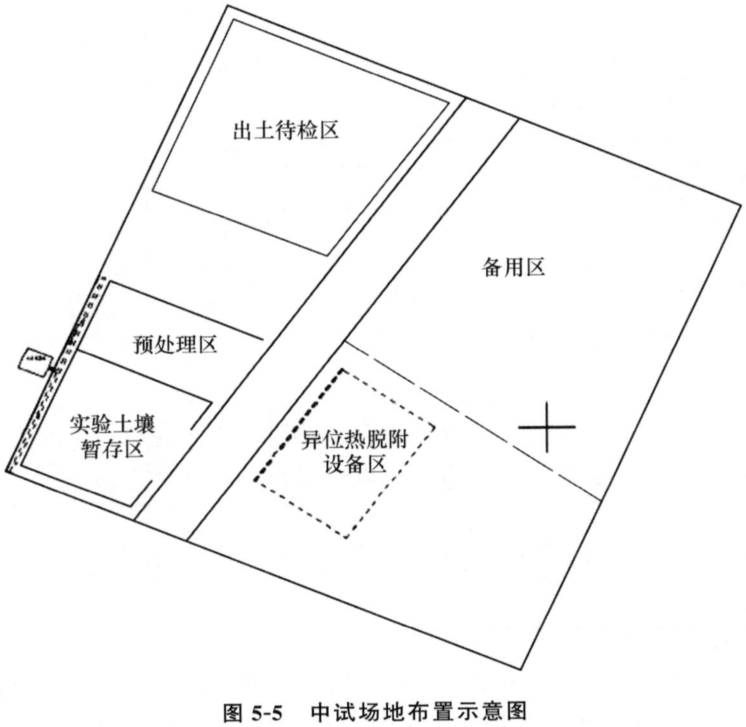


**图 5-5　中试场地布置示意图**

中试采用的土样为某化工搬迁遗留污染场地中的开挖土壤，该土壤中的主要污染物是VOCs、SVOCs、PAHs、Hg等，本项目主要修复地块中的A、B、C、D 4个修复区，总土方量为400 $m^3$。选取4个不同的修复区作为本次的研究对象，一方面是由于该4个修复区污染物的浓度具有差异性，对不同浓度的有机污染物进行研究可以更好地反映出该设备对整个场地土壤修复状况；另一方面采取多区域进行修复实验可以避免单一研究某一区域所造成的误差，使得实验结果具有代表性。通过前期的场地调查研究报告发现整个污染场土壤中污染物主要为氯苯、DDT、六六六、PAHs等有机污染物，个别区域重金属Hg也存在一定的超标现象。

（4）温度对热脱附处理效果的影响　对于不同出土温度下，土壤中的有机污染物整体上随着温度的上升而逐渐下降，这主要由于温度上升导致有机污染物从土壤中挥发出来，使其在土壤中的含量降低，如表5-3所示。

**表5-3　不同出土温度土壤有机污染物含量**

| 地块 | 项目 | 1,3-二氯苯 | 1,4-二氯苯 | 六氯苯 | $\alpha$-HCH | $\beta$-HCH | $o,p$-DDT | $p,p$-DDT |
|---|---|---|---|---|---|---|---|---|
| | 目标值/(mg/kg) | 27 | 150 | 0.3 | 0.08 | 0.27 | 1.7 | 1.7 |
| A地块 | $c_0$ | 2.37 | 10.14 | 0.44 | 9.54 | 13.34 | 5.06 | 4.93 |
| | 200 ℃ | 0.33 | 0.98 | 0.14 | 2.39 | 5.11 | 1.43 | 1.58 |
| | 250 ℃ | 0.35 | 0.66 | 0.13 | 2.8 | 4.43 | 0.67 | 0.35 |
| | 300 ℃ | 0.57 | 1.25 | 0.091 | 2.21 | 3 | 0.22 | 0.31 |
| | 350 ℃ | 0.14 | 1.17 | 0.04 | 0.02 | 0.21 | 0.18 | 0.15 |
| B地块 | $c_0$ | 6.8 | 38.1 | 0.84 | 5.11 | 38.38 | 1.42 | 1.28 |
| | 200 ℃ | 4.41 | 7.47 | 0.46 | 1.44 | 24.65 | 1.06 | 0.97 |
| | 250 ℃ | 6.55 | 10.5 | 0.38 | 1.21 | 9.4 | 0.91 | 0.6 |
| | 300 ℃ | 1.39 | 3.23 | 0.31 | 1.2 | 6.02 | 0.46 | 0.42 |
| | 350 ℃ | 0.71 | 1.61 | 0.1 | 0.07 | 0.2 | 0.25 | 0.32 |
| C地块 | $c_0$ | 26.57 | 99.61 | 3.17 | 31.39 | 75.37 | 39.07 | 40.12 |
| | 200 ℃ | 19.67 | 55.46 | 3.02 | 12.2 | 70.85 | 11.11 | 10.75 |
| | 250 ℃ | 18.58 | 35.15 | 2.39 | 7.36 | 61.31 | 3.1 | 2.66 |
| | 300 ℃ | 18.11 | 27.88 | 2.03 | 7.95 | 36.8 | 3.1 | 2.8 |
| | 350 ℃ | 7.38 | 23.35 | 0.29 | 0.07 | 0.18 | 0.68 | 0.65 |
| D地块 | $c_0$ | 3.3 | 11.46 | 1.5 | 23.91 | 71.65 | 35.36 | 34.73 |
| | 200 ℃ | 1.88 | 4.85 | 0.76 | 14.34 | 63.27 | 11.06 | 10.71 |
| | 250 ℃ | 1.49 | 3 | 0.59 | 11.83 | 30.9 | 6.07 | 5.88 |
| | 300 ℃ | 2.19 | 3.49 | 0.3 | 4.98 | 13.37 | 0.69 | 0.47 |
| | 350 ℃ | 1.2 | 1.86 | 0.04 | 0.08 | 0.09 | 0.08 | 0.09 |

表5-3中A、B地块出土温度为250 ℃时有机物含量要高于200 ℃时的含量，这可能是由于预处理土壤是选择同一地块不同位置的土壤混合而成的，其预处理后土壤中有机污染物含量存在差异性。在出土温度达到350 ℃时，其处理后土壤中有机污染物的含量均低于修复

目标值，这说明在出土温度达到 350 ℃时，异位热脱附设备能够去除土壤中有机污染物，并使其浓度达到修复目标值以下。

同时，对不同热脱附出土温度下烟气中 Hg 及其化合物含量进行测定。由于前期调查结果表明在 A、D 两地块土壤中重金属 Hg 及其化合物浓度均低于检出限，因此只检测了 B、C 地块烟气中 Hg 及其化合物含量，结果见表 5-4。

**表 5-4 不同热脱附出土温度下烟气中 Hg 及其化合物含量**

| 地块 | 停留时间 /min | 处理量 /(t/h) | 处理温度 /℃ | P(Hg 及其化合物) /(ng/m³) | 排放限值 /(ng/m³) |
|---|---|---|---|---|---|
| B | 30 | 3 | 200 | 33.9 | 15.00 |
| | 30 | 3 | 250 | 2.5 | 15.00 |
| | 30 | 3 | 300 | 2.4 | 15.00 |
| | 30 | 3 | 350 | 1.0 | 15.00 |
| C | 30 | 3 | 200 | 148 | 15.00 |
| | 30 | 3 | 250 | 43.7 | 15.00 |
| | 30 | 3 | 300 | 44.5 | 15.00 |
| | 30 | 3 | 350 | 0.6 | 15.00 |

烟气中其他污染物的浓度很低，基本都低于检出限，只能监测到 Hg 及其化合物，而且该设备在整个运行过程中主要是利用天然气进行燃烧加热，整个过程中没有产生其他污染物，同时土壤中有机污染物经过挥发之后也均通过冷却塔进行冷凝后排放。同时从表 5-4 可以看出，对于 B 地块，土壤处理温度为 250 ℃以上，其处理后的浓度均低于排放标准，而对于 C 地块土壤在处理温度达到 350 ℃的时候，烟气中的 Hg 及其化合物的浓度低于排放限值，而其他温度下烟气中的 Hg 及其化合物的浓度要高于排放限值。由此可见，该设备在 350 ℃下没有二次污染物产生。

(5) 处理量和停留时间对热脱附处理效果的影响　同一温度下，处理量越大其热脱附效果越差，这可能是在出土温度保持不变的情况下，处理量的增加会导致土壤在热交换器中的相同土壤量的热交换量减少，导致单位有机污染物挥发所需要的热量减少，使得有机污染物去除率发生下降，在温度较低的时候，处理量的不同对于去除率没有明显的影响，这可能是由于温度过低，大部分有机物不能从土壤中挥发出来，而随着温度上升，处理量对于污染物的去除率的影响变大。

不同的停留时间对污染物的处理效果不同，整体上随着温度的上升，去除率上升。但是随着停留时间的继续上升，增加停留时间对于其去除率增加的程度很小，而且同时对于天然气的消耗量更大，增加修复成本，对于土壤修复的成本要求更高。

该中试结果表明异位热脱附设备能够很好地处理土壤中有机污染物，烟气中没有明显的污染物，该设备能够很好地用于土壤中有机污染物和挥发性重金属的修复工程，能够快速处理有机污染物，为我国土壤修复行业提供可靠的修复设备。

## 三、固化/稳定化技术

固化/稳定化（solidification/stabilization，S/S）是比较成熟的废物处置技术，经过几十年的研究，已成功应用于放射性废物、底泥和工业污泥的无害化和资源化处理。以美国超级基金为例，在1982—2005年，采用固化/稳定化技术治理污染土壤的项目为217个。与其他技术相比，该技术具有处理时间短、适用范围较广等优势，因此美国环保署曾将固化/稳定化技术称为处理有毒有害废物的最佳技术。

**1. 技术原理**

固化/稳定化技术是将污染土壤与某些具有聚结作用的黏结剂混合，进而达到污染物在污染介质中固定，使其处于长期稳定状态，是较普遍应用于土壤重金属污染快速控制修复的方法。固化技术是指通过物理化学、热力学过程将土壤中的污染物（主要是重金属离子）固定起来或者用惰性基材将其密封包实，或者将污染物质转化成化学性质较为稳定的形态，进而阻止其在土壤环境中迁移、释放和扩散；而稳定化技术是将污染物转化为不易溶解、迁移能力更弱或者毒性更小的化学形态来实现无害化的过程，降低其对土壤环境的危害。固化产物可以方便地进行运输，无须任何辅助容器；稳定化不一定改变污染土壤的物理性状。

**2. 常用土壤固化/稳定化修复材料**

土壤S/S修复材料是影响S/S技术效果的主导因素，S/S修复材料通常分为黏结剂和添加剂。黏结剂主要包括水泥类和火山灰类材料（粉煤灰、炉渣等），能够将污染物固化在固化体内部；添加剂包括活性炭、碳酸盐、混凝土添加剂（缓凝剂、防水剂等）、铁铝化合物、硫化物、螯合物、生物炭及有机肥等，能够进一步提高S/S技术对污染物的固化和稳定化效果。由于技术和费用等方面的原因，以水泥和石灰等无机材料为基料的固化/稳定化技术应用最为广泛。

**3. 土壤固化/稳定化的影响因素**

水泥和石灰的水化是其凝固和硬化的必要条件，因此影响水化的因素都会影响污染土壤固化/稳定化的效果。污染土壤的理化性质和固化/稳定化的工艺条件是主要的影响因素。

（1）污染土壤的理化性质　水泥或石灰为基料的系统在凝结及硬化阶段都需要碱性环境（$pH>10$），且介质的碱性特征有利于重金属的沉淀反应，对重金属固化的长期稳定性有十分重要的作用。因此，为了保证碱性环境，固化前需要添加相应的碱性物质（如石灰、粉煤灰等），而土壤pH特征将关系到碱性物质的用量。

与其他污染介质相似，土壤中的Mn、Zn、Cu和Pb的可溶性盐类会延长水泥的凝固时间并大大降低其物理强度；$Cr^{6+}$能够与水泥中的Ca发生反应形成$CaCrO_4$，从而抑制水泥的水化过程；硫酸盐可以与水泥反应生成“水泥杆菌”，这种晶体较强的体积膨胀会使混凝土受到破坏；硝酸盐、硫酸盐也会强烈地影响水泥固化体的水化和硬化。

有机污染物会抑制水泥的凝固和硬化，影响固化体中晶体结构的形成；由于极性的差异，有机污染物不易与无机固化剂发生反应，因此在无机材料固化体中的稳定性不高，通常需要添加有机改性石灰和黏土等物质来屏蔽这些影响。

（2）固化/稳定化工艺　黏结剂材料和添加剂品种与用量、水分含量、混合工艺和养护条件等因素均对固化体的性能有很大的影响。不同的污染物需要选择不同的胶凝材料，例如，对As而言，石灰比水泥更加有效。对于变价重金属，根据其毒性的不同，固化前采用氧化剂或还原剂进行处理，如在 As 污染土壤固化之前常先用 $H_2O_2$ 等进行氧化处理，使其从 3 价转化为 5 价，水泥和石灰固化，产生 Ca 或 Fe 的砷酸盐及亚砷酸盐；而 Cr 在固化前常加入还原物质使其从 6 价转化成 3 价。在氧化或还原条件下，非毒性有机物可能变为有毒物质，因此要针对不同的污染物类型科学设置处理过程。固化剂用量对重金属污染土壤的固化效果是十分重要的。固化剂常具有较强碱性，会强烈影响固化体的 pH，因此加入量太大会对重金属的稳定效果产生负面影响。

水是水化反应的物质基础，但过量的水会阻碍固化过程。另外，水化反应后剩余水分会逐渐蒸发造成固化体毛细孔道增多，增加固化体的渗透性以及污染物的移动性，不利于污染物的稳定，且固化体密度和强度会有所降低。为保证水泥进行正常的水化反应，水与水泥的比例一般维持在 1∶4。

混匀是固化/稳定化过程中至关重要的步骤，目的是保证固化剂和污染物之间的紧密接触，有时要借助相应的仪器设备。在大多数情况下，混合程度是用肉眼判断的，因此实验结果在一定程度上受到主观经验的影响。

混合处理后的两周时间是硬化和结构形成的重要阶段，该阶段的养护条件直接关系固化体的结构孔隙和密实程度，影响污染物的浸出效应，因此对固化/稳定化效果至关重要。温度是一个关键的控制因素，温度升高可以加快水化反应速度，但是水泥在发生水化反应时会产生热量，影响固化系统的温度，在大批量现场处理时，这一特征必须要引起足够的重视。此外，养护时间对固化体强度和其他性能影响较大，为了保证固化体的结构完整性、增加污染物固定的程度，一般应该采取 28 d 以上的养护时间。

**4. 固化/稳定化技术特点**

土壤 S/S 修复技术能够用于土壤的原位和异位修复，针对的污染物包括有机污染物和重金属，在污染土壤修复领域获得了很大程度的应用。

相较于其他土壤修复技术，土壤 S/S 修复技术的主要优点是：能够处理多种无机污染物、部分有机污染物和难处理的混合污染物；可以处理 NAPL（非水相液体，所有不溶于水的液态污染物的总称）；在相对较短的一段时间达到修复目标；原位和异位修复均可；能够提高土壤的结构强度，实现土壤的资源化利用；在干、湿条件下均适用，减少脱水和固废处置问题；现场处理污染物，既节约了填埋场的空间，又避免了污染物的场外运输；经常采用简单、快速、现成的设备和材料；与挖掘和场外处理相比性价比更高。

同样，这一技术也存在局限性，主要是：大部分土壤 S/S 修复技术不能降低污染物毒性，不能削减污染物总量；不能破坏或移除污染物，需要进行长期监管；处理后的土壤体积增大；在工程实施前需要去除碎石或地下障碍物；污染物与黏结剂混合不均匀；土壤的原位 S/S 修复会抑制未来更全面的修复；对于挥发性有机污染物或六价铬等，水泥基料的 S/S 修复效果不好；对于原位 S/S 修复，地下水流动等场地特征会改变；S/S 修复效果的长期稳定性不确定。

**5. 固化/稳定化技术的适用范围**

土壤 S/S 修复技术的对象主要是受无机污染物和有机污染物污染的土壤。无机污染物主要为重金属污染物（砷、镉、铬、铜、铅、汞、镍、硒、锑、铀、锌等），有机污染物主要有杀虫剂、除草剂、石油、多环芳烃、挥发性有机污染物、多氯联苯和二噁英/呋喃等。通常情况下，同一个污染场地内同时含有有机和无机污染物，常见的场地包括天然气生产厂场地、木材处理厂、炼油厂、石油回收设施、杀虫剂和除草剂制造厂等。多种污染物的存在可能会影响土壤 S/S 修复技术的应用有效性。

美国国家环境保护局（EPA）公布的超级基金修复工程报告列出了土壤 S/S 修复技术能够应对的多种有机和无机污染物。对于该技术的有效性，在具体的污染物治理方面，EPA 的报告与其他参考资料有时存在差异性，如表 5-5 所示。

**表 5-5　固化/稳定化技术对不同污染物的作用效果**

| 污染物种类 | | 是否有效及参考材料 | |
|---|---|---|---|
| | | 参考 EPA 报告 | 参考其他报道 |
| 有机污染物 | 卤代挥发性污染物 | 无效 | 有效 |
| | 非卤代挥发性污染物 | 无效 | 有效 |
| | 卤代半挥发性污染物 | 有效 | — |
| | 非卤代半挥发性有机污染物 | 有效 | — |
| | 多氯联苯 | 有效 | — |
| | 农药 | 有效 | — |
| | 二噁英/呋喃 | 潜在效果 | 有效 |
| | 有机氰化物 | 潜在效果 | 有效 |
| | 有机腐蚀物 | 潜在效果 | 有效 |
| | 五氯苯酚 | — | 有效 |
| | 杂酚油、煤焦油 | — | 有效 |
| | 重油 | — | 有效 |
| 无机化合物 | 挥发性金属 | 有效 | — |
| | 不挥发性金属 | 有效 | — |
| | 石棉 | 有效 | — |
| | 放射性物质 | 有效 | — |
| | 无机腐蚀物品 | 有效 | — |
| | 无机氰化物 | 有效 | — |
| | 水银 | 有效 | — |
| 活性物质 | 氧化剂 | 有效 | — |
| | 还原剂 | 有效 | — |

**6. 固化/稳定化效果的评估方法**

国际上对污染土壤和底泥的固化/稳定化的效果评估一般采用浸出测试评估，浸出测试基本上采用固体废物固化/稳定化的评估方法，包含 4 种主要类型。

（1）最大释放水平的测试　以美国 EPA 1311（TCLP 浸出）、1312（SPLP 浸出），中国 HJ/T 299—2007（硫酸硝酸法浸出）、HJ/T 300—2007（乙酸缓冲液浸出）等为代表。主要特点是样品破碎后达到浸出平衡，并且参照固体废物的管理体系，带有一定的强制性。主要适用于填埋场处置时的潜在风险预测，但是对于其他再利用情况过于保守。

（2）动态释放能力的测试　主要以荷兰建筑材料指令（BMD）、NEN 7375，欧盟 CEN/TC 292 等方法为代表，主要以保持固化体本身的形状为前提进行动态释放通量测试，因此模拟更接近实际环境状况，能够预测长期风险累积效应。主要适用于再利用潜在风险预测，但操作相对复杂，所需时间较长。

（3）土壤浸出标准　主要以日本的污染土壤环境质量标准（EQS）为代表，设定单一的浸出方法和浸出标准限值。因此，具有操作简单的优点，以保护地下水环境安全为目标。

（4）针对再利用情景的浸出方法体系　以美国 EPA 1313（多 pH 平行浸出方法）、1314（柱淋溶浸出测试方法）、1315（传质通量浸出测试法）、1316（不同液固比平行浸出方法）4 种基于不同再利用情景的浸出方法为代表，具有接近实际环境状况、方法可选择性等优点。因此可以适用于多种再利用情境，但要根据实际情况选择针对性的测试方法，并计算相应的标准限值。

美国采用较多的浸出方法是 TCLP（乙酸法，模拟生活垃圾填埋）和 SPLP（硫酸硝酸法，模拟酸雨），这两种方法是法规指定的方法，操作简单，可以通过浸出污染物的减少率和对环境目标的影响来评估浸出效果。对于复杂场地采用动态浸出，评估长期污染物长期释放情况，或按处置和再利用真实场景设计浸出方案在现场进行浸出评估。荷兰根据建筑材料的实际使用设置了浸出测试和评估要求。日本把土壤污染浸出浓度作为对地下水影响的标准，浸出液污染物浓度需达到地下水环境质量标准，要求非常严格。

我国现在对污染土壤和底泥固化/稳定化浸出效果评估普遍的做法是采用硫酸硝酸法浸出评估。首先将修复后土壤进行浸出毒性危险废物鉴别，如果不属于危废则要采用一般工业固体废弃物鉴别方法（GB 5086）进行固废分类，属于第Ⅰ类工业固废（浸出液浓度均低于 GB 8978 最高允许排放浓度，且 pH 为 6～9）的则可进入Ⅰ类固废处置场；属于第Ⅱ类工业固废（浸出液中任何一种或一种以上的污染物浓度超过 GB 8978 最高允许排放浓度，或 pH 在 6～9 范围外）的则要进入Ⅱ类固废处置场。硫酸硝酸法浸出评估方法忽略了砷、六价铬等含氧阴离子在中性至弱碱性 pH 下溶解度达到最大的情况。因此，对于砷和六价铬污染的土壤需增加纯水浸出测试。在原地阻隔或再利用土壤和底泥的浸出要求也应执行严格的地下水质量标准（Ⅲ、Ⅳ类）。根据国际经验，土壤或环境等对污染物迁移影响大的复杂场地应进行动态浸出测试评估或现场模拟真实场景的浸出评估。

**7. 固化/稳定化技术的应用实例**

固定/稳定化技术是目前重金属污染土壤修复中使用最多的技术；有机污染物的物化性质复杂，而且通常是呈现复合型污染，单一的修复方法不能达到理想的修复效果，所以，对有机污染土壤的固定/稳定化修复还需要与其他的修复方法联合使用。表 5-6 给出了国外固化/稳定化技术对重金属和有机污染土壤的修复实例。

**表 5-6 固定/稳定化技术修复污染土壤实例**

| 主要污染物 | 修复地背景 | 修复材料 | 修复规模 | 修复效果 |
|---|---|---|---|---|
| As | 美国某饲料添加剂厂 | 10%水+10%硫酸铁+5%水泥 | 场地修复 | <5.0 mg/L |
| Pb、Cu、Cd、Cs、Sr | 土耳其某垃圾焚烧厂 | 红泥+粉煤灰+水泥+玻璃化 | 场地修复 | 总浓度降低 20% |
| Cu、Cr 等金属 | 芬兰东南部沼泽地 | 泥炭+水泥+高炉矿渣 | 场地修复 | 固化后抗压强度大 |
| Hg、Cu、As 等 | 加拿大某氯碱厂旧址 | 铁或木质素的衍生物+硅酸盐水泥 | 场地修复 | Hg 从 0.188 mg/L 降到 0.017 7 mg/L |
| 氯代烃、多环芳烃、苯及其衍生物、酚醛、有机硫化物 | 英国多处隔离存储仓 | 季铵盐+蒙脱石+水泥基材料 | 站点修复 | 多环芳烃<10 μg/L<br>苯类<0.5 μg/L |
| 多环芳烃(蒽、芘)、杂酚油、二噁英、五氯苯酚 | 美国 EPA 杂酚油污染场地 | 1.3%碳粉+5%硅酸盐水泥+4%飞灰 | 场地修复 | 多环芳烃<4.4 μg/L、杂酚油<10 μg/L、五氯苯酚<200 μg/L、二噁英<30 pg/L |
| 含硫有机物、石油及其裂解产物 COD | 波多黎各某石化厂址 | 50%硅酸盐水泥+5%专用添加剂 | 场地修复 | 固体块抗压强度大，无 TCLP 测试 |

近年来，我国重金属污染土壤固化/稳定化工程越来越多，呈快速增长的势头，并已成为主导技术。工程量从几百立方米到几十万立方米土壤，固化/稳定化技术不仅在污染土壤修复中应用，而且已成为河道污染底泥处理的重要技术。我国固化/稳定化技术已应用于汞、铅、镉、砷等重金属污染土壤和底泥，并在多环芳烃和农药污染的底泥中应用；化学氧化和固化/稳定化联合修复有机污染河道底泥的技术也已开始应用。表 5-7 列举了我国典型污染土壤和底泥固化/稳定化应用实例。目前，我国实施的污染场地土壤固化/稳定化工程大部分采用稳定化技术，采用固化技术的工程较少，这与美国超级基金污染场地采用固化技术为主形成鲜明对比。固化对污染能同时起到稳定和包封作用，基本无人体直接暴露的途径，且长期环境安全性比稳定化好。而稳定化对污染物只起到稳定化作用，稳定化效果受土壤性质、污染物种类和外界环境影响大，长期环境安全性的不确定性较大，还存在人体直接暴露的潜在风险。然而，稳定化修复主要包括稳定化材料的选择及药剂和土壤混合，具有工艺简单和养护时间短等技术特点，修复企业比较愿意采用。固化技术工艺复杂、工艺要求严格、养护时间长、受气温的影响大，影响了修复企业使用的积极性。此外，我国污染场地固化修复仍以异位技术为主，原位固化/稳定化处置目前仅有个例，其原因主要是原位固化会影响场地的未来使用用途。

表 5-7 我国典型污染土壤和底泥固化/稳定化应用实例

| 项目 | 目标污染物 | 工程内容 | 处置和再利用技术 |
|---|---|---|---|
| 天津中新生态城污水库重金属污染底泥治理 | 底泥：汞、砷、铜、镉、六六六、滴滴涕 | 污水库占地面积 2.56 $km^2$，其中污染底泥近 400 万 $m^3$（含水 85%～98%）。工程包括污泥挖掘、稳定化、污泥脱水、造岛和填埋等 | 采用商品专利稳定化材料。轻度污染底泥经原位稳定化后用作建设用土（路基）；对于中度污染底泥经土工管袋脱水、药剂稳定化处理后，在污水库西侧造岛利用；对于重度污染底泥经土工管袋脱水、药剂稳定化处理后，进行安全处置（填埋和造陶粒） |
| 湖南株洲清水塘霞湾港重金属污染治理工程 | 底泥：镉、砷、铅、锌、汞、多环芳烃、石油烃 | 底泥疏浚清挖、污泥脱水、固化/稳定化、填埋、河道生态恢复。修复底泥 5 万 $m^3$，修复河道 4 km | 底泥脱水后经水泥基固化后填埋 |
| 河北某化肥厂砷污染修复工程 | 土壤：砷 | 土壤挖掘、稳定化处理、原地阻隔，修复土方量 30 042 $m^3$ | 采用商品稳定化材料。稳定化技术和阻隔技术结合，铺设 HDPE 膜，其上覆土 0.5 m，防止因雨水淋溶导致污染物迁移 |
| 河北省铬盐厂六价铬污染土壤修复工程 | 土壤：六价铬 | 土壤挖掘、稳定化处理、填埋，修复土方量 5 万 $m^3$ | 采用亚铁盐还原技术和原地填埋技术 |
| 上海某公司灯泡厂场地 | 土壤：重金属和多环芳烃 | 土壤挖掘、稳定化、修复后土壤资源化。总的修复面积为 3 169 $m^2$，修复深度为 1.5～2.0 m，总的土壤修复土方量为 4 344 $m^3$ | 采用专门稳定化材料。稳定化处理后的土壤作为路基材料加以利用。在作为路基材料进行利用时，在路面 1 m 以下使用稳定化土，稳定化土铺设厚度为 50 cm |
| 原沈阳某冶炼厂污染场地治理 | 土壤：铜、锌、铅、镉、汞、砷 | 土壤挖掘、固化、稳定化、安全填埋、就地封存。修复污染土壤面积 26 万 $m^2$ | 采用专门稳定化材料。固化后重污染土壤安全填埋、中度污染土壤稳定化后原地 HDPE 膜封存、轻度污染土壤吸附稳定层覆盖阻隔、粗颗粒土壤淋洗 |

我国重金属污染场地修复常使用的稳定化材料主要有石灰、轻烧氧化镁、轻烧白云石和粉煤灰等碱性材料，其中，轻烧氧化镁应用广泛，效果也较好，适用的重金属较多。磷酸盐对铅、锌、镉等阳离子的稳定化效果好，也是我国常用的稳定化材料，与其他碱性材料、吸附材料（黏土）或土壤改良材料复配后进一步增强稳定化效果，稳定化后的土壤可作为绿化用土。我国六价铬污染的土壤使用较多的还原剂是硫酸亚铁和零价铁，硫酸亚铁反应快，会使土壤酸化，适合碱性条件的土壤。零价铁用量少，对土壤 pH 影响小，但还原时间长。我国在砷及砷与阳离子重金属复合污染处理上还没有开发出长期有效的产品，虽然现在可以采用铁盐和铁氧化物稳定土壤中的砷，但其长期稳定化效果有待进一步考察。

## 四、电动力学技术

电动力学技术（electrokinetic remediation，EK）是近十几年发展起来的绿色修复技术，该方法已经被用于重金属和有机污染物的治理，并显示出良好的应用前景。这项土壤修复技术在欧美一些国家发展较快，已进入商业化阶段。

**1. 技术原理**

电动力修复技术（简称电修复）是利用插入土壤中的两个电极在污染土壤两端施加低压直流电场，通过电化学和电动力学的复合作用驱动污染物富集到电极区，通过工程化的收集系统收集后进行集中处理或分离的过程，如图5-6所示。

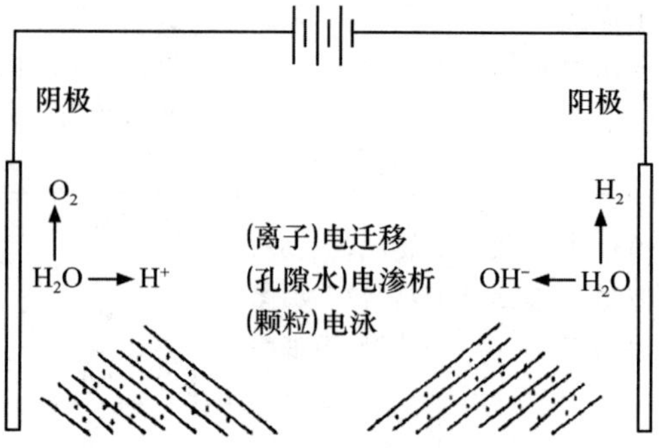


**图 5-6　电动力学修复机理示意图**

电动效应主要包括电解反应、电渗析、电迁移和电泳。

（1）电解反应　电解反应主要是电极两端水的电解。在电场作用下，阴、阳极发生如下反应：

$$2H_2O-4e \longrightarrow O_2\uparrow +4H^+ \quad (\text{阳极})$$
$$2H_2O-4e \longrightarrow 2H_2\uparrow +4OH^- \quad (\text{阴极})$$

电极反应在阴、阳极分别产生大量的 $OH^-$ 和 $H^+$，会导致电极附近的 pH 相应地升高和下降。

（2）电渗析　电渗析作用是由于土壤孔隙表面带有负电荷可以与孔隙水的离子形成双电层，从而引起孔隙水溶液沿电场从阴极向阳极流动的现象。孔隙水的电渗析流速 $u_{eo}$ 与孔隙水的介电常数 $\varepsilon$、土壤表面的平均 Zeta 电位 $\zeta$、电场强度 $E$ 成正比，与空隙水的黏度 $\mu$ 成反比，可用 Helmholtz 方程表示为：

$$u_{eo}=\frac{\varepsilon\zeta E}{\mu}$$

由于 Zeta 电位主要受到 pH 的影响，当土壤的表面电荷零电位点（point of zero charge，PZC）低于 pH 时，表面电荷为负值，电渗析方向为由正极流向负极；而当 PZC 高于 pH 时，表面电荷变为正值，电渗析变成相反方向。因此，在实际修复过程中控制 pH 有助于提高电渗析流速。

（3）电迁移　电迁移是指直流电场中正离子向阳极迁移，负离子向阴极迁移的过程。迁移速率 $u_{em}$ 主要受到电场强度 $E$、离子迁移率 $v$ 和电荷数 $z$ 的影响。电动力学过程中，阴、阳极电解反应产生的 $OH^-$ 形成的碱性带和 $H^+$ 形成的酸性带会同时相对向土壤区域迁移。$H^+$ 的离子迁移率为 $3.625\times10^9\ cm^2/(V\cdot s)$，大约是 $OH^-$ ［离子迁移率为 $2.058\times10^9\ cm^2/(V\cdot s)$］的1.8倍，导致土壤中大部分区域的 pH 下降，当酸性带同碱性带相遇时，土壤的 pH 会发生剧变。土壤 pH 的变化会影响污染物在土壤上的吸附-解吸行为，从而改变污染物的可移动性和可利用性，影响土壤的修复效果。

（4）电泳 电泳描述的是土壤中带电胶体粒子的迁移过程。吸附在土壤胶体粒子的污染物质通过随胶体粒子的迁移，达到去除效果。电泳的运动方向和大小取决于电场和毛细孔隙的直径等，所以在密实型的土壤中，电泳的作用并不明显。

除上述 4 种迁移机制以外，在电动力学修复过程中还存在另外一些化学物质的水平对流和化学吸附等，以及一系列其他变化。同时焦耳热的作用会导致土壤温度增加，提高离子的迁移速度，从而增加电迁移和电渗流的速度。

**2. 影响因素**

影响土壤电动修复的因素很多，如土壤的 pH、土壤颗粒表面电位、极化问题、土壤化学性质、土壤含水率等，解决好这些问题是土壤电动修复研究的关键所在。

（1）土壤 pH 变化对电动修复的影响 土壤溶液 pH 变化影响污染物的溶解度形态以及在土壤表面的吸附特性。对于一些弱碱性的金属，不同的 pH 条件有不同的形态一些两性金属根据不同 pH 条件，以正离子或者负离子形式存在，例如，在酸性条件下金属 Zn 以阳离子形态存在（$Zn^{2+}$），但在碱性条件下以金属酸根离子存在（$ZnO_2^{2-}$）。在 pH 阶跃处金属离子的溶解度最小，它们以 $Zn(OH)_2$ 的形式沉淀。高 pH 条件下阴离子向阳极移动，并且阴极区的 pH 上升还会有沉积物生成。沉积物降低了孔隙流中离子的浓度，即降低了这个区域的电导率，从而增加了电场梯度，增加了处理费用；同时，变化影响土壤表面电动电位(Zeta 电位)。对高岭土而言，在靠近阳极区 Zata 电位升高至 10 mV，电渗流减小甚至方向相反，为了修复过程的进行，必须增大电压以保持一定的电渗流，从而使得能耗加大，修复成本增加。而在阴极区 Zeta 电位降低至－54 mV，电渗流增大，这种现象导致了土壤中形成不均匀的流线，甚至是流量的中断，对土壤修复效果造成负面影响。

为了改善 pH 变化所造成的影响，相应的改进方法有酸碱中和法、阳离子选择膜法、电渗析法、络合剂法、表面活性剂法、氧化还原法、EK-生物技术联用法和 Lasagna 法。

（2）土壤颗粒表面 Zeta 电位对电动修复的影响 土壤电渗速率直接影响电动修复过程的速率，而土壤颗粒表面的 Zeta 电位是决定土壤电渗速率的内因。在电场强度和介质条件固定的情况下，Zeta 电位值的大小（绝对值）决定着胶粒的电泳速度 $u$，Zeta 电位值越大，则 $u$ 越大。在实际应用中发现，随着清洗液 pH 的增加，溶液中酸根离子的浓度增大，Zeta 电位的绝对值增加，强化了其在土壤颗粒表面的吸附。但是，在电修复实验中选择清洗液 pH 时，应考虑使其有足够的缓冲能力，以防止金属离子在碱性条件下发生沉淀。另外，在低浓度范围内，随着离子强度的提高，土壤对阴离子吸附量增大，Zeta 电位的绝对值增大，进一步增大溶液离子强度会导致土壤颗粒表面双电层被压缩，Zeta 电位的绝对值减小。所以要综合考虑清洗液的 pH 及离子强度对 Zeta 电位的影响，选择最为合适的清洗液，从而提高土壤的电修复速率。

（3）极化问题对电动修复的影响 能导致电流降低的极化现象包括活化极化、电阻极化和浓度差极化。活化极化是指电极上水电解产生的气泡（氢气和氧气）会覆盖在电极表面，这些气泡是良好的绝缘体，从而使电极的导电性下降，电流降低。电阻极化是指在电动修复过程中会在阴极上形成一层白色膜，其成分是不溶盐类和杂质，这层白膜吸附在电极上会使电极的导电性下降，电流降低。浓度差极化是指电动修复过程中 $H^+$ 向阴极迁移、$OH^-$ 向阳极迁移的速率缓慢，其速率总小于离子在电极上放电的速率，从而使电极附近的离子浓度小于溶液中的其他部分，如果酸、碱没有被及时中和，就会使电流降低。

目前，提高电修复的效率常采用的方法是：当电渗析流很慢时用冲洗液（或直接用自来水）冲刷电极；在电极上外包离子交换膜来俘获污染物质；在土壤与阴极间设阳离子交换膜以防止重金属离子提前形成难溶沉淀而不易被去除；弄清楚受污染土壤的缓冲能力，并通过改换冲洗液控制土壤的 pH 在一定的范围内。但是这些方法仍处于实验室探索阶段，有必要进一步研究。

（4）土壤化学性质对电动修复的影响　土壤的特征影响污染物的去除效率，包括吸附、离子交换、缓冲能力等。在细颗粒的土壤表面，土壤与污染物的相互作用非常剧烈。金属离子通过配位方式被土壤吸附，吸附量与土壤类型和土壤 pH 有关。离子型的污染物首先要解吸或者离子交换，才能被去除。像钠基蒙脱土有很强的吸附和缓冲能力，使得金属阳离子的解吸非常困难，增大了电修复难度。

（5）土壤含水率对电修复的影响　电修复过程要想起作用，土壤水分含量必须高于某一最小值。这个最小值低于土壤水分饱和值，可能在 10%～20%。如果土壤含水率低于 10%，其处理效果大大降低。随着水的电解，阳极附近土壤含水率下降。为了保持一定的电流强度，可向阳极土壤加水，但在实际操作中要考虑加水量的问题，加水过多会使污染物渗入更深的土层中。

**3. 技术特点**

（1）电动力学技术是处理污染土壤的一项新技术。与其他修复技术相比，其优点可归纳为：

①与挖掘、土壤冲洗等异位修复技术相比，电动力学修复技术对现有景观、建筑和结构等的影响最小；

②与酸浸提技术不同，电动力学技术改变土壤中原有成分的 pH 使金属离子活化，这样土壤本身的结构不会遭到破坏，而且该过程不受土壤低渗透性的影响；

③与化学稳定化不同，电动力学技术中金属离子从根本上完全被去除，而不是通过向土壤中引入新的物质与金属离子结合产生沉淀物实现修复；

④对于不能原位修复的现场，可以采用异位修复的方法；

⑤可能对饱和层和不饱和层都有效；

⑥水力传导性较低，特别是黏土含量高的土壤适用性较强；

⑦对有机和无机污染物都有效。

（2）电动力学修复技术的应用方法通常有 3 种。

①原位修复，直接将电极插入受污染土壤，污染修复过程对现场的影响最小；

②序批修复，污染土壤被输送至修复设备分批处理；

③电动栅修复，受污染土壤中依次排列一系列电极用于去除地下水中的离子态污染物。

（3）电动力学技术在应用上也存在一些限制因素。

①污染物的溶解性和污染物从土壤胶体表面的脱附性能对技术的成功应用有重要影响；

②需要电导性的孔隙流体来活化污染物；

③埋藏的地基、碎石、大块金属氧化物、大石块等会降低处理效率；

④金属电极电解过程中发生溶解，产生腐蚀性物质，因此电极需采用惰性物质如碳、石墨、铂等；

⑤污染物的溶解性和脱附能力限制技术的有效应用；

⑥土壤含水量低于10%的场合，处理效果大大降低；

⑦非饱和层水的引入会将污染物冲洗出电场影响区域，埋藏的金属或绝缘物质会引起土壤中电流的变化；

⑧当目标污染物的浓度相对于背景值（非污染物浓度）较低时，处理效率降低。

**4. 应用实例**

（1）电动力学及其联合技术修复污染土壤中的重金属　国外的研究者开展了大量的实验工作，并进行了原位修复。采用的电动力学技术包括Lasagna法、EK-lean法、电化学自然氧化法、电吸附法等，其结果如表5-8所示。

表5-8　不同电动力学技术修复重金属污染土壤的应用实例

| 修复技术 | 技术特点 | 适用土壤 | 适用修复 | 应用地点 | 主要优点 | 主要缺点 |
|---|---|---|---|---|---|---|
| Lasagna | 由几个渗透反应区组成 | 饱和黏性土 | 原位 | 美国 | 循环利用阴极抽出水，成本相对较低 | 电解产生的气泡覆盖在电极上，降低电极导电性 |
| EK-lean | 向土壤外加电压时加入增强剂（主要是酸类） | 饱和及非饱和土壤 | 原位或异位 | 美国 | 去除范围广，可去除重金属离子、放射性核素和挥发性污染物 | 对缓冲能力高的土壤和存在多种污染物的土壤去除效果差 |
| 电化学自然氧化 | 利用土壤中催化剂作为污染物的氧化降解剂 | 不详 | 原位 | 德国 | 不需外加催化剂，利用天然存在的铁、镁、钛和碳元素 | 需要的修复时间长 |
| 电吸附 | 电极外包聚合材料以俘获向电极迁移的离子 | 不详 | 原位 | 美国 | 聚合材料内的填充物可调节pH，防止其突变 | 仍有必要进一步研究其经济性 |

（2）电动力学及其联合技术修复污染土壤中的POPs　EK技术目前已经被用于处理多种POPs污染的土壤，处理的污染物主要有卤代烃类、酚类、硝基苯类和农药等。目前该技术的研究主要有普通电动力学方法和非均匀电动力学方法。

在实际应用中电动力学技术还存在着一些问题，如污染物的溶解性差和脱附能力弱，以及对非极性有机物的去除效果不好等，都限制了该技术的有效应用。电动力学及其联用技术可克服单独采用EK技术的缺点，提高污染物的去除效率，并降低修复成本。因此，发展EK及其联用技术已成为目前土壤修复领域研究的热点。用于污染土壤中POPs的电动力学联用技术有EK-Fenton技术、EK-生物技术、EK-表面活性剂技术、EK-超声技术等。但这些技术目前还处于实验室研究阶段，还未有实际应用案例。

EK-Fenton技术用于修复污染土壤中POPs种类有酚类、多环芳烃类和卤代烃类。其原理主要是通过电动力学过程在土壤阳极区产生一个pH接近3的环境，并通过电渗流和电迁移使得土壤溶液中重金属和POPs发生迁移，然后利用Fenton反应，在阳极产生羟基自由基等来降解POPs。因此，该方法结合了电动力学过程和Fenton技术各自的优点，具有高的处理效率，也降低了处理成本。

EK-生物技术可降解土壤中烷烃类、卤代烃类、酚类和多环芳烃类等 POPs，采用的微生物主要有 *Burkholderia cepacia* G4、*Sphingomonas* sp. L138、*Mycobacterium frederiksbergense* LB501TG、*Burkholderia* spp. RASC c2、*Pseudomonas* sp. strain PNP1、*Thiobacillus ferrooxidans*、*Pseudomonas mendocina* KR1 等菌种。EK 结合生物技术有以下几种方式：电动力学联合生物浸滤技术、电动技术迁移细节的微生物降解技术、电动技术刺激微生物活性和生长的修复技术、电动注入技术联合微生物降解技术、施加非均匀电场强化生物降解技术和 Lasagna 法。将 EK 和生物技术联用可以克服常规生物修复方法的一些内在缺陷，避免单个方法的不足，而且具有协同作用，提高修复效率，缩短修复时间，并减少能量消耗，是一种绿色的修复技术。

EK-表面活性剂/助溶剂技术已用于烷烃类、卤代烃类、苯系物、酚类、硝基苯类、多氯联苯和多环芳烃类等污染的土壤处理。该联用技术是向土壤中施加表面活性剂或助溶剂，使其向下渗透并与 POPs 相互作用，让表面活性剂/助溶剂与 POPs 结合，并通过解吸、螯合、溶解或络合等物理、化学作用，最终形成迁移态化合物。目前采用的表面活性剂一般有以下几类：阳离子型表面活性剂，如 CTAC；阴离子型表面活性剂，如十二烷基磺酸钠（SDS）、非离子型表面活性剂，如 Tween 80、Triton X-100、Brij 35、Igepal CA-720；生物表面活性剂，如 $\beta$-环糊精（HPCD）、磷脂类、脂肪酸、鼠李糖脂等。采用的助溶剂有甲醇、乙醇、丙醇、丙酮、四氢呋喃、丁基胺、螯合剂 HEDPA 等。最常用的助溶剂为甲醇、乙醇和丙醇，它们可以与水互溶，可以更好地随电渗流迁移污染物。EK-表面活性剂/助溶剂联用技术的一个突出特点是适用对象广，可用于各种溶解表面活性剂或助溶剂中的 POPs，同时还具有易操作、高渗透、费用合理的优点，但还需要克服助溶剂/表面活性剂的毒性及其与土壤颗粒的吸附作用、提高它们的提取效率等。

## 五、玻璃化技术

玻璃化（vitrification）技术最早应用在核废料处理方面，但是由于该技术需要消耗大量的电能，成本较高而没有得到广泛的应用。危险废物高温熔渣玻璃化技术是实现填埋减量的有效途径之一。发达国家通常将处理得到的玻璃态物质作为一般工业固体废物管理，用作建材或作为一般固体废物填埋。目前，该技术在我国尚未推广应用，研究成果较少。

**1. 技术原理**

玻璃化技术是将污染土壤在 1 400～2 000 ℃高温下熔化，在熔融过程中有机物挥发或被分解，产生的水蒸气和热解产物收集后由尾气处理系统处理后排放；污染土壤固体组分经过高温熔融处理，形成了化学性质稳定、不渗水、坚硬的玻璃体或固结成团物质，污染物被固结于其中，不再对环境产生污染，从而达到从根本上消除土壤污染的目的，同时也使土壤完全丧失了原有的生产力。

**2. 技术工艺**

玻璃化技术包括原位和异位玻璃化两个方面。原位玻璃化处理时，可将电极棒以等距离矩阵插入待处理区域的土壤中加热。异位进行玻璃化处理时，可采用多种方式提供热能，包括化石燃料燃烧或以电极直接加热等方式，再以电弧、电浆及微波方式导热。

原位玻璃化工艺常用于固态污染物的处理，使用电流加热（熔融），玻璃化待处理污染物。将电极插入污染区域的中心部位，使电流经过污染物。由于固态物质不导电，因此需要在固态物质的电极路径上装备含有石墨的导电体。电流可使污染物的温度达到 1 600～2 000 ℃。加热过程中，有机污染物蒸发、裂解，裂解后的产物升至表面，在氧气的作用下燃烧，不可挥发的无机物熔化，挥发性金属挥发至热解物质的表面。负极的密封罩置于装置外围，用于收集无机和有机气体，气体处理后排入大气中。当该过程结束时，切断电流，电极和集气罩移动至其他待处理区域。熔融物经过数月的缓慢冷却，以形成无定形的固态类黑曜石。

异位玻璃化工艺用于处理半固态或液态的污染物（如汞等），该工艺的污染物在熔炉里加热熔融。异位玻璃化工艺采用一个干燥机将污染物的含水率降至10%以下。干燥的物料与熔剂混合以控制熔融温度及改进玻璃聚合物的物理性质，此后将其转移至熔炉。熔融底渣在水中淬火时形成细颗粒状玻璃体，玻璃化残渣为黑色光亮透明的类玻璃固体。

**3. 适用范围**

玻璃化技术的工程量大，处理费用较高，其最大的特点是见效快，主要适用于对污染特别严重的土壤进行抢救性修复。实际应用过程中会出现难以达到统一的熔化及地下水渗透等问题；此外，熔化过程需消耗大量能量维持高温，导致成本高，应用受到限制。

原位玻璃化技术适用于含水量低、污染物深度不超过 6 m 的土壤。它对污染土壤的修复时间较长，一般为 6～24 个月。其处理效果受到下列因素的影响：埋设的导体通路（管状、堆状）；质量分数超过 20%的砾石；土壤加热引起的污染物向清洁土壤的迁移；易燃易爆物质的积累；土壤或污泥中可燃有机物的质量分数；固化的物质对今后现场的土地利用与开发；低于地下水位的污染修复需要采取措施防止地下水反灌；湿度太高会影响成本等。

异位玻璃化技术可以破坏、去除污染土壤、污泥等泥土类物质中的有机污染物和大部分无机污染物，对于降低土壤的介质中污染物的活动性非常有效，玻璃化物质的防泄漏能力也很强。其应用受到以下因素的影响：需要控制尾气中的有机污染物以及一些挥发的重金属蒸气；需要处理玻璃化后的残渣；湿度太高会影响成本等。

**4. 玻璃化技术在危险废物处置方面的应用实例**

通过玻璃化技术，可将危险废物转化为整体的玻璃态。再通过控制热处理，将其转化为玻璃晶格，常见的有 $CaO \cdot SiO_2$、$CaO \cdot MgO \cdot 2SiO_2$、$CaO \cdot Al_2O_3 \cdot 2SiO_2$、$Fe_2O_3$、$Fe_2O_4$。由于这些物质具有高化学和机械抗性，可运送到常规填埋场作为一般废物进行填埋，或作为涂层材料用于建筑、道路或热机械行业。

目前，欧盟国家超过一半的危险废物焚烧处置设施采用了熔渣（熔融）玻璃化处置技术；美国近 1/3 的危险废物焚烧处置厂采用高温熔渣（熔融）处置技术；日本有超过 30 个企业采用危险废物熔融和玻璃化热处理技术（表 5-9）。

中国也已建成了近 10 套危险废物高温熔渣（熔融）玻璃化处置设施。但是，由于玻璃化技术建设成本比普通危险废物回转窑焚烧炉高 10%～20%，且我国对于玻璃态残渣是否按照危险废物管理尚未定义，缺乏相关标准规范，该技术并未在我国广泛使用。

表 5-9 国外危险废物熔渣玻璃化技术应用实例

| 项目所在地 | 建设时间 | 处置线 | 处理能力(t/年) |
|---|---|---|---|
| Bayer AG Dormagen,德国 | 1994 | 2 | 45 000 |
| GSB Ebenhausen,德国 | 1996 | 2 | 100 000 |
| Dow Chemical Stade,德国 | 1989 | 1 | — |
| Dow Chemical Freeport/TX,美国 | 1988 | 1 | — |
| Eli Lilly and Company Lafayette/IN,美国 | — | 1 | — |
| Metalclad Corp Newport Beach /CA,美国 | — | 1 | 50 000 |
| Synthesia Semtin pardubice,捷克 | 1996 | 1 | 15 000 |
| Rechem International Ltd. Southampton,英国 | 1990 | 1 | 26 000 |
| Rechem International Ltd. Pontypool,英国 | 1994 | 1 | 26 000 |
| BASF Tarragona,西班牙 | 2000 | 1 | 45 000 |

## 六、客土、换土、深耕翻土技术

客土技术是把大量的没有受污染的土壤加入被污染土壤中，二者混匀覆盖在表层，从而减少了污染物与植物根系的接触，并且能够使污染物浓度降低到危害临界浓度以下，达到减轻危害的目的。在选择客土技术时，应考虑客土与被污染土壤的理化性质等因素，避免添加的客土改变土壤环境而引起原土壤中重金属污染物活性增强的现象。该方法具有见效快、效果好的优点，但仅适用于污染物含量不高、取土方便的地区。

换土技术是指把受污染的土壤部分或全部移除，重新换入没有受污染的土壤。实践证明，换土技术是治理农田重金属严重污染切实有效的方法。

深耕翻土技术就是通过深耕翻动上下土层，从而降低表层土壤中的污染物含量的措施。但此技术只适用于土层深厚且污染较轻的土壤，同时要增加施肥量，以弥补因深耕导致的耕层养分减少。

客土和换土技术修复效果显著，能够较快地解决土壤污染问题。客土技术在污染土壤治理中已有一些应用实例。例如，德兴铜矿区的污染土壤经客土处理 3 年并进行植被恢复和重建后，表层土壤的有机质和速效磷、速效钾均有不同程度的提高，但是由于矿区污染非常严重，至今仍不能种植可食作物。日本神通川流域 20 多年来采用排土、覆土等客土法治理土壤，使土壤镉污染基本消除，治理后土壤生产的糙米中镉含量均在 0.4 mg/kg 以下，达到相应标准。但是这两种技术没有使土壤中的污染物从根本上去除，仅是使土壤表层的污染物浓度得到降低，但污染物仍保留在污染区域，能够通过淋溶作用对地下水造成污染，因此，这两种技术主要是针对一些移动性较差的污染物。客土和换土技术会使土壤肥力降低，需增加施肥量以提升土壤肥力，此技术只对于小面积的重度污染土壤的修复适用，对较大区域污染土地治理难以奏效。客土、换土和深耕翻土等物理工程措施最初在英国、荷兰、美国等国家被采用，达到了降低污染物危害的目的，是一种切实有效的治理方法。但该方法需耗费大量的人力、财力和物力，成本较高，且未能从根本上清除污染物，存在占用土地、渗漏和二次污染等问题，并非理想的土壤污染修复技术。

## 思考题

1. 什么是污染土壤物理修复技术？
2. 重金属污染土壤物理修复技术有哪些？请举例说明。
3. 有机物污染土壤物理修复技术有哪些？请举例说明。

# 第六章 污染土壤化学修复技术

## 第一节 化学修复技术定义及特点

污染土壤化学修复是利用加入土壤中的化学修复剂与污染物发生一定的化学反应，使污染物被降解和毒性被去除或降低的修复技术。相对于其他土壤修复技术而言，化学修复技术发展较早，也相对成熟。该技术利用的是污染物或污染介质的化学特性，通过各种化学试剂的施加来破坏（如改变化学性质）、分离或固化污染物，具有实施周期短、可用于处理各种污染物等优点。通常情况下，都是根据污染物类型和土壤特征，当生物修复等方法在速度和广度上不能满足污染土壤修复的需要时选择化学修复方法；但是化学修复技术容易导致土壤结构被破坏、土壤养分流失和生物活性下降等问题。

## 第二节 化学修复技术分类及应用

化学修复作为土壤修复传统的、有效的方式仍然有其不可替代的优势和特点。根据作用原理不同，化学修复技术主要包括土壤淋洗技术、化学氧化技术、化学还原技术、可渗透反应墙技术、溶剂浸提技术以及土壤改良技术等。

### 一、土壤淋洗技术

土壤淋洗（soil washing/flushing）修复技术可快速将污染物从土壤中移除，短时间内完成高浓度污染土壤的治理，而且治理费用相对较低廉，现已成为污染土壤快速修复技术研究的热点和发展方向之一。

**1. 技术原理**

土壤淋洗技术是指借助能促进土壤环境中污染物溶解/迁移的液体或其他流体来淋洗污染土壤，使吸附或固定在土壤颗粒上的污染物脱附、溶解而被去除的技术。

土壤淋洗按照修复的实现形式可以分为原位土壤淋洗和异位土壤淋洗。原位土壤淋洗主要利用注射井等将淋洗剂施加到土壤中，让淋洗液在重力或外力的作用下向下渗透，使淋洗液能与污染物充分接触并与之相互作用，最后通过淋洗液的收集将土壤中的污染物迁移出来。异位土壤淋洗通常将土壤从原位挖出，经过筛分后的土壤与淋洗剂均匀混合搅拌，反应一段时间后经过固液分离将污染物从土壤中排出，最后对淋洗液进行处理、循环。

**2. 淋洗剂种类及特点**

淋洗技术应用的关键是淋洗剂的选择，它可以是水、化学溶剂或其他可以把污染物从土壤中淋洗出的流体，甚至可能是气体。

(1) 无机淋洗剂 常用的无机淋洗剂包括水、酸、碱、盐等无机溶液，主要是通过酸解、络合或离子交换等物化作用来破坏土壤表面官能团与重金属形成络合物，从而将重金属交换解吸下来，随着淋洗液的排出可将土壤中的重金属去除。常用的无机淋洗剂主要有 $HCl$、$NaOH$、$CaCl_2$、$NH_4NO_3$、$FeCl_3$ 等。

无机淋洗剂的优点是效果好、速度快、成本低，可以有效去除土壤中的重金属污染物；缺点是部分无机淋洗剂酸度较高，会破坏土壤的理化和生物结构，并使土壤养分流失严重。此外，无机淋洗剂产液量大，难以回收利用，运营成本高，对处理设备的要求也较高，在实际应用中受到限制。

(2) 螯合剂 螯合剂主要是将土壤中的重金属由不溶态转化为可溶态，利用螯合作用与多种金属离子形成稳定的水溶性络合物，使重金属从土壤颗粒表面解吸。目前，在土壤淋洗修复中常用 2 类螯合剂：一类是氨基多羧酸类人工合成螯合剂，如乙二胺四乙酸（EDTA）、二乙三胺五乙酸（DTPA）、羟乙基乙二胺三乙酸（HEDTA）、乙二醇双四乙酸（EGTA）、氨三乙酸（NTA）、*N*-(2-乙酰胺)亚氨基二乙酸(ADA)、2,6-吡啶二羧酸（PDA）、*S*,*S*-乙二胺二琥珀酸(*S*,*S*-EDDS)、亚氨基二琥珀酸(IDSA)等；另一类是天然小分子有机酸类螯合剂，包括柠檬酸、草酸、苹果酸、酒石酸、乙酸、胡敏酸、富里酸、丙二酸等，能通过与金属离子形成可溶性的络合物促进金属离子的解吸作用，增加金属离子的活动性等。

人工螯合剂可溶解不溶性及被土壤吸附的重金属，易与重金属形成稳定的复合物，但其费用高，难以微生物降解而易造成二次污染，限制了其实际应用。相比之下，天然有机酸生物降解性较好，不会对土壤的理化性质造成大的破坏，对环境无二次污染，但需考虑成本问题。

(3) 表面活性剂 表面活性剂是指少量加入就能显著降低溶剂表（界）面张力，并具有亲水、亲油和特殊吸附等特性的物质。表面活性剂的作用是通过改变土壤表面性质，增强有机配体在水中的溶解性，或是发生离子交换，来促进金属阳离子或配合物从固相转移到液相中。因此，根据表面活性剂的性质不同，既可以去除有机污染物，也可以用于重金属污染土壤的淋洗修复。目前，在土壤淋洗研究和实践中使用的表面活性剂主要分为化学表面活性剂和生物表面活性剂 2 类。

化学表面活性剂也称为人工合成表面活性剂，主要包括阳离子表面活性剂如季铵化物等，阴离子表面活性剂如十二烷基苯磺酸钠（LAS）、十二烷基硫酸钠（SDS）等，两性表面活性剂如聚氧乙烯聚氧丙烯型、聚乙二醇型、糖苷 APG 型等，以及非离子型表面活性剂如吐温-80（Tween-80）和曲拉通 100（Triton X-100）等。国内外对化学表面活性剂去除难溶有机物进行了大量研究，结果表明，化学表面活性剂应用于有机污染土壤和地下水修复具有良好的前景，而对于重金属污染土壤的淋洗修复则作用不佳。

生物表面活性剂是指运用微生物、植物和动物产生的具有表面活性剂特性的物质，如糖脂、多糖脂、脂肽或中性类脂衍生物等。用于土壤淋洗修复研究的生物表面活性剂主要有皂角苷、Surfactin、鼠李糖脂、槐糖脂、环糊精等。大量研究表明，生物表面活性剂对重金属的去除能力较强，且对不同重金属具有各自的专一性，可通过络合作用去除重金属；但是对有机污染物的去除能力比化学表面活性剂要低。

（4）复配淋洗剂　复配淋洗剂淋洗修复是指对不同类型的淋洗剂进行优化复配，运用复配药剂的协同增溶效应，达到实现强化土壤中污染物最大去除效率和节约淋洗剂使用量的目的。使用多种表面活性剂进行连续的土壤淋洗，对污染物的去除效果往往要优于使用单一表面活性剂。另外，还可在表面活性剂溶液复配基础上再加入助剂以进一步提高淋洗液的淋洗效率。多种淋洗剂复合应用可以提高淋洗剂的淋洗效果，同时可减少淋洗剂对土壤的破坏作用。利用不同化学淋洗剂对金属去除能力的差异进行组合的多步淋洗法，是一种较为高效的去除污染土壤中重金属的化学淋洗修复方法。

**3. 影响因素**

在实际操作中，影响淋洗技术效果的因素较多，主要包括土壤性质、污染物性质以及工艺操作条件等。

（1）土壤性质的影响　影响淋洗效果的土壤性质主要是粒级分配、质地、有机质含量、阳离子交换能力等。不同的土壤类型与污染物的结合力也不尽相同，当土壤中至少含50%～70%砂土时，比较适合采用淋洗技术；黏土对污染物的结合力比砂土强，导致淋洗效果不佳。有人认为黏质土/壤质土占整个土体20%～30%时，利用淋洗法治理效果不佳；土壤有机质含量较高、阳离子交换能力较大时也对淋洗效果有影响，不利于污染物的去除。

（2）污染物性质的影响　不同类型的污染物与污染土壤通过不同的物理化学吸附形成不同的键合形式，且各种类型污染物与土壤结合紧实程度的差异性以及污染物在土壤中的非均质分布，均使淋洗法去除效果不尽相同。

土壤中重金属的存在形态主要有有机态、可溶态、交换态和残渣态，这些形态按照淋洗效率从大到小的顺序排列为交换态＞碳酸盐结合态＞铁锰氧化物结合态＞有机物结合态＞残渣态。土壤淋洗能有效去除以有机态、可溶态、交换态结合的重金属；这几种形态的重金属的环境风险较高，是土壤中的潜在污染物；而以残渣态形式结合的重金属，其生物有效性非常低，去除难度较大，环境风险也较低，因此，以有效态形式存在的重金属是土壤淋洗的重点。

有机污染物质在污染场地土壤中的起始浓度是影响淋洗法修复效果的重要因素。一般认为，当土壤中初始污染物浓度较低时，主要的污染物在土壤颗粒表层呈单层吸附或优先分配吸附至土壤有机质中，与土壤颗粒物结合力较强，而难以淋洗去除；当土壤中初始污染物浓度较高时，污染物在土壤表面呈多层吸附，部分外层污染物由于吸附力相对较弱而较易淋洗去除；但对于超高浓度有机污染场地土壤，土壤颗粒吸附已达到饱和，多余的部分就以自由状态存在，此部分较易淋洗去除，但当以自由状态存在的污染物被快速淋洗去除以后，剩余污染物的淋洗去除率往往增加缓慢。有机污染物质在污染场地土壤中往往分布极不均匀，这增加了淋洗修复的难度。此外，有机污染物质在场地土壤中老化程度也将显著影响淋洗法去除效果。随着老化时间的增加，污染物与土壤颗粒有机矿质复合体物化键合作用也越稳定，吸附作用更强烈，同时在土壤微生物的作用下，污染物往往可以进入土壤颗粒微孔结构内部而稳定存在，因而难以通过淋洗法完全去除。

（3）工艺操作条件的影响　工艺操作条件主要包括搅拌强度、淋洗时间、固液比及淋洗温度。

①搅拌强度影响颗粒间的碰撞摩擦作用，有助于被吸附的和硬壳态污染物的洗脱；搅拌也在一定程度上能将团聚的土壤分散，从而促进被土壤颗粒包裹的污染物的释放。

②不同的淋洗剂对土壤的反应平衡时间存在较大差异，淋洗时间不宜过长，其一方面增加处理费用；另一方面有可能使油水形成乳化液，不利于后续废液的处理和回收。

③提高液固比一般会提高污染物的去除率，这是由于提高液固比相当于提高了单位质量污染土壤所加入的淋洗液的量。

④淋洗温度对土壤中污染物的去除效率有一定影响，一般条件下，提高温度有助于提高污染物的去除效率，温度升高污染物的溶解量会增大，但是过高的温度会导致表面活性剂自身的增溶空间减少，增溶量反而下降。

因此，选取合适的淋洗工艺操作条件不仅有助于实现污染物的去除，同时能兼顾修复成本。

**4. 技术特点及适用范围**

土壤淋洗修复技术可去除大部分污染物，如半挥发性有机物、多环芳烃（PAHs）、重金属、氰化物及放射性污染物等；其工艺操作灵活，可原位进行也可异位处理，异位修复又可进行现场修复或离场修复；该技术既可单独应用，也可作为其他修复方法的前期处理技术；且其修复效果稳定、彻底，周期短，效率高。但是，土壤淋洗也存在一定的局限性，主要表现为对质地比较黏重、渗透性比较差的土壤修复效果相对较差。目前，去除效率较高的淋洗剂价格都比较昂贵，难以用于大面积的实际修复，且存在洗脱废液的回收处理问题和淋洗剂在土壤中的残留可能造成的土壤和地下水的二次污染问题。

土壤淋洗修复技术能够高效地修复大粒径级别的污染土壤，较适合处理沙砾、沙以及黏度较小的土壤中的污染物，一般适合修复黏土含量小于30%的土壤。

**5. 应用实例**

欧美国家开展污染土壤化学淋洗修复工程较早，有较多实际案例。

例1：英国伦敦将2012年奥运场馆建设在伦敦东部斯特拉福德的垃圾场和废弃工地上，该地被石油、汽油、焦油、氰化物、砷、铅、低含量放射性物质和有毒工业溶剂等污染，污染土壤大约有100万 $m^3$。美国CH2M HILL公司成功运用土壤异位淋洗法修复这块土地，使土壤得到“解毒”。

例2：美国超级基金项目中，美国新泽西州Winslow镇的一块土地被重金属砷、铍、铬、铜、铅、镍和锌所污染，处理的土壤和污泥量近19 000 t，该地采用异位淋洗方法，包括土壤清洗系统、筛分、固液分离、空气浮选、污泥浓缩和土壤脱水等工艺，成功地修复了该污染点的土壤重金属污染。美国马萨诸塞州Monsanto地区有34 $hm^2$ 田地受到萘、BEHP、砷、铅和锌污染，1996年技术人员在该地搭建了处理能力为15 t/h的清洗工厂对该地进行异位土壤淋洗修复工程；该工程共修复土壤9 600 t，污染物去除率达93%，土壤清洗和生物修复总费用为90万美元。

土壤淋洗修复技术在中国的工程应用目前还处于起步阶段。已有该技术用于耕地重金属修复和工业废弃场地重金属修复的应用案例报道。

例3：甘肃白银市的某村长期用受污染的河水浇灌土地，导致部分耕地受重金属污染而弃耕。污染“重灾区”东大沟流域在2009年启动“城郊东大沟流域农田重金属污染治理示范工程”，采用化学淋洗的方法分离污染土地中的重金属元素，把掺杂了化学试剂的受污染土壤埋入改良工程淋洗池中，使其达到可耕种土地标准。

例 4：邹泽李报道了在某地电镀厂旧址，修复目标污染物为铬、铜、镍、铅、锌等五项，采用淋洗技术处理土方量 387.7 t，修复后土壤中重金属达到国家展览会 B 级标准，并进行回填。修复过程中的旧淋洗液处理后回用，剩余废水达到地方排放标准后排入附近渠道。修复过程中产生的含重金属污泥为危险废物，已委托有资质的单位进行处理。

## 二、化学氧化技术

化学氧化（chemical oxidation）修复技术具有二次污染小、修复污染物的速度快两大优势，能节约修复过程中的物料、监测和维护成本。化学氧化修复具有药剂投放方式多样、治理方案灵活性高等特点，可根据场地实际情况需要因地制宜调整优化。因此，化学氧化修复方法被广泛应用。

**1. 技术原理**

化学氧化技术是向污染场地中加入化学氧化剂，依靠化学氧化剂的氧化能力，分解破坏污染环境中污染物的结构，使污染物降解或转化为低毒、低移动性物质的一种修复技术。化学氧化修复在多数情况下是指原位化学氧化修复。原位化学氧化修复技术（in situ chemical oxidation，ISCO）是指将氧化剂以固态、液态或气态的方式注入污染土壤中，氧化剂在地下水流动、渗透及重力或浮力的作用下扩散并覆盖污染区域，进而与污染物接触并氧化，从而使污染物得以降解或通过化学转化机制去除污染物的毒性，使其活性或生物有效性下降的方法。ISCO 不需要将污染土壤全部挖掘出来，只需在污染区的不同深度钻井，将氧化剂注入土壤中，通过氧化剂与污染物的混合、反应使污染物降解或导致形态的变化。

**2. 氧化剂种类及投加方式**

通常，ISCO 中的氧化剂应遵循以下原则进行选择：首先反应必须足够强烈，使污染物通过降解、蒸发及沉淀等方式去除，并能消除或降低污染物毒性；其次氧化剂及反应产物应对人体无害；最后修复过程应兼具实用性和经济性。常用的 ISCO 氧化剂包括高锰酸盐（如 $KMnO_4$）、过氧化氢（$H_2O_2$）/Fenton 试剂、$O_3$ 和过硫酸盐等。

氧化剂的投加与分散技术是原位化学氧化修复技术的核心。氧化剂投加与分散方式的选择与污染场地的土壤渗透性、特征水平、污染深度、氧化剂性质、修复费用等相关。目前，经济技术可行的氧化剂投加与分散技术主要包括直压式注射法、注射井法、土壤置换法和高压-旋喷注射法。这些技术具有土壤扰动小、工艺简单等特点。工程实施中一般选取一种技术或两种技术的组合，辅以氧化剂投加点的布设技术，达到修复整个污染场地的目的。

（1）直压式注射法　直压式注射是指将氧化剂以一定压力通过注射管道注入污染土壤中。注射管道随钻探机械下钻过程进入污染土壤，在其长度方向上根据土壤污染深度分层设置氧化剂扩散孔。氧化剂在注射泵的压力作用下经扩散孔进入每层污染土壤，在水平方向形成稀薄的氧化剂层，再进行纵向渗透扩散迁移，互相交汇，进而覆盖整个污染区域。

$KMnO_4$ 和 $Na_2S_2O_8$ 等稳态氧化剂的注射速率为 3.5～7.6 L/min，注射压力为 140～200 kPa。国外注射管道上扩散孔的纵向间距一般为 1.5～3.0 m；国内土壤调查取样的纵向间距一般为 2 m。适当增加氧化剂溶液的注射压力或注射速率可以在地下发生破裂反应，形成氧化剂扩散的快速通道，增强氧化剂的作用范围。但注射压力过高则会造成冒浆或形成过大的裂隙，导致氧化剂向非目标区域扩散。

直压式注射法是目前工程应用中使用最多的氧化剂投加方式，具有灵活性高、效率高等优点。但此方法不适用于地下岩石较多或管路复杂的区域。氧化剂注射完成后，需拔出注射管道，形成的注射孔用混凝土或膨润土填充，以免引起氧化剂回流富集而影响修复效果。

(2) 注射井法　注射井法是在地下水监测技术上发展起来的一种氧化剂投加方式。采用聚氯乙烯或金属材料在污染区域范围内建立注射井，氧化剂在常压或高压下被加入注射井中，在横向和纵向的扩散作用下逐渐覆盖整个污染区域，与污染物接触反应后达到修复效果。注射井法可重复注射氧化剂，但注射位置固定。氧化剂注入后通常以自由渗透扩散的方式进行横向和纵向迁移。采用封闭井或套管井的方式可将氧化剂在高压下注入污染土壤。将注射井法与抽水井或循环井联用，可实现原位化学氧化修复技术在低渗透性土壤中的应用。采用抽水泵抽取下梯度方向的地下水，加速地下水流动，可增大氧化剂的扩散速率。抽水井同时可作为监测井，通过监测水中的污染物浓度和氧化剂浓度，对扩散效果进行分析。

注射井法适用于除 $O_3$ 以外的所有固态或液态氧化剂。使用该注射方式时，需通过完整的场地数据模拟出准确的污染分布。注射井法需要大量的辅助设施，因此费用较高，工艺相对复杂。但由于该法具备详细的设计参数和精准的监测数据，得到了越来越广泛的应用。

(3) 土壤置换法　土壤置换法是指将场地中特定区域的污染土壤挖出，置换以固态的氧化剂，形成氧化剂的扩散柱或扩散墙，地下水溶解氧化剂后流动至污染区域，与污染物反应，达到土壤修复的目的。此方法只适用于稳态氧化剂和污染较浅的场地。工程实践应用中也有不挖掘土壤的，而是将氧化剂通过机械搅拌的方式与污染土壤进行混合，形成氧化剂柱，氧化剂柱深度可达 14 m。

(4) 高压-旋喷注射法　高压-旋喷注射法是在高压旋喷桩的基础上发展起来的一种氧化剂投加方法。高压旋喷桩是指在静压灌浆的基础上，引用水力采煤技术，利用射流作用切割掺搅地层，同时灌入泥浆或复合浆形成凝结体，达到加固地基、防渗止水的目的。将高压旋喷桩工艺中的泥浆换成原位化学氧化修复技术中的氧化剂，即为高压-旋喷注射技术。高压-旋喷注射法是一种土壤结构摧毁式的药剂注射技术。药剂在高压下跟随搅拌柱旋转喷射进入土壤，与土壤深度混合，土壤结构完全改变。国外早期的原位固定化、稳定化技术大多采用此方式。但将高压-旋喷注射法用于原位化学氧化修复技术目前只适应于浅层污染，但在深层污染土壤的应用尚需进一步探讨。

**3. 适用范围**

ISCO 常用来修复被油类、有机溶剂、多氯联苯（PCBs）以及非水相氯化物（如三氯乙烯）等污染物污染的土壤和地下水，通常这些污染物在污染地下环境中长期存在，很难被生物降解。与其他技术相比较，ISCO 具有所需周期短、见效快、成本低和处理效果好等优点。国外最近的现场修复治理中，ISCO 技术的应用占了 33％左右。

化学氧化技术适用于多种环境条件下污染物的去除，氧化剂的分散性和反应活性是制约其应用成功的关键因素。不同氧化剂对污染物的适用性见表 6-1。这几种氧化剂在土壤修复过程中都会产生气体挥发、放热、形成副产物和金属增溶等潜在危害。除了高锰酸盐不需要考虑碳酸盐的影响，其他 3 种氧化剂的修复效果都显著受到土壤中碳酸盐含量的影响。此外，低渗透性土壤及地下非均匀性对氧化剂的注入或浸提液的分散性具有很大的影响。

表 6-1 不同化学氧化剂的适用范围

| 氧化剂 | 适用 | 勉强适用 |
|---|---|---|
| $H_2O_2$/Fenton 试剂 | 氯代烷烃、氯代烯烃、石油及苯系物(BTEX)、甲基叔丁基醚(MTBE)、酚类、氯苯、1,4-二氧六环、烈性炸药 | 多环芳烃(PAHs)、多氯联苯(PCBs)、$CH_2Cl_2$ |
| $O_3$ | 氯代烯烃、BTEX、MTBE、酚类、氯苯、有机氯农药、总石油烃(TPH) | PAHs、$CH_2Cl_2$ |
| 高锰酸盐 | 氯代烯烃、MTBE、PAHs、酚类、硫化物 | 苯、杀虫剂 |
| 过硫酸盐 | 石油烃、苯、酚类、多环芳烃、MTBE、氯乙烯、氯乙烷、五氯酚(PCP) | 四氯化碳、PCBs |

**4. 应用实例**

(1) 高锰酸盐土壤修复实例

例 1：某柴油污染场地土壤中总石油烃（TPH）初始浓度为 4 000 mg/kg，采用质量分数 5%的 $KMnO_4$ 溶液修复柴油污染土壤，120 d 后，$KMnO_4$ 降解 72%，生物降解 13%，土壤中微生物数量从 $1.1\times10^4$ CFU/g 升至 $1.6\times10^7$ CFU/g，由于氧化剂降低了 TPH 浓度，即在一定程度上降低了土壤的微生物毒性，同时氧化产生的副产物可作为微生物生长的碳源，也可促进微生物生长。对于柴油污染土壤，$KMnO_4$ 对 TPH 去除效率低于 $Na_2S_2O_8$，高于 $H_2O_2$，这 3 种氧化药剂在土壤中可存在的时间与其对 TPH 去除效率一致。

例 2：美国 USG 公司位于加利福尼亚州的拉米拉达遗留场地中三氯乙烯（TCE）、1,1-二氯乙烯(1,1-DCE)采用高锰酸钾进行原位化学氧化修复。场地的蓄水层沉积物主要为粉质砂土和砂质粉土，层间为黏土及黏质砂土，蓄水层的渗透系数极高，为 5.48 m/d，蓄水层厚度约 7.62 m；地下水流向为西北方向，流速为 5.18 cm/d。污染深度 24～32 m，污染羽范围约 5 110 $m^2$。氧化剂分 6 组进行注射投加，每次注射 5 678 L，质量浓度 5%的 $KMnO_4$ 总注射量 34 068 L。根据现场测量的水质变化情况，确定有效处理半径约 10.7 m，实际场地受地下水抽提水力梯度的作用，实际处理半径约增加 4.6 m。场地现有的 11 个水井被用作监测井，监测 6 个月，主要监测电导率、氧化还原电位、浊度、周围水体颜色（粉、紫）。对污染场地注射 $KMnO_4$ 进行氧化修复，短期内 TCE 及 1,1-DCE 的去除率可达 86%～100% ，且在修复后连续 12 个月的监测中未出现浓度回弹现象。对于 TCE，70 d 内，3 个最近的监测井（距离 10.7 m 以内）检测的 TCE 浓度均低于检出限（$<1.0$ μg/L)，最大降解量为 280 μg/L；70～160 d 内，后添加的 3 个监测井（距离为 12.2～13.7 m）监测数据也表明，TCE 被强降解，最大降解量为 385 μg/L。对于 1,1-DCE，其中 1 个监测井监测的 1,1-DCE 最大降解量为 270 μg/L，另 5 个监测井监测的 1,1-DCE 最大降解量为 681 μg/L。

(2) Fenton 试剂原位氧化修复实例

例 1：美国加利福尼亚州的 Pierce 加油站旧址场地中苯系物（BTEX)、石油烃（TPH）采用 Fenton 试剂进行原位氧化修复。污染源为原加油站界外距加油站西南面 45 m 处的汽油井，横穿两条交通道路。地下水缓流梯度为 0.008 m/m，流速为 1.2 cm/d；蓄水层沉积物主要为粉土，少量低渗透性黏土；Fe 的背景值为 6～338 mg/L，总有机碳含量为 17～35 mg/L。主要污染物为 BTEX 和 TPH，没有 MTBE。污染羽位于浅层冲积蓄水层，深度为地表下 9～12 m，预估污染区域范围为 656 $m^2$，蓄水层体积 3 976 $m^3$，BTEX 和 TPH 最大污染浓度分别为 2 000 和 65 000 μg/L。在场地内共设置 21 个注射井（深度为 9.5～14 m），在全过程中使用，注射井的有效半径为 4.6 m。各注射井的间隔约 7.6 m，交错排列用于获得重叠的修复半径，并覆盖场址外的污染羽。场地的地下水需预先注射催化剂（$FeSO_4$ + HCl），本案例中每注射井添加 189 L 催化剂。$H_2O_2$ 氧化剂通过重力投加，不用泵也不加压，在添加的同时监测井下温度，以此调节 $H_2O_2$ 的添加速度，确保地下水温不超过 82 ℃。这个步骤进行 4 周后，$H_2O_2$ 的总投加量为 32 555 L，平均投加量为 1 628 L/井。修复后 BTEX 的浓度由 2 000 μg/L 降至 240 μg/L，去除率达 88%；TPH 的浓度由 62 000 μg/L 降至 4 300 μg/L，去除率达 93%。

例 2：江苏某柴油污染场地 TPH 浓度 2 456～8 912 μg/L，采用体积分数为 8%的 $H_2O_2$ 溶液 60 $m^3$ 与体积分数为 5%的 $H_2SO_4$ 溶液 25 $m^3$ 修复，70 d 后 TPH 浓度降至 1 635～3 789 μg/L。使用 Fenton 试剂修复石油污染土壤时，土壤中石油烃降解菌数量显著增加，由于 Fenton 试剂增加了土壤中氧气含量，促进了微生物生长。在实际应用中，提高 $H_2O_2$ 浓度，过量的 $H_2O_2$ 主要被土壤有机质（SOM）消耗，并不能提高石油烃的氧化效果。

（3）臭氧原位氧化修复实例

例 1：美国纽约州伊利昂的燃油配送点遗留场地中多环芳烃（PAHs）采用臭氧-氧气进行原位氧化修复。场地土壤成分包括本地原土（粉质土）及填充覆土，在下水位 2.1～2.4 m。污染主要发生在灌油桥台区域附近，污染面积约 1 858 $m^2$，污染深度范围为 0.6～2.4 m，受影响土方量 > 4 587 $m^3$。主要污染物包括苯并蒽、苯并芘、苯并荧蒽等，总污染浓度范围为 13 500～32 520 μg/L。共设置 10 个喷射点用于直接喷射，设有浅层气体抽排系统，用于控制系统气体排放。设置多点、连续的臭氧监控系统，用于监测周围氧气浓度，并控制系统的安全。修复后场地土壤质量达到 TAGM 4046 土壤标准的要求。60 d 内有效去除率高于 90%，对修复后的土壤样品进行快速检测分析，PAHs 的浓度低于检出限。

例 2：美国加利福尼亚州索诺玛某木材加工厂遗留场地中五氯苯酚（PCP）、石榴油（CPAH）采用臭氧进行修复。场地污染主要为浸泡槽处理木杆遗留物质，其次为铁路调车线附近，装卸木制加工品时对场地的污染。土壤主要由分层的非均质砂土组成，地下水深 1.2～4.6 m，且随季节变化。场地所在区域的气候，夏季干燥炎热，冬季极度潮湿。在此项目进行期间，有 50%以上的时间处于厄尔尼诺潮湿天气，地表水位在 0.9～3.4 m 内变化，应对如此急剧变化的水文地质条件，需要根据气候条件调整加样方式。PCP 和 CPAH 在场地内最大处理浓度分别为 220 和 5 680 mg/kg。场地分污染区进行分别处置，其中一个处置区包含 3 个不同级别的臭氧注射井，另一个处置区包含 5 个注射井。$O_3$ 气体配送模式包括 $O_3$ 喷射和 $O_3$ 注气。其中，当厄尔尼诺气候时，许多 $O_3$ 注射井被用作 $O_3$ 喷射井。在地下土壤样品区域设置多种监测仪表，用于评估修复处置前后污染物的相位分布，包括：①土壤湿度测定仪、真空压力溶度计，用于测定通气层的土壤水分及 NAPL；②压强计，用于测定地下水样品；③热电偶式温度计，用于监测场区地表面温度；④土壤蒸气探针，用于监测土壤气体。

原位的臭氧修复工程耗时 1 年完工，大约 3.6 t 的氧化剂被传输到地下，每千克土壤平均 $O_3$ 投加量为 1.9 g。修复过程中，对 $O_3$ 进行有效传输，且 $O_3$ 通过气体传质进入液相，其浓度呈数量级分布，且分布区间大：低浓度区的浓度小于 1 μg/kg；高浓度区的浓度可达数百微克每千克，说明 $O_3$ 在地下表面进行快速的氧化及降解反应。经修复后 PCP、CPAH

的平均去除率达 93%，最大去除率高于 98%，将污染物由较高浓度降至低于检出限。不仅土壤样品中的污染物浓度显著下降，液相中的 PCP 及 CPAH 的浓度也显著降低。溶度计的监测数据显示，在修复区，大约在 $O_3$ 注射 1 个月后，溶解态的 PCP 及 CPAH 浓度就表现出数量级的下降。从不同结构性质的污染物的去除率一致的结果推测原位 $O_3$ 修复过程并不严格受污染物在非水相或吸附相与液相的传质过程影响。

（4）过硫酸盐原位氧化修复实例　国外的现场修复实例显示了过硫酸盐活化技术的巨大潜力。FMC 公司是目前国际上过硫酸盐的最大供应商，过硫酸盐活化相关技术已申请专利保护，其品牌产品 Klozur® 过硫酸盐活化技术已应用于美国 35 个州的 300 个现场实例，用于修复受石油烃、MTBE、PAHs、PCBs、氯代烷烃、氯代烯烃、1,4-二氧杂环乙烷、酮等污染的土壤和地下水。

例 1：在美国北卡罗来纳州某受 BTEX、MTBE 及萘污染现场（210～3 200 μg/L）浓度，连续注气（air sparging）两年后污染仍未消除（53～300 μg/L）；通过在现场中心打一井并注入 1 249 L 质量分数为 8.8%过硫酸盐，在其周围 4 个布点处注入蒸气，40 h 后几乎所有污染物已检测不到。

例 2：美国加利福尼亚州 Eastland Woolen Mill 排放的氯苯非水相流体直接污染了其地下环境，1999 年被列入优先治理名单，1999～2004 年进行的土壤挖掘和热处理未起到良好效果，地下水中总挥发性有机物仍有 100～10 000 μg/L。2003～2006 年的过硫酸盐氧化技术从小试、中试至现场治理均显示了该技术在氯苯污染地下水治理上的良好效果，注入 27 000 gal（1 gal≈3.785 L）130 g/L 的过硫酸盐后，地下水中 90%和土壤中 60%的污染物得以降解。

例 3：美国洛杉矶某污染区黏土中二氯甲烷浓度高达 2 800 mg/L，22 d 内在 17 个井中注入约 7 250 kg 过硫酸盐，120 d 后通过 6 个检测井发现二氯甲烷浓度减少了 94%～99%。在新泽西州 Hoboken 市某受三氯乙烯（TCE）及其衍生物污染现场将过硫酸盐（10 g/kg）直接混入 5 000 t 饱和土中，1 周后地下水中挥发性有机物浓度从 100～200 mg/L 降至小于 0.1 mg/L。

## 三、化学还原技术

土壤化学还原（chemical reduction）技术一般应用于饱和层的土壤和地下水，对于非饱和层的土壤，在修复过程中需要添加一定的水，以最大限度地保证厌氧条件并促进还原剂的分散。化学还原技术具有适应性强、二次污染小等特点，可以用于高污染和中低污染土壤的修复。

**1. 技术原理**

化学还原技术是利用化学还原剂将污染物还原为难溶态（重金属污染物）或低生物毒性的产物，从而降低污染物在土壤环境中的迁移性和生物可利用性的一种技术。化学还原技术可分为原位和异位化学还原法。

土壤的原位化学还原法是指在污染现场就地投加或注射化学还原剂作为电子供体，并在现场利用人工或机械设备对土壤进行有限的翻动搅拌，完成污染物与药剂的接触混合，从而通过氧化还原反应实现修复目的。其中，原位化学还原脱氯修复技术多用于土壤下层较深较大范围内呈斑块状扩散的氯代烃类非水相有机污染物的治理，是目前在欧美发达国家新兴起来的用于原位去除污染水中有害组分的方法。原位化学还原法不需要土壤挖掘和外运，对现场景观地貌和地面建构筑物的影响小、处理成本低，但存在着实施周期长，以及由于土壤的非均质性以及搅拌等工程手段的限制，较难保证处理效果一致性的缺陷。

土壤的异位化学还原法是将污染土壤从污染现场移至指定的防渗堆场或反应器内，在工程控制条件下通过投加适当的还原剂对污染土壤进行处理，并将修复达标后的土壤回填至原处或是送至其他地方的修复技术。异位化学还原法所需的修复周期相比于原位化学还原法短，且通过匀化、筛分、连续搅拌等控制手段可以更好地实现处理效果，但挖掘和运输成本较高，且影响地貌环境和现场建筑物的结构稳定性。

**2. 还原剂种类及特性**

化学还原法中可使用的还原剂来源广泛，包括铁系、硫系、有机系等，而这些物质中很多本来就存在于土壤中，使用产生的环境影响较小。

（1）铁系还原剂　零价铁和亚铁。

①零价铁（ZVI）　ZVI 按照粒度分为粗粉、中等粉、细粉、微细粉和超细粉五个等级。粒度为 150～500 μm 范围内的颗粒组成的铁粉为粗粉，粒度在 44～150 μm 为中等粉，粒度为 10～44 μm 的为细粉，粒度为 0.5～10 μm 的为极细粉，粒度小于 0.5 μm 的为超细粉。用于饱和土壤和地下水修复的一般为粒径小于 150 μm 的铁粉。ZVI 既可以通过井注射，也可以放置在污染物流经的路线上，或者直接向天然含水土层中注射微米甚至纳米级 ZVI 胶体。注射微米、纳米级 ZVI 胶体的优势在于，由于反应的活性表面积增大，因此用少剂量的还原剂就可达到设计的处理效率。深度土壤混合技术和液压技术都能用来向土壤下层注射 ZVI 胶体，也可以布置一系列的井，创造 ZVI 活性反应墙。

ZVI 化学性质活泼，电极电位 $E$（$Fe^{+}/Fe$）＝－0.44 V，具有较强的还原能力，可将金属活动顺序表中排于其后的金属置换出来并沉积在铁表面，还可以将氧化性较强的离子或化合物及某些有机物还原。ZVI 不仅能去除重金属、偶氮染料、硝基芳香族以及硝酸盐、高氯酸盐等污染物，还能降解氯代有机物，包括氯代烷烃、氯代烯烃、氯苯类、含氯有机农药、氯代酚以及多氯联苯等。

ZVI 可以将氧化态重金属（铬、砷、铀、硒、钼等）还原，被还原重金属离子通过水解作用，以氢氧化物的形态结合在高价态铁离子表面，形成稳定的络合物。另外，对于二价金属（铜、锌、镉、铅）污染的地下水，通过投加 ZVI 和其他有机物（如植物油、乳酸盐、糖蜜等），可以创造很强的还原环境，将地下水中的硫酸盐还原成 $H_2S$。$H_2S$ 与地下水中的重金属形成稳定的金属硫化物沉淀。往氯代有机物污染的地下水投加 ZVI 后，在好氧或厌氧条件下 ZVI 被氧化为铁离子，作为电子供体为氯代有机物的还原反应提供电子。氯代有机物作为电子受体，主要通过氢解反应和 $\beta$-消除反应的途径进行还原脱氯，逐步被还原为低氯或无氯的中间产物，然后通过加氢反应最终生成烯烃和烷烃并被土壤微生物降解。

②亚铁　亚铁是一种优异的还原剂。在铬污染水体中，$Cr^{4+}$ 以 $CrO_4^{2-}$ 或 $HCrO_4^-$ 的形式与 $Fe^{2+}$ 反应生成铁和铬的氢氧化物共沉淀。亚铁作为一种有效的还原剂，与 $Cr^{4+}$ 的反应速率常数远大于亚铁与氧的反应。自然界中存在大量的含 $Fe^{2+}$ 矿物，其中一些矿物可以起到还原 $Cr^{4+}$ 的作用。亚铁与某些矿物的表面络合会强烈影响其氧化速率，特别是地下含水层沉积物表面存在的铁的氢氧化物、氧化物及水化物，能够强烈吸附 $Fe^{2+}$，且其吸附作用随 pH 的增加而增强。在还原性条件下，亚铁主要来源于高价铁的氢氧化物和含铁硅酸盐的

还原性溶解过程。此外，含亚铁的矿、建筑材料如水泥物等直接风化也可以产生亚铁。亚铁修复地下水污染的效果受固相矿物、系统 pH、固相矿物及其他水化学条件等因素的影响。

虽然 $Fe^{2+}$ 是 $Cr^{4+}$ 的有效还原剂，但在实际铬污染修复应用中却受到一定的限制。例如，处理受铬污染地下水时，由于 $Fe^{2+}$ 氧化后形成沉淀，导致含水层孔隙堵塞，直接降低其修复效率。在实际地下水修复过程中，酸化的硫酸亚铁在达到污染位点之前，pH 上升至周围环境水平，导致 $Fe^{2+}$ 被氧化成 $Fe^{3+}$，从而导致其还原能力降低。此外，由于水溶性 $Fe^{2+}$ 迁移性很强，在地下水系统中对 $Cr^{4+}$ 进行还原固定化时，需要多次投加以弥补 $Fe^{2+}$ 的流失。

（2）硫系还原剂　$SO_2$、$H_2S$、连二亚硫酸盐、多硫化物等。

①$SO_2$　利用 $SO_2$ 作还原剂的原理是以此产生系列反应，使土壤矿物结构中的 $Fe^{3+}$ 被还原成 $Fe^{2+}$，接下来由 $Fe^{2+}$ 还原迁移态的还原敏感污染物，使之成为活性反应区。$SO_2$ 还原剂可用于去除地下水中对还原作用敏感的污染物，包括铬酸盐、铀和锝以及一些氯化溶剂。通常将 $SO_2$ 溶解在碱性溶液中，以碳酸盐和重碳酸盐做缓冲溶液注入污染土壤。反应后，氯代试剂分子结构由还原脱氯作用而发生变化；铀、锝被还原成难溶态；铬酸盐被还原成三价铬氢氧化物或铁、铬氢氧化沉淀后，在周围环境中转变为固定态，很难被再度氧化。

②$H_2S$　对于土壤包气带的重金属 $Cr^{4+}$，使用固体还原剂进行修复较为困难，而直接使用液态还原剂又存在污染物向饱和含水层迁移的风险。基于包气带修复中存在的实际问题，美国西北太平洋国家实验室提出了一种以气态 $H_2S$ 为还原剂的气相原位还原技术。此处理方法类似于土壤通气。原位实施修复工程时，由于 $H_2S$ 呈气态，因此处理装置要特别设计。总的思路是气体通过钻井注射方法注入污染土壤的中部，一系列的抽提井建造在其外围，除去多余的还原剂并控制气流状态。为了防止废气溢出地表，地面上还要覆盖一层不透气的遮盖物。在处理过程的最后阶段，整个系统通入空气将残余的还原剂清除出去。

硫化氢气体能够高效还原包气带土壤中的 $Cr^{6+}$，加入的 $H_2S$ 能够将 $Cr^{6+}$ 还原成 $Cr^{3+}$，并继续转化成氢氧化铬沉淀，$H_2S$ 本身转化成硫化物，而单质硫是硫化物在厌氧条件下被氧化的主要产物。过量的 $H_2S$ 能够与土壤中铁的高价氧化物反应而消耗，硫化物被认为是没有危险的，三价铬氢氧化物的溶解度又非常低，因此不会导致环境风险。

③连二亚硫酸盐　将连二亚硫酸钠溶液注入地下水污染羽的下游区域，通过原位还原地下含水层沉积物中含 $Fe^{3+}$ 矿物，可以原位产生一还原性区域，从而使来自上游，流经该区域的污染物被还原固定。

连二亚硫酸根的还原反应可以概括为 2 步反应：第一步是连二亚硫酸根解离生成 2 个亚硫酸根自由基；第二步是亚硫酸根自由基与氧化性物质反应生成亚硫酸根和亚硫酸氢根离子。因为亚硫酸根自由基具有很高的反应活性，因此，连二亚硫酸根离子的解离是反应的控制步骤。

连二亚硫酸钠和亚铁盐的联合使用对铬污染地下水的修复具有良好的效果。这是由于连二亚硫酸钠能够还原部分溶解态 $Cr^{4+}$ 及部分污染区域存在的 $Fe^{3+}$ 氧化物，此外连二亚硫酸钠也可能还原某些对 $Fe^{2+}$ 还原 $Cr^{4+}$ 起竞争作用的氧化物。

④多硫化物　水溶液中，多硫化物主要以混合物形式存在，主要包括多硫酸根（$S_x^{2-}$，其中 $x=2\sim6$，常温碱性溶液中以 $S_4^{2-}$ 和 $S_5^{2-}$ 为主）、$HS^-$、硫代硫酸盐（$S_2O_3^{2-}$）、连二硫酸盐（$S_2O_6^{2-}$）和 $H_2S$。其中多硫酸根和 $HS^-$ 是多硫化物的主要还原成分，其浓度是其他硫化物的 10 倍以上。

多硫化物用于电镀厂污染土壤以及木材厂附近的铬污染地下水的修复均取得了较好的效果。相比连二亚硫酸钠和硫酸亚铁，多硫化物在地下水环境中具有更稳定、还原能力更持久等特点。无机多硫化物，在碱性溶液中非常稳定，具有很强的还原活性。但目前由于多硫化物引入环境修复领域的时间较短，其应用研究还亟须开展相关实验室研究工作，也需要进一步积累现场修复经验。

(3) 有机物　对于重金属 $Cr^{4+}$，土壤和地下水环境中存在的天然有机质可以将其还原。在自然水体中存在的可溶性小分子有机酸，也能对 $Cr^{4+}$ 起到还原作用。有机物对 $Cr^{4+}$ 的还原大多发生在酸性条件下，且反应速度随 pH 升高而降低。一些有机物还原铬后还可能生成可溶性的有机物——$Cr^{3+}$ 的复合物，这种情况下不能起到固定铬的作用。有机物作为还原剂的修复重金属的要求较高，反应速率也较慢，目前多处于实验室的理论研究为主，缺乏实际应用研究。

**3. 影响因素**

(1) 溶解氧和其他电子受体的竞争　在有氧条件下（溶氧超过 0.5 mg/L），溶氧是优先的电子受体，当地下水里的溶氧消耗完以后，其他电子受体就会逐次被还原，含氯有机物的最佳还原区通常处于硫酸盐根还原和二氧化碳还原（产甲烷）阶段，其他电子受体被还原的优先顺序为：$O_2 > Mn^{4+} > NO_3^- > Fe^{3+} > SO_4^{2-} > CO_2$。

(2) 地下水流速及污染物的扩散系数　非生物的化学还原反应需要将电子直接从还原剂表面传输到污染物上，因此从本体溶液到还原剂表面的传输速度决定了污染物的降解速度，而这个传输速度取决于地下水流速和污染物的扩散系数。

(3) 地下水温度　温度将影响污染物质的扩散系数以及微生物的活性，研究结果表明，温度的升高能促进氯代烯烃的还原脱氯速度和六价铬的还原反应速率。

(4) 饱和层土壤有机质含量及渗透性的影响　土壤有机质能在零价铁的表面产生吸附作用，并对污染物的还原反应速率起到一定的抑制作用，因而过高的土壤有机质含量不利于化学还原修复效率。而土壤的渗透性高低直接影响还原剂的分布，通常较高的渗透性有利于还原剂的分布，从而可以提高化学还原修复效率。

**4. 应用实例**

(1) 零价铁修复实例　基于零价铁的化学修复技术已得到了广泛的应用，该技术可以应用于原位或异位处理，绿色环保，具有可持续性。目前，零价铁主要用于土壤及地下水中氯代烃溶剂的修复。

某有机化工厂的遗留工业场址经场地调查发现，该场地第一层地下水受到了有机氯化物的污染，主要的污染物为 1，2-二氯乙烷、氯仿、氯乙烯等。2010 年在该场地进行了零价铁还原修复污染的地下水的中试实验，采用的药剂为添加了缓释碳源的零价铁。通过缓释碳源的注射可以消耗竞争性电子受体，大幅度降低地下水里的氧化还原电位（降至大致产甲烷的范围）从而创造有利于含氯有机溶剂还原反应的条件。在该污染场地内选择一块边长为 10 m×10 m 的正方形区域进行中试，中试修复的目标饱和层位于地下 9～18 m。该层地下水流向为自西北向东南，水力梯度约为 2‰，渗透流速约为 2 cm/d。饱和层土质为细砂、中砂，平均密度为 1.6 $t/m^3$。零价铁-缓释碳药剂产品为颗粒状固体，在注入地下饱和层前须将其配制成适合黏度的流体状药浆。中试的零价铁-缓释碳药剂投加量设为目标饱和层介质干重的 0.5%，药剂调配成 30% 含量的药浆进行注射，中试注入地下水的零价铁-缓释碳药剂总量为 7.2 t。在中试区域内均匀布置 9 个注射点，注射点间距 3 m。注射作业时，将压力激活钻头钻到预定深度，开启注射泵进行注射，注射泵压力 10.33 MPa，注射流量为 18.9 L/min。注射采用从顶部到底部依次注射的方式，每个注射点均从地下 9 m 深度开始注射，每米深度注入 218 L（约 296.3 kg）药浆。

通过 9 个月的实验，零价铁对于地下水中的挥发性氯化有机物的去除效率很高，达到了良好的效果。地下水中 1，2-二氯乙烷的脱氯率分别为 99.95%、99.99% 和 99.97%，1，1-二氯乙烷的去除率分别为 72.38%、83.27% 和 82.51%，氯仿去除效率分别为 99.09% 和 98.99%；且未发现有害中间产物氯乙烯的累积。

（2）硫基还原剂的修复实例

例 1：美国华盛顿州的某超级基金场地在 2002～2003 年成功采用原位化学还原法处理场地污染源区域受 $Cr^{4+}$ 污染的土壤。该修复项目选用的是一种叫作 ECOBOND® 的硫基专利还原剂，处理过程中在现场利用螺旋钻来实现土壤的翻动以及与还原剂的混合，处理的污染土壤深度达 6～10 m。该项目总共处理了约 16 000 $m^3$ 受 $Cr^{4+}$ 污染的土壤，$Cr^{4+}$ 含量从最高时的 7 500 mg/kg 降至低于 5 mg/kg，从而有效实现了项目开始前制定的修复目标（19 mg/kg）。

例 2：黄莹等采用还原稳定化法异位修复工艺对某搬迁化工企业遗留的铬渣堆存场地内 10 m × 20 m 的地块进行了现场中试。修复深度为地表下 0～7.5 m，修复土壤量约 1 500 $m^3$。根据场地土层特性及其污染物浓度垂向分布情况，将中试地块污染土壤分为表层（地表下 0～1.5 m）和下层（地表下 1.5～7.5 m）两个土层。表层污染介质为渣土混合物，混有碎石和灰渣，$Cr^{4+}$ 污染浓度较高，最高达 5 080 mg/kg，平均为 2 466.6 mg/kg，采用硫酸亚铁（$FeSO_4$）、多硫化钙（CPS）进行化学还原修复；下层土壤为粉土，$Cr^{4+}$ 含量明显低于表层，最高为 182 mg/kg，平均为 72.63 mg/kg，采用 Daramend-M、糖蜜进行生物化学还原修复。

中试采用异位稳定化处理技术，基本流程是：采用反铲挖掘机将污染土壤挖掘出，运至已设置防渗的临时堆场内进行预处理，预处理包括破碎、筛分以及根据土壤情况注入一定量的水调节含水率（保持土壤湿润）等工序，然后向土壤中添加一定比例的还原稳定化药剂，充分搅拌，采用 LDPE 膜覆盖后养护，运行期间保持厌氧环境，并定期监测土壤含水率、氧化还原电位、pH 等指标，根据监测数据的变化和药剂特点，调节运行条件（如补充水分），保证修复效果。其中，添加糖蜜的下层土壤命名为 S1 堆体，添加 Daramend-M 的下层土壤由于土方量较大，堆置成 S2、S3 两个堆体，添加 $FeSO_4$ 和 CPS 的表层渣土混合物分别堆置成 S4、S5 堆体。由于中试区域地下水埋藏浅，异位挖掘过程中会产生基坑废水，采用 $FeSO_4$ 还原-混凝沉淀-过滤-活性炭吸附的方法进行处理，铬污染废水排放达到《污水综合排放标准》（GB 8978—1996）中对六价铬的要求（$Cr^{6+} \leqslant 0.5$ mg/L）。

各药剂对土壤中 $Cr^{4+}$ 的还原效果显著，$Cr^{4+}$ 的平均还原率均在 93% 以上，其中，S2、S3、S4 和 S5 堆体土壤中 $Cr^{4+}$ 的平均还原率超过了 99%。处理后，各堆体土壤中 $Cr^{4+}$ 的浓度均低于北京市地方标准《场地土壤环境风险评价筛选值》（DB11/T 811—2011）中关于居住用地方式的筛选值（$Cr^{6+}$ 为 30 mg/kg）。

## 四、可渗透反应墙技术

可渗透反应墙（permeble reactive barrier，PRB）技术，是近年来新兴的一种土壤和地下水原位修复技术。该技术在1982年首次由美国EPA提出。目前，PRB正逐步取代运行成本高昂的抽出处理技术，成为地下水修复技术的发展方向。该技术广泛用于处理地下水中的有机和无机污染物，且具有能够较长时间持续原位处理、处理组分较多、价格相对便宜等优点，因此近年来受到越来越多的关注。

**1. 技术原理**

根据美国EPA的定义，PRB是一个填充有活性反应介质的被动反应区，当被污染的地下水通过时污染物能被降解或固定。污染物靠自然水力传输通过预先设计好的介质时，溶解的有机物、金属、核素等污染物被降解、吸附、沉淀或去除。屏障中含有降解挥发性有机物的还原剂、固定金属的络（螯）合剂、微生物生长繁殖所需要的营养物和氧气或其他试剂。

PRB是一种原位被动修复技术，由透水的反应介质组成，一般安装于地下水污染羽状体的下游，通常与地下水流相垂直，并且它也可以作为污染地下水的地面处理设施。当地下水在自身水力梯度作用下通过活性渗透墙时，污染物墙体材料发生各种反应而被去除，从而达到环境修复的目的。

反应墙的结构类型：典型的透水性反应墙系统，DNAPLs、重金属以及石油烃的污染都可用这种渗透性反应墙法进行控制和处理。连续墙系统，即在地下水流动的区域内安装连续的活性渗滤墙，以保证污染区域内的地下水均能得到处理修复。但是，如果污染区域或者蓄水层厚度比较大，那么连续墙的面积将会很大，造价也会很高。而烟囱-门系统可以更有效地解决此类问题，并根据渗透墙的多少，烟囱-门系统又可以分为单通道系统和多通道系统。多通道又有并连多通道和串连多通道两类。当污染地下水羽较宽时，主要采用并连多通道系统处理；而对于不同类型污染物混合情况下的地下水处理，一般采用串连多通道系统。烟囱-门系统是指在地下水流动区域内设置造价较低的障碍墙，将受污染地下水汇集到较窄的范围，然后设置活性渗透墙，使得地下水流经墙体得到修复。这种渗透墙与障碍墙的组合被形象地称为烟囱-门系统。烟囱-门系统由于反应区域较小，在墙体材料活性减弱或者墙体被沉淀、微生物等堵塞时容易清除和更换，因此更适合于现场治理。

由于污染组分是在天然水力梯度作用下流经反应墙，经过活性材料的降解、吸附等作用而被去除的，该技术不需额外能量提供和地面处理系统，而且活性介质消耗很慢，有几年甚至十几年的处理潜力，反应墙一旦安装完毕，除某些情况下需要更换墙体反应材料外，几乎不需要其他运行和维护费用。与传统的泵处理方式相比，该技术至少能节省30%以上的操作费用。

**2. 反应原理分类**

根据PRB反应机理的不同，可以分为以下几种反应墙。

（1）化学沉淀反应墙　墙中使用的反应介质为沉淀剂，它可使地下水中的有关污染因子产生沉淀。这种沉淀剂应是无毒的，且其溶解度应高于所形成的沉淀物的溶解度。常见的反应介质为$CaCO_3$和羟基磷酸盐等，可使水中的微量金属产生沉淀。

氧化还原反应墙中使用的反应介质为还原剂，其本身被氧化，可使一些污染因子参与氧化还原反应，从而达到污染因子被沉淀（固化）或者气化的目的。或者说墙中使用的反应介质为沉淀剂，它们可使一些无机污染物还原为低价态的，并产生沉淀。常见的反应介质为：FeO、$Fe^{2+}$和双金属等。以FeO为例，其与污染物的化学反应方程式如下：

$$FeO+CrO_4^{2-}+8H^+ \longrightarrow Fe^{3+}+Cr^{3+}+4H_2O$$

$$FeO+UO^{2+} \longrightarrow Fe^{2+}+UO_2\ (s)$$

$$4FeO+NO_3^-+10H^+ \longrightarrow 4Fe^{2+}+NH_4^++3H_2O$$

（2）吸附反应墙　墙中使用的介质为吸附剂。吸附无机成分的吸附介质包括沸石、颗粒活性炭、铁的氢氧化物、铝硅酸盐等。地下水中有机污染物主要吸附在有机碳上，因此增加反应介质中的有机碳含量可有效去除水中有机污染物。吸附反应墙主要缺点是吸附介质的容量是有限的，一旦介质吸附容量饱和，污染物就会穿透PRB。因此，使用这类反应墙时必须确保有清除和更换这种吸附介质的有效方法，否则修复费用较高。

（3）生物降解反应墙　墙中的反应介质一般有2种：一种是含释氧化合物（ORC）的混凝土颗粒，其形态为固态的过氧化合物，如$MgO_2$、$CaO_2$等，它们向水中释放氧，为好氧微生物提供氧源和电子受体，使有机污染物产生好氧生物降解。另一种是含$NO_3^-$的混凝土颗粒，它们向水中释放$NO_3$-N电子受体，使有机化合物在反硝化条件下产生厌氧（缺氧）生物降解。微生物与硝酸盐、硫酸盐的化学反应如下：

$$5CH_2O+4NO_3^- \longrightarrow 2N_2+5HCO_3^-+2H_2O+H^+$$

$$2CH_2O+SO_4^{2-}+2H^+ \longrightarrow H_2S+2CO_2+2H_2O$$

$$Me^{2+}+H_2S \longrightarrow MeS+2H^+$$

**3. PRB填料种类及特性**

PRB处理污染地下水主要依靠PRB墙体内的反应介质与污水的反应，因此反应墙内的填料的使用和选择十分重要。对于不同类别的污染物，应选择不同类别性能的PRB填料进行处理，目前对PRB填料的选择已经有了大量的研究，填料的选择已经成为该技术的核心。在选定PRB填料过程中，应考虑到以下几个因素的影响：污染物的成分、地下水层的化学环境、选用填料的成本以及填料的反应性能和长期运行的稳定性。此外，PRB中的反应介质应具有以下特征：①良好的环境相容性；②反应介质与污染物可以发生化学反应且无有毒有害副产物产生；③反应介质稳定且不易被溶解和消耗，能长期保持有效性；④反应介质粒度均匀；⑤渗透系数至少在周围含水层渗透系数的2倍以上。

PRB技术在早期应用于治理地下水中的含氯有机物污染，如氯乙烯（VC）、四氯乙烯（DCE）和三氯乙烯（TCE），由于对这些污染物的处理已经稳定并且效果良好，PRB技术已经应用到其他污染物领域，包括重金属、卤代烃、石油烃、芳香烃、农药等。表6-2列出了目前处理不同类别污染物较常用的PRB填料。

**表6-2　常用的PRB填料**

| 目标污染物 | 反应填料 |
|---|---|
| 氯乙烯、三氯乙烯、四氯乙烯 | 零价铁，活性炭，改性沸石 |
| 苯酚 | 活性炭，改性沸石 |
| 硝基苯 | 零价铁 |

续表6-2

| 目标污染物 | 反应填料 |
| --- | --- |
| PCBs、PAHs、DDT、DDE、DDD | 活性炭，零价铁 |
| 镍、铜、锌、汞、铬 | 零价铁，石灰岩，活性氧化铝 |
| 铵根离子 | 零价铁，锯屑，木屑，堆肥，聚苯乙烯，小麦秸秆 |
| 磷酸根离子 | 零价铁，氧化铁，泥炭，砂，石灰石 |
| 硫酸根离子 | 零价铁，氧化铁，泥炭，砂，石灰石 |
| 氯离子 | 零价铁，活性炭 |

**4. 应用实例**

目前在欧美，PRB技术已进行了大量的工程研究及实验研究，并已开始商业应用，建造安装了超过120座透水性反应墙。目前PRB技术在国内应用情况尚属空白。

(1) PRB去除有机物　1997年12月，在澳大利亚东南部一个企业发生了石油溶剂油的泄漏事件，约3 000 L石油溶剂油渗漏到企业附近的土壤中。被污染的地下水是采用烟囱-门式渗透反应结构来处理的，主要的污染物是甲苯、乙苯、二甲苯和$C_6$～$C_{36}$的烷烃。经过10个月的处理操作后，发现隔水漏斗导水门式渗透反应结构处理溶解相石油烃是非常有效的。对单环芳烃的处理效率为63%～96%。$C_6$～$C_9$、$C_{10}$～$C_{14}$、$C_{15}$～$C_{28}$烃类的平均去除效率分别是69.2%、77.6%、79.5%。去除效率最低的是$C_{29}$～$C_{36}$烃类，平均去除效率也达到了54%。

(2) PRB去除重金属　在过去十几年中，地下水中重金属的去除是研究的热点，以金属铁为反应介质的PRB已经广泛应用于去除地下水中的重金属。在加拿大一个工业地点，由于存储硫化物精矿，导致了地下水广泛的重金属污染。在污染羽流向上安装了小规模的灰泥硫酸盐还原PRB，使用硫酸盐还原细菌，以促进以可溶性金属硫化物形式存在的重金属沉淀出来。运行21个月后，Cu、Cd、Co、Ni、Zn的质量浓度分别从3 630 μg/L、1 513 μg/L、513 μg/L、131 μg/L和2 410 μg/L降到10.5 μg/L、0.2 μg/L、1.1 μg/L、33.0 μg/L和136 μg/L。

(3) PRB去除共存的重金属和有机物　地下水中的污染物往往比较复杂，PRB可以去除共存的重金属和有机物。美国北卡罗来纳州伊丽莎白城东南5 km处受到$Cr^{4+}$和三氯乙烯(TCE)的严重污染。现场土层的$Cr^{4+}$质量比达到14 500 mg/kg。1996年6月，仅用6 h安装完成了一个长46 m、深7.3 m、厚度为0.6 m的连续地下渗滤墙。该可渗透反应墙采用450 t铁屑作为墙体材料，成功修复了被污染地下水。地下水通过可渗透反应墙后，铬质量浓度由上游的10 mg/L降为0.01 mg/L，TCE质量浓度由6 mg/L降为0.005 mg/L，低于规定的最大浓度水平。该系统到现在6年多的时间内运行状况良好。该可渗透反应墙建造成本为50万美元，与抽水处理系统相当，但几乎不需要运行费用。据估算，运行20年，能比采用抽水处理系统节省400万美元的维护和运行成本。

## 五、溶剂浸提技术

**1. 技术原理**

溶剂浸提(solvent extration remediation)技术是指利用溶剂将有害化学物质从污染土

壤中提取出来，再使溶剂和污染物分离，并将该溶剂再生处理后回用的技术。在进行分离时，土壤在溶剂中浸泡的时间，取决于土壤的特点和污染物的性质。经过浸提后，污染物或者吸附在介质中，或者富集在蒸馏部分底部，可进行进一步处理。通过空气加热装置可使滞留在土壤中的剩余溶剂由液态变成气态而从土壤中逸出，经过冷却后又变成液态，达到循环再利用的目的。该技术能取得成功的关键之一是要求浸提溶剂能很好地溶解污染物，但其本身在土壤环境中溶解得较少。

**2. 技术特点及适用范围**

同其他修复技术相比，浸提技术的优势在于处理难以从土壤中去除的有机污染物。该技术的目标污染物包括：PCBs、石油类碳氢化合物、氯代碳氢化合物、多环芳烃（PAHs）、多氯联苯-*p*-二噁英及农药（如杀虫剂、杀真菌剂和除草剂等）等有机污染物。一般来说，不适于去除污染土壤中的重金属和无机污染物，且要求土壤的黏土含量低于15%、相对湿度低于20%。

典型的浸提溶剂有液化气（丙烷和丁烷）、超临界二氧化碳液体、三乙胺及专用有机液体等，且浸提溶剂可以循环再利用。该技术的缺点是缺点是对溶剂的需求量较大，溶剂回收时对设备的要求较高，同时可能存在溶剂污染土壤的问题。

通常采用可移动装置在现场进行浸提操作，1个处理单元的日处理能力一般为15～152 $m^3$。溶剂浸提技术修复土壤的处理费用较低，所需的固定投资费用为10 000～20 000美元，运行费用为90～400美元/$m^3$。

**3. 应用实例**

美国Terra-Kleen公司已成功将该技术用于土壤修复。到目前为止，Terra-Kleen公司利用该技术已经修复了大约$2\times10^4$ $m^3$被PCBs和二噁英污染的土壤和沉积物，浓度高达$2\times10^4$ mg/kg的PCBs被减少到1 mg/kg，二噁英的浓度减幅甚至达到了99.9%。

## 六、土壤改良技术

**1. 技术原理**

土壤改良（chemical amelioration remediation of soil properties）技术是指向土壤中投入改良剂或抑制剂使得对土壤中污染物的氧化还原、吸附、拮抗或沉淀作用产生影响，从而降低土壤中污染物的修复过程。在土壤中施入改良剂或抑制剂主要是针对重金属污染土壤而言，部分措施也适用于有机污染的土壤修复。改良剂或抑制剂的施用可使土壤环境中的重金属的扩散性、水溶性和生物有效性降低，从而使进入植物体、微生物和水体的重金属含量降低，使得污染物对生态环境的危害减少。

**2. 改良剂种类**

土壤改良技术的关键是根据土壤物化特性、污染物的类型选择试剂。改良剂能有效地降低污染物的水溶性、扩散性和生物有效性，减轻它们对生态环境的危害。按原料性质分成无机物料和有机物料。

（1）无机改良剂　对于重金属，无机改良剂主要包括天然矿物（石灰石、石膏、蛭石、蒙脱石、凹凸棒石、高岭石、海泡石、云母等）和无机固体废弃物（粉煤灰等）。无机改良剂主要是通过改变土壤pH，Eh值和电导率等理化性质，而使土壤中的重金属发生氧化、还原、沉淀、吸附、抑制和拮抗等作用，降低土壤重金属的生物有效性。例如，硫黄及某些还原性有机化合物可以使重金属成为硫化物沉淀，磷酸盐类物质与重金属反应形成难溶性磷酸盐，因此也可以考虑少量投加沉淀剂如磷酸肥料，减少植物对重金属的吸收（沉淀法）。

对于有机污染物，投加包括氮磷钾营养元素和微量元素等无机土壤改良剂，可以提高生物的修复效率。但仅仅添加无机改良剂并不能使生物修复达到最好的修复效果，有机改良剂也是有机污染土壤生物修复中必不可少的一部分。

（2）有机改良剂　对于重金属，有机改良剂主要包括有机固体废弃物（造纸污泥、城市污水污泥、城市生活垃圾、作物秸秆、豆科绿肥和畜禽粪便等）、天然提取高分子化合物（多糖、纤维素、树脂胶、单宁酸、腐殖酸、木质素等）和有机质物料（生物质炭、泥炭等）。有机改良剂主要是通过参与土壤离子的交换作用、稳定土壤结构和提供微生物活性物质间接影响土壤中重金属形态等形式影响土壤中重金属生物有效性。例如，向土壤投加一定量的离子交换树脂可以在一定程度上起到缓解重金属和某些阳离子对土壤微生物和植物生理毒害的效果。

对于有机污染物，常用的有机改良剂包括表面活性剂、生物表面活性剂、有机溶剂、碳源和有机化肥等，这些改良剂的投加不仅能提高有机污染物在土壤中的流动性和生物可利用性，还能增强微生物对有机污染物降解效率。除了这些常见的有机改良剂，研究发现许多新型的非常见改良剂，如橘子皮、酵母、木屑和树叶等，但是这些改良剂对有机污染物生物修复的提高程度并不稳定。

**3. 应用实例**

美国石头山环境修复服务有限公司发展了 Envirobond™ 技术。Envirobond™ 技术是通过络合剂与污染土壤、污泥、废弃矿场中的淋溶重金属形成稳定的、无害的金属络合物而改良土壤。络合反应中，至少有 2 个非金属离子官能团作用于 1 个重金属离子，形成多环结构链。1998 年 9 月，该公司在俄亥俄州 Rosebille 的 2 块被铅污染的土壤上实施了土壤性能改良技术。现场修复表明，土壤铅浓度可以从 382 mg/L 下降到 1.4 mg/L，降幅可达 99%；同时处理后的土壤还减少了 12.1%的铅生物可利用性。在土壤中采用 Envirobond™ 技术修复后，分析人员对土壤中铅的长期稳定性和修复程度进行长期监测淋溶试验、铅形态顺序提取及阳离子代换量的测试，结果证明，Envirobond™ 技术对土壤的修复效果是比较稳定的。对 0.4 $hm^2$、表层 15 cm 铅污染的土壤来说，应用该技术的施工费用大致为 33 220 美元，平均每立方米土壤要花掉 54 美元。

## 思考题

1. 什么是污染土壤化学修复技术？它有什么特点？
2. 重金属污染土壤化学修复技术有哪些？请举例说明。
3. 有机物污染土壤化学修复技术有哪些？请举例说明。

# 第七章　污染土壤微生物修复技术

## 第一节　微生物修复技术原理

生物修复（bioremediation），是指依靠处理系统中生物（尤其是微生物）的代谢活动来减少污染现场污染物的浓度或使其无害化的过程。它主要是利用土壤中特定的微生物、根系分泌物及植物等降解或吸收积累土壤污染物，实现污染土壤恢复其本身耕种或其他生态功能的目的。

微生物修复技术是生物修复的狭义概念，主要指利用微生物的作用对进入土壤环境中的难降解物质进行恢复、转化和治理。微生物利用污染物作为碳源和能源，从而达到对污染物降解和矿化的目的，其过程不破坏植物生长所需的土壤环境，最终产物为二氧化碳、水等物质，因此这种环境友好、低投资、高效益、发展潜力较大的新型修复技术越来越受到关注。

### 一、污染物降解微生物概述

土壤中广泛分布着能够降解有机污染物的微生物群体，土壤微生物是污染物降解微生物的主要来源。微生物因其个体小、代谢繁殖迅速，同时容易被环境刺激产生突变，具有极强的环境适应性。

当土壤受到有毒有害物质的污染后，土著微生物会出现一个自然驯化适应的过程。不适应污染土壤的微生物逐渐死亡，适应环境的微生物则在污染物的诱导作用下通过突变产生能分解某些特异污染物的酶系，在酶的催化作用下使污染物得到降解、转化。土壤中积累的污染物能够对微生物进行选择性富集及诱变，从而导致有机物降解微生物的比例大大增加，同时编码降解过程中主要酶类的基因的丰度也有明显提高。在未受污染的土壤环境中，降解微生物占比不足0.1%，而该土壤受到有机物污染后，土壤中污染物降解微生物会在短时间内出现大量增殖，一天之内该微生物数量会增加1～2个数量级。因此，在修复过程中，常通过接种驯化后的土著微生物优势菌，缩短微生物生长迟缓期、保持微生物活性，提高修复效率。

目前，发现的有机物降解微生物包括100余属200余种，其分别隶属于细菌、放线菌、真菌及藻类，而这个群体的数量随着研究的深入还在不断增加。土壤中常见的有机污染物降解菌包括：假单胞菌属（*Pseudomonas*）、节杆菌属（*Arthrobacter*）、黄杆菌属（*Flavobacterium*）、嗜铜菌属（*Cupriavidus*）、鞘脂单胞菌属（*Sphingomonas*）、分枝杆菌属（*Mycobacterium*）、微球菌属（*Micrococcus*）、红球菌属（*Rhodococcus*）、产碱杆菌属（*Alcaligenes*）以及木霉属（*Trichoderma*）、青霉属（*Penicillium*）、曲霉属（*Aspergillus*）等。

自然界中的土著微生物，通过以污染物为碳源和能源或共代谢等方式，对环境中的污染物具有一定的净化能力，但应用于实际修复时依然存在一些弊端，如土著微生物的数量通常较少（低于 $10^5$ 个/g），其生长繁殖速度或对于污染物的降解能力尚不能满足修复工程的需要。因此，外源添加高效微生物成为一种提高生物修复效率的有效方法。添加的微生物除了可以是某种单一的高效降解微生物外，也可以是混合多种有效微生物的群体。在选择外源添加的高效微生物时需要考虑该微生物或微生物群落是否能够在土壤中稳定定殖，与土著微生物在土壤中共存，同时要排除一些会导致土壤或植物病害的致病菌，使其在不破坏土壤性质的条件下增加降解污染物的能力，同时通过降解基因的水平转移使修复效率获得提升。

随着分子生物学的快速发展，通过基因工程的手段选育能够降解某种或多种污染物的高效菌株成为可能。定向地构建基因工程菌除了能够通过增加降解酶的活性和数量提高降解能力外，还能将降解不同污染物的基因导入同一株菌中，使其获得降解多种污染物的能力；此外，基因操作技术还能够使污染物降解菌同时具有重金属或其他有毒有害物质的抗性，可以用于复杂的复合污染修复。

迄今为止，在自然界中发现了 30 余种具有降解潜力的质粒资源，主要包括 4 种类型：石油降解质粒，能够降解石油组分及其衍生物，如樟脑、辛烷、萘、水杨酸盐、甲苯、二甲苯等；工业污染物降解质粒，能够降解多氯联苯、尼龙寡聚物等工业污染物；农药降解质粒，能够降解包括六六六、2，4-二氯苯氧乙酸等在内的多种农药；抗重金属的降解质粒，在质粒上除了降解相关基因，还具有编码重金属抗性的相关基因。Chakrabarty 最早将 3 个能够降解不同烃类物质的质粒转移到铜绿假单胞菌（*Pseudomonas aeruginosa*）中，构建出一株能够同时降解芳香烃、多环芳烃、萜烃和脂肪烃的工程菌，该菌能够在几小时内完全降解浮油污染，而这个过程在自然界中细菌需要一年以上的时间才能实现。

要将基因工程菌株大量应用于实际的修复系统中，关键问题是工程菌的安全性。为了限制工程菌的过度增殖，目前学者多使菌株带有某些遗传缺陷或在菌株染色体中引入一段“自杀基因”，使其只能够在特定的污染物存在的条件下存活，提高其安全性。

## 二、微生物对污染物的降解机理

微生物对于污染物的降解主要依赖于酶的作用。对于微生物来说，根据作用的酶不同，其降解有机污染物可以分为两种：一种是微生物分泌胞外酶，对于胞外环境介质中的污染物进行催化降解；另一种是细胞通过主动运输、胞饮等作用将污染物转运到细胞内，再由胞内酶对污染物进行降解。而更多的微生物则是通过首先向有机物污染源靠近，随后紧密吸附在污染物上开始分泌胞外酶，胞外酶将大分子多聚物水解成小分子的可溶物，最后污染物通过跨膜运输的细胞内与降解酶结合发生酶促反应，最终被分解为二氧化碳和水，同时微生物在代谢过程中获得生长所需的能量。

## （一）微生物对不同污染物的降解机制

**1. 烷烃、烯烃的降解**

直链烷烃的微生物好氧降解途径一般分为单末端氧化、双末端氧化和次末端氧化。而单末端氧化是直链烷烃最常见的好氧降解途径：首先通过氧化酶的作用将烷烃末端的一个甲基转变为相应的伯醇，然后再依次氧化为相应的醛和脂肪酸，在转化为相应的脂肪酸后，通过$\beta$-氧化降解成乙酰辅酶 A，后者或进入三羧酸循环，分解成二氧化碳和水，并释放出能量。烷烃经历$\omega$-羟基化形成$\omega$-羟基脂肪酸，随后在非专一羟化酶的参与下被氧化为羧酸，最后再进入$\beta$-氧化循环，这种氧化途径被称为双末端氧化。次末端氧化的第一步反应生成的伯醇会进一步氧化成相应的酮，随后在单加氧酶的作用下氧化为相应的酯类物质，酯水解为醇和脂肪酸。某些微生物中末端氧化和次末端氧化途径会同时存在。

此外，也有一些细菌的烷烃代谢途径中不产生醇类中间产物，例如，*Acinetobacter* sp. 中发现的 Finnerty 途径，烷烃在双加氧酶的作用下，由过氧化物态直接转变为醛。

研究者也在一些菌株中发现了烷烃厌氧降解的途径，一般认为有两种：第一种是发生在直链烷烃的次末端的厌氧降解；第二种是发生在直链烷烃的末端位的厌氧降解，如丙烷的厌氧降解。

目前，对于烯烃和炔烃的降解过程研究较少。有的细菌，如 *Mycobacterium* vaccae 能够将其代谢为不饱和脂肪酸，其过程伴随一些双键的移位或甲基化反应，形成带支链的饱和脂肪酸。正烷烃单加氧酶能够催化烯烃生成环氧化物。一些学者认为，离不饱和键较远的一端甲基的酶促降解，对烯烃类化合物的降解可能具有更加重要的意义。

在烷烃的微生物降解过程中，关键酶包括含非血红素铁的膜整合单加氧酶类及细胞色素酶类。

最具有代表性的研究是菌株 *Pseudomonas oleovorans* GPO1 中的烷烃羟化酶系，它是由其质粒上的基因编码的。催化烷烃降解的第一步反应的酶是非血红素铁的膜整合单加氧酶 AlkB，它催化烷烃的末端氧化，反应过程中需要红素氧还蛋白酶 AlkG 和红素氧还蛋白还原酶 AlkT 作为电子传递蛋白。AlkT 从 NADH 处获得电子并传递给 AlkG，再传给 AlkB。目前发现的与 AlkB 基因同源的烷烃羟化酶基因多达 60 多种，存在于革兰氏阴性及阳性细菌中。

除此之外，细胞色素酶系是一类含亚铁血红素结构的由超家族基因编码的同工酶，是自然界中催化作用多样性最强的一种生物催化剂。对细胞色素 P450 烷烃羟化酶的首次报道源于菌株 *Acinetobacter* sp. EB104，属于 CYP153 家族，需要电子传递蛋白（铁氧还蛋白和铁氧还蛋白还原酶）共同作用才能表达功能活性。随后在 *Mycobacterium* 和 *Rhodococcus* 菌属和 Proteobacteria 的细菌中也陆续发现了烷烃羟化酶。

**2. 苯系物及酚类物质的降解**

苯系物（BTEX）通常包括苯、甲苯、乙苯以及邻、间、对位的二甲苯，是一类常见的土壤有机污染物。芳香化合物的化学性质通常较为稳定，需要在氧气的帮助下通过加氧酶的作用发生反应，形成一些中间代谢产物，如在细菌作用下形成邻苯二酚，在大多数真菌及一些细菌作用下生成原儿茶酸。接下来这些中间产物就会在环裂解双加氧酶的作用下发生苯环结构的断裂。

在好氧条件下苯系物与酚类物质能够通过微生物的作用形成儿茶酚或原儿茶酸盐等中间体，这些中间体接着在环裂解酶的作用下进行开环反应，开环的位置可能发生在邻位，也可能发生于两个羟基之间或者间位。在邻位开环通路中，儿茶酚-1，2-双加氧酶和原儿茶酸盐-3，4-双加氧酶分别将氧原子加到裂解产物上，形成顺，顺-黏糠酸和β-羧酸类物质，这些产物通过双键的异构作用及水解反应，生成3-酮己二酸。这种被称为β-酮己二酸酯的通路是芳香族化合物的好氧降解的范例。综上所述，苯甲酸的降解通过邻苯二酚的路线和邻位开环裂解的总体过程总结为如下反应方程式：

$$\text{benzoate} + 2O_2 + H_2O + \text{HS-CoA} \longrightarrow \text{acetyl-CoA} + \text{succinate} + CO_2 + H^+$$

苯系物除了能够在好氧条件下发生降解，厌氧菌也能通过硝酸盐呼吸、硫酸盐还原或甲烷发酵等途径对其产生降解作用，即为甲苯、乙苯和苯在厌氧条件下的降解过程。这 3 种物质分别在富马酸、$H_2O$ 及 $CO_2$ 存在的条件下进行反应，生成苯甲酰辅酶 A，而苯甲酰辅酶 A 再进一步转化为乙酰辅酶 A 进入细菌的糖代谢途径进行降解。

**3. 多环芳烃的降解**

多环芳烃（polycyclic aromatic hydrocarbons，PAHs）是由两个或两个以上的苯环，以稠环排列的方式组成，广泛存在于环境中的一类惰性较强、性质稳定的化合物，具有致癌、致畸、致突变的特点。作为一种疏水性有机污染物，会优先分配到非水相体系，因此，土壤成为其最主要的环境介质之一。土壤中的细菌、真菌等微生物均对多环芳烃类的污染物具有一定的降解能力。微生物对于多环芳烃的降解机制主要在于两部分，分别是芳香环的氧化以及代谢物的系统分解生成 PAH 的代谢物或 $CO_2$。

目前，已知萘分解代谢的基本途径如图 7-1 所示，萘首先经过一系列氧化开环作用形成水杨酸，再转化为邻苯二酚，随后进入三羧酸循环进行进一步氧化开环，完全降解生成二氧化碳和水。

菲是一种代表性的多环芳烃，其本身虽不具有明显致癌性，但因其结构特点，极易形成具有致癌效应的环氧化物。菲的降解途径如图 7-2 所示，菲在细菌的双加氧酶作用下产生不同位置的羟基化，随后通过一步一步地开环裂解过程最终形成水杨酸或原儿茶酸盐，该产物进一步进入细菌的碳循环中被完全降解。

芘作为一种高分子量的多环芳烃，其降解途径研究也较为清楚，芘在好氧菌中的降解过程如图 7-3 所示。与菲降解类似，芘首先在双加氧酶的作用下在 1，2-或 4，5-位发生双羟基化，随后在相应位置发生开环反应，形成三环化合物，该三环化合物又能够再一次进行加氧开环反应，逐渐减少环数，直至形成邻苯二甲酸或肉桂酸，从而被细菌完全降解。

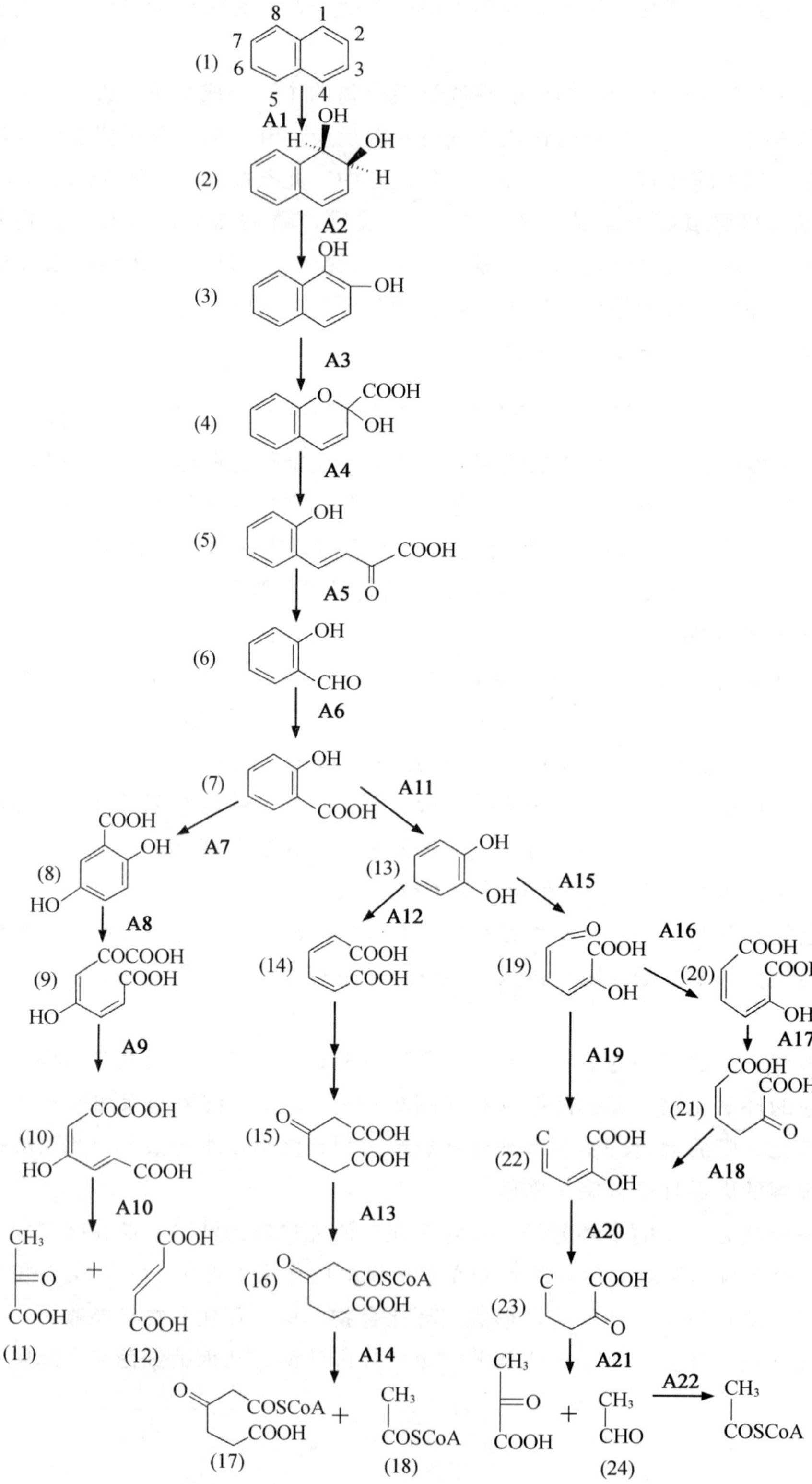
A1
A2
A3
A4
A5
A6
A7
A8
A9
A10
A11
A12
A13
A14
A15
A16
A17
A18
A19
A20
A21
A22
COOH
OH
CHO
COSCoA
CH₃

图 7-1　萘的降解途径

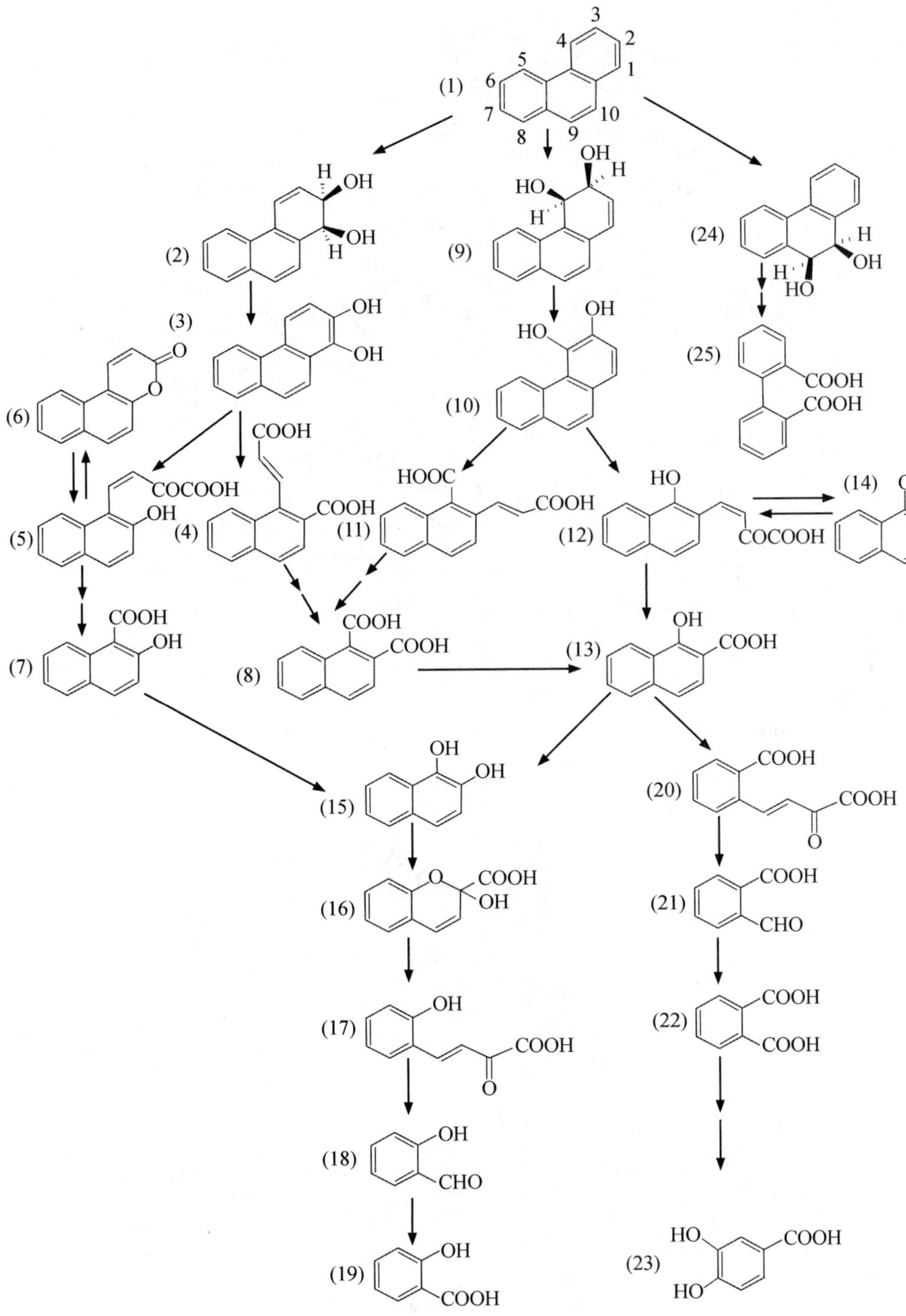

(1)
1
2
3
4
5
6
7
8
9
10
(2)
OH
OH
(3)
OH
OH
(4)
COOH
COOH
(5)
COCOOH
OH
(6)
O
(7)
COOH
OH
(8)
COOH
COOH
(9)
OH
HO
(10)
OH
HO
(11)
HOOC
COOH
(12)
HO
COCOOH
(13)
OH
COOH
(14)
O
(15)
OH
OH
(16)
COOH
OH
(17)
OH
COOH
O
(18)
OH
CHO
(19)
OH
COOH
(20)
COOH
COOH
O
(21)
COOH
CHO
(22)
COOH
COOH
(23)
HO
HO
COOH
(24)
OH
HO
(25)
COOH
COOH


**图 7-2　菲的降解途径**

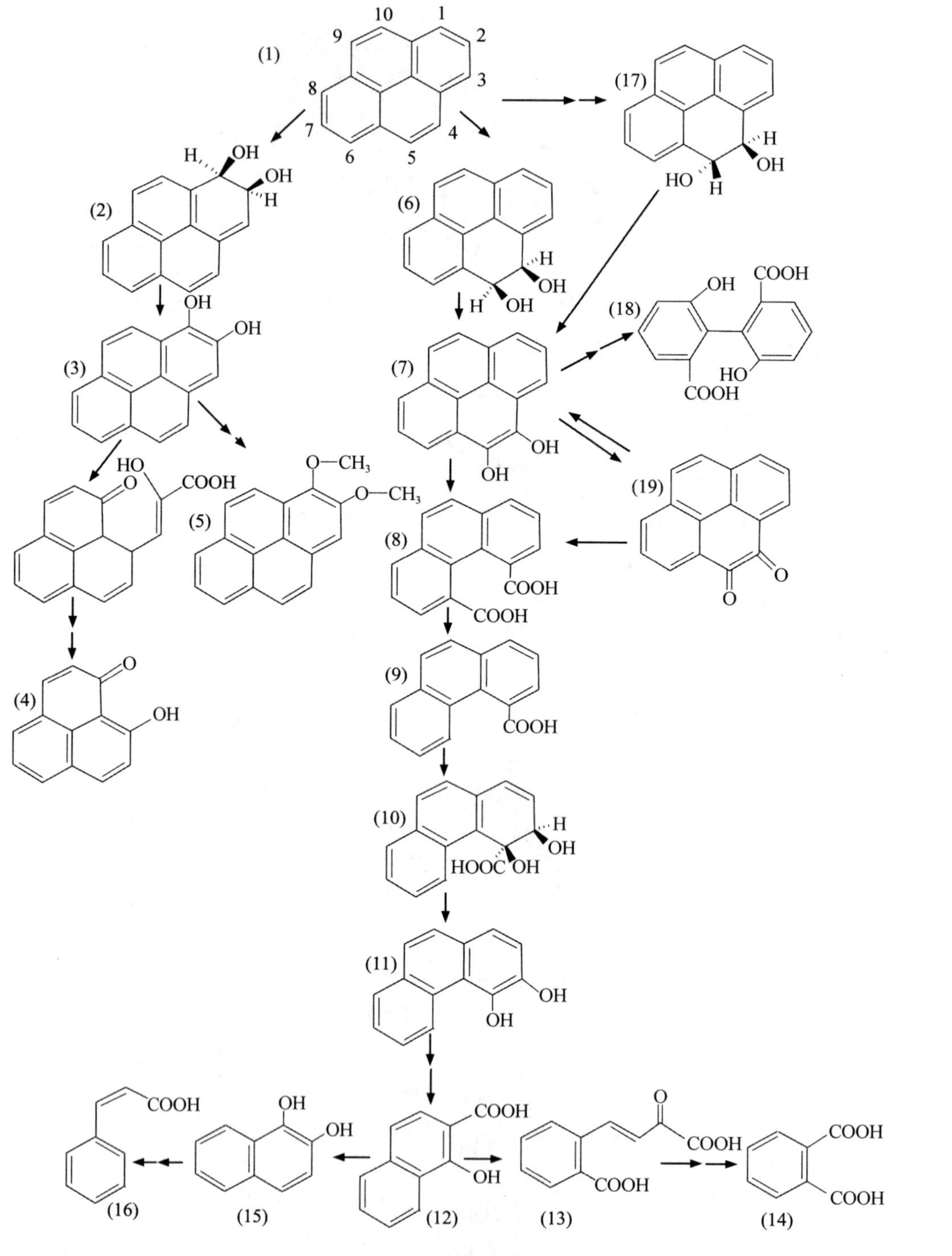


图 7-3　芘的降解途径

芳香化合物降解过程中需要双加氧酶的作用，双加氧酶催化的氧化反应是多环芳烃降解过程中的关键步骤，按照酶的开环的方式又可分为以下 2 类，环羟基化双加氧酶及环断裂双加氧酶（表 7-1）。

**表 7-1　细菌双加氧酶类型**

| 双加氧酶种类 | 辅助因子 | 举例 | 组分 |
| --- | --- | --- | --- |
| 环羟基化双加氧酶 | 需要还原辅酶 | 甲苯双加氧酶、苯甲酸双加氧酶 | 包括还原酶、铁氧还蛋白、末端氧化酶，是（αβ）$_n$ 或（α）$_n$ 的低聚物 |
| 环断裂双加氧酶 | 不需要辅助因子 | 邻苯二酚 2，3-双加氧酶 | 4 个分子质量为 32 U 的亚基，每个亚基有起催化作用的单个 $Fe^{2+}$ 的活性中心 |
| | | 邻苯二酚 1，2-双加氧酶 | 有不同的 α、β 亚基［$\alpha\beta Fe_n^{3+}$］，另外一些为单一肽链［$\alpha\alpha Fe^{3+}$］具有单个 $Fe^{3+}$ 的活性中心 |

在芳香环断裂双加氧酶中儿茶酚双加氧酶就具有典型的代表性。儿茶酚双加氧酶是一类非血红素铁蛋白，能直接促进 2 分子的氧原子同时加成在儿茶酚上，同时产生裂开了芳香环的衍生物。该酶的编码基因为 *xylE*，反应机制如下：邻苯二酚首先连接到酶上，然后再与 $O_2$ 连接，形成三元结构，芳环断裂形成半醛。

**4. 多氯联苯的降解**

多氯联苯（polychlorinated biphenyls，PCBs）是通过联苯直接氯代反应，形成的最多带有 10 个氯原子的复杂化合物。PCBs 的热化学稳定性、抗氧化性和耐低压性，使它们被广泛应用于工业生产中，而其通过生产、使用、意外泄漏和废物处置等过程进入自然环境，对自然环境和人类健康产生很大的伤害。

PCBs 生物转化存在好氧氧化过程和厌氧氧化过程。研究表明，多种微生物可把 5 氯以下的 PCBs 氧化成氯代苯甲酸。对于持久性更强的高氯 PCBs，厌氧微生物能将其降解为低氯 PCBs，但却不能破坏苯环的结构。可见，好氧氧化过程和厌氧氧化过程具有一定的互补性，厌氧菌和好氧菌共同作用能够增加 PCBs 降解速度和范围。

如图 7-4 所示，微生物降解过程中，厌氧菌参与还原脱氯的过程，在高氯代的 PCBs 间位或对位脱去氯原子，转化为低氯代的 PCBs（邻位取代为主），降低其致癌性和毒性，而低氯代 PCBs 能够进一步在好氧微生物作用下彻底降解。研究发现，微生物在好氧条件下代谢 PCBs 的能力通常处于较低水平，究其原因，很可能是在降解过程中有毒代谢产物的积累导致的。

在多氯联苯降解过程中起到关键作用的酶系分别是厌氧脱氯过程中的脱卤酶以及好氧降解过程中的包括联苯双加氧酶、二氢二羟基脱氢酶、2，3-二羟基双加氧酶和水解酶在内的联苯降解酶系。

Wang 等在能够降解 PCBs 的 3 株 *Dehalococcoides* 中发现了 PCBs 的还原脱氯基因 *rdhA*，该基因的产物——PCB-还原脱卤酶从属于还原脱卤酶家族，是 PCBs 的还原脱氯过程中的关键酶。

而好氧降解过程中的联苯降解酶系是由 *bph* 基因簇编码的，降解主要是由该基因簇中 *bphA*、*bphB*、*bphC* 和 *bphD* 4 个基因编码的 BphA、BphB、BphC 和 BphD 酶共同发挥作用。具体的过程如下（图 7-5）：通过联苯 2,3-双加氧酶的作用，分子氧在 PCBs 的无氯环或带较少氯原子环上的 2,3-位发生反应，形成顺二氢醇混合物，其中主要产物为顺 2,3-二氢-

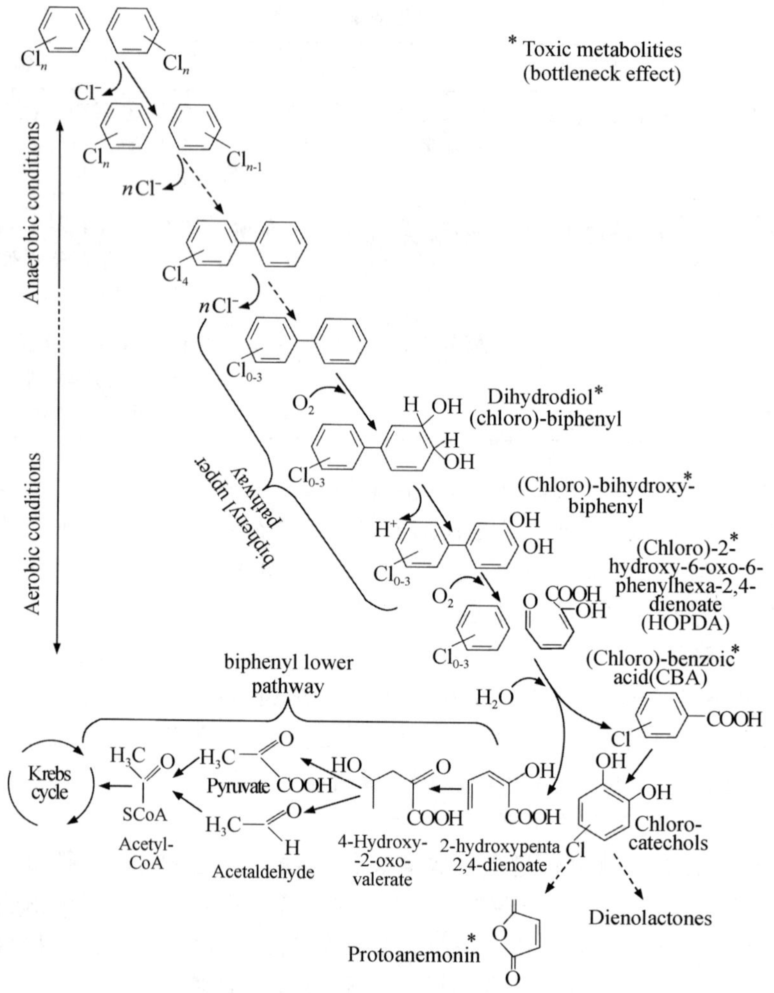


图 7-4 多氯联苯降解途径（厌氧与好氧）

2,3-二羟基氯联苯；二氢醇经过二氢醇脱氢酶的脱氢作用，形成 2,3-二羟基联苯；随后 2,3-二羟基联苯通过 2,3-二羟基联苯的双加氧酶的作用使其在 1,2-位断裂，产生间位开环混合物（2-羟基-6-氧-6-苯-2,4-二烯烃）。间位开环混合物由于水解酶的作用发生脱水反应，生成相应的氯苯酸和 2-羟基-2,4-双烯戊酸。氯苯酸可被其他细菌降解，2-羟基-2,4-双烯戊酸可为细菌的生长与繁殖提供有效碳源，最终被氧化成二氧化碳，实现完全降解。

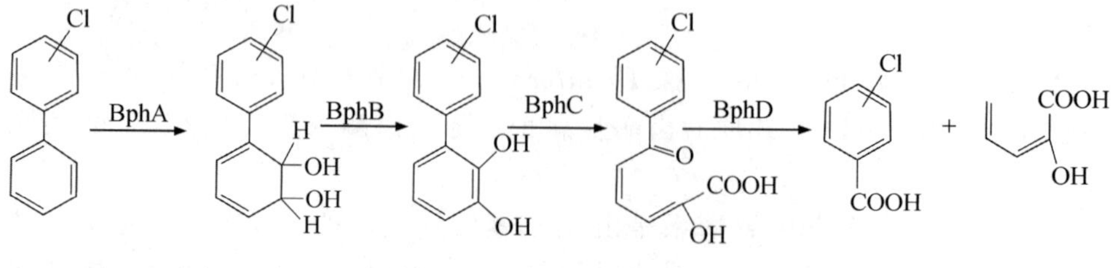


图 7-5 多氯联苯的好氧降解过程及相关酶的参与

**5. 农药的降解**

现代农业的发展离不开农药的广泛使用，但农药在防治作物病害、草害方面做出巨大贡献之余，还给环境带来了持久性的污染。土壤中残留的农药结构差异大，具有不同的理化性质，包括有机磷类、有机氯类、氨基甲酸酯类和拟除虫菊酯类等，对于不同的农药，微生物的降解机制也存在差异。

（1）有机磷类农药的降解　以甲胺磷和甲基对硫磷这两种常见的有机磷农药为例，阐释其降解途径。

据报道，甲胺磷的微生物降解途径如图 7-6 所示，当甲胺磷被转化为无机磷后，能够进一步降解生成包括 $CH_3OH$、$CH_3SH$、$PO_4^{3-}$ 及 $NH_3$ 在内的产物，而其中不含磷的简单化合物可被甲基营养菌代谢。

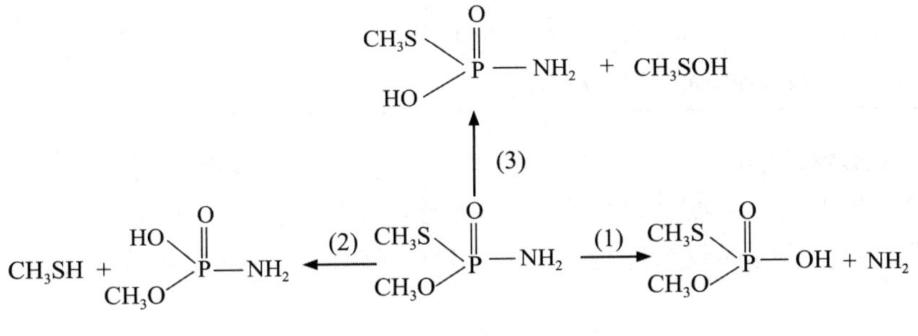


图 7-6　甲胺磷的降解途径

柏文琴等研究发现菌株 *Ochrobacterum* sp. B2 能够将甲基对硫磷完全降解，其降解途径如图 7-7 所示，菌株首先将甲基对硫磷水解生成二甲基硫代磷酸（DMTP）和对硝基苯酚（PNP），随后，PNP 通过产生 4-硝基邻苯二酚和 1，2，4-苯三酚的途径进一步进行降解，该菌能够以 PNP 及 4-硝基邻苯二酚为碳源生长，并将其完全降解。

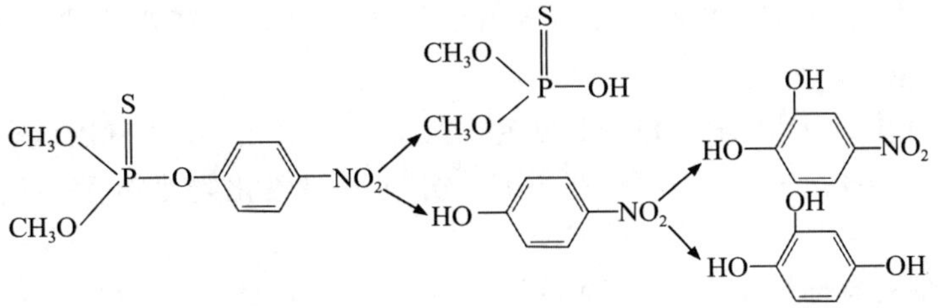


图 7-7　甲基对硫磷的降解途径

目前，已从不同的微生物中分离到各种有机磷降解基因，表 7-2 列出了近年来国内外报道的几种有机磷降解基因的具体信息。

表 7-2　有机磷农药的相关降解基因

| 名称 | 定义 | 菌株来源 | 大小/bp | 同源性 |
|---|---|---|---|---|
| *opd* | 对硫磷水解酶基因 | *Flavobacterium* sp. ATCC27551 | 1 098 | 同源 |
| *opd* | 质粒 pcMS1 磷酸二酯酶基因 | *Pseudomonas diminuta* MG | 1 098 | 同源 |
| *opdA* | 磷酸酯水解酶基因 | *Agrobacterium tumefaciens* | 1 240 | 同源 |
| *mpd* | 甲基对硫磷水解酶基因 | *Plesiomonas* sp. strain M6 | 2 191 | 与 *opd* 非同源 |
| *adpB* | 芳香族羟基磷酸盐水解酶基因 | 诺卡氏菌 B-1 | 1 600 | 与 *opd* 非同源 |
| *oph* | 有机磷酸杀虫剂水解酶基因 | *Arthrobacter* sp. B-5 | 1 248 | 与 *adpB* 同源 |
| *opdA* | 有机磷水解酶基因 | *Agrobacterium radiobacter* | 1 155 | 同源 |
| *opaA* | 有机磷酸脱水酶基因 | *Alteromonas* | 1 554 | 与 *oph* 非同源 |
| *hocA* | 磷酸三酯酶基因 | *P. monteilli* C11 | 501 | 与 *opd* 非同源 |
| *phnE* | 二异丙基(氟)磷酸酯降解基因 | *E. coli* K-12 JA221 | — | 与 *opd* 非同源 |

（2）有机氯类农药的降解　有机氯农药是历史上最早大规模使用的高残毒广谱杀虫剂，有机氯农药残留是土壤中主要化学污染物负荷的重要组成之一。目前，六六六（HCH）生物降解的分子机制已研究的较为清楚，但对 DDT 降解的研究尚集中在降解菌的分离和代谢途径方面。

HCH 的化学式为 $C_6H_6C_{16}$，是 7 种顺反异构体（α、β、γ、δ、ε、η、θ）和 α 体的一对旋光异构体的混合物。目前对 γ-HCH 的微生物降解途径已经研究得比较清楚。对 HCH 的微生物降解过程可分为上游途径（upstream pathway）和下游途径（downstream pathway）：上游途经是指在脱氯化氢酶和氯化物水解酶的作用下由 HCH 产生对氯对羟基己二烯，该过程中脱去四分子的氯化氢、加入的两个羟基来自水分子，使溶液酸化，继而对氯对羟基己二烯被还原产生对氯对苯二酚，进入下游途径；下游途径指在对氯对苯二酚还原酶和加双氧酶的催化下产生 2-酮己二酸，最终产生二氧化碳和水，该过程中首先以氯化氢的形式脱去两个氯分子，产生对苯二酚，然后在氧的参与下由双加氧酶打开苯环产生带羟基的已二烯二酸，还原产生 3-酮己二酸。

HCH 降解过程中的主要酶为 HCH 脱氯化氢酶，该酶由 *linA* 基因编码，降解途径涉及的其他基因依次为 *linB*、*linC*、*linD* 和 *linE*，分别编码氯化物水解酶、脱氢酶、还原酶和加双氧酶。

DDT 既能够在厌氧环境下进行还原脱氯（图 7-8），也能够在好氧环境下通过加氧酶的作用打开苯环而进行降解。对 DDT 降解菌的基因和酶的研究较少，主要涉及负责打开苯环的双加氧酶研究，该酶催化苯环的间位裂解，这是 DDT 降解的关键步骤。

（3）菊酯类农药的降解　陈少华等首次报道了一株能够完全降解溴氰菊酯的细菌，并对溴氰菊酯生物降解途径进行分析，研究发现，该菌通过酯键断裂将溴氰菊酯降解产生 α-羟基-3-苯氧基苯乙腈和 3-苯氧基苯甲醛，而后进一步氧化分解生成 2-羟基-4-甲氧基二苯甲酮和邻苯二甲酸单酯（图 7-9）。

Wang 等研究了 *Ochrobactrum tritici* pyd-1 降解甲氰菊酯的途径，该菌通过水解羧酸酯键将甲氰菊酯分解为 2,2,3,3-四甲基环丙烷甲酸和 3-苯氧基苯甲醛，3-苯氧基苯甲醛氧化为

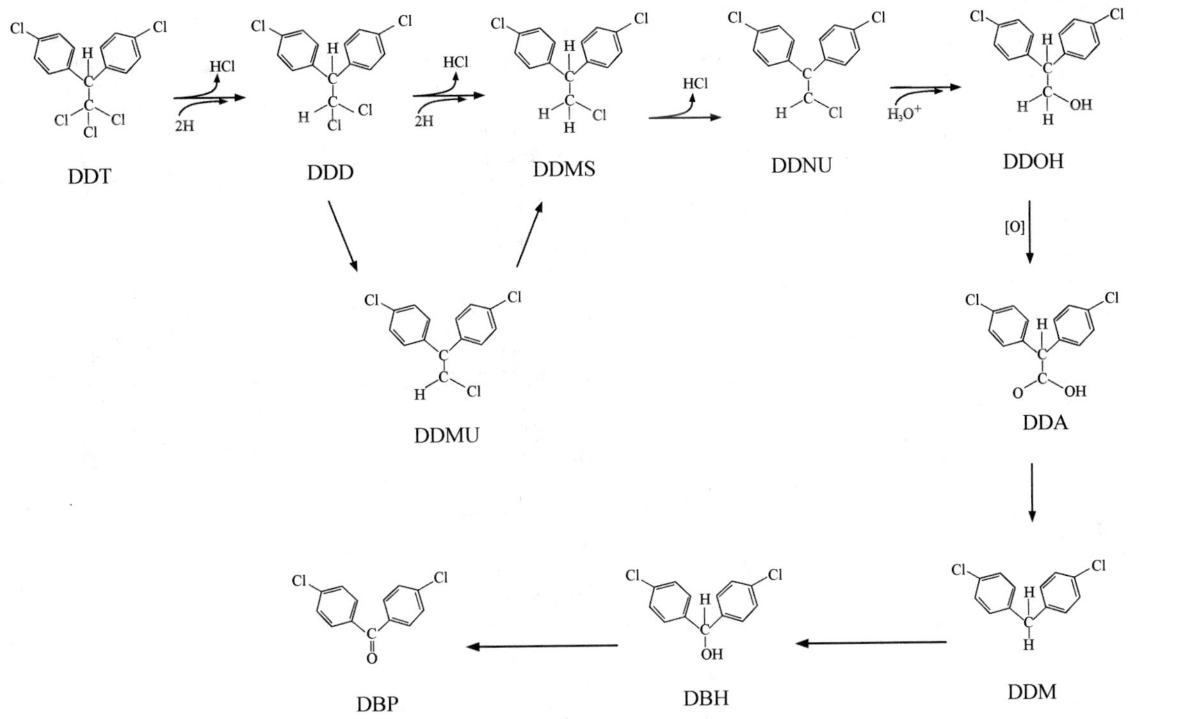


**图 7-8　DDT 的厌氧降解途径**

3-PBA，3-PBA 进一步代谢为 4-羟基-3-苯氧基酸，4-羟基 PBA 被氧化原儿茶酸和 *p*-苯二酚，原儿茶酸通过邻位裂解，*p*-苯二酚进一步降解为 1,2,4-苯三酚。

拟除虫菊酯类农药的研究时间不长，但也取得了不少成果，已有多个降解菊酯类农药的基因被克隆。Wang 等从菌株 *Sphingobium* sp. JZ-1 中克隆到一个菊酯水解酶基因 *pytH*，Li 等从土壤宏基因组中克隆得到菊酯水解酶基因 *Pye3*，并在 *Escherichia coli* 中获得高效表达。

### （二）共代谢作用

微生物共代谢是一种独特的代谢方式，又称协同代谢。有些有机物化合物单独存在时，不能作为微生物的碳源和能源，但当提供其他易生物降解物质作为碳源和能源时，这些有机物就有可能因共代谢作用而同时被降解。

微生物的共代谢现象最早是由美国科学家 Leadbetter 和 Foster 发现的。他们研究发现 *Pseudomonas methanica* 能够在外加甲烷情况下氧化乙烷、丙烷、丁烷，而乙烷、丙烷及丁烷三者均不能作为 *Pseudomonas methanica* 的唯一碳源支持其生长。对此现象 Leadbetter 和 Foster 以共氧化（co-oxidation）来描述，将其定义为在生长基质存在的情况下，微生物对非生长基质的氧化，其中甲烷为生长基质，乙烷、丙烷等为非生长基质。后来，Jensen 扩展其内涵，提出共代谢（co-metabolism）的概念，随后，有越来越多的研究者发现微生物对于一些难降解有机物只能改变它们的化学结构，而无法将其作为唯一碳源和能源生长，而微生物必须通过其他底物（如葡萄糖、乙醇等）的同化获得生长所需的能源。在微生物利

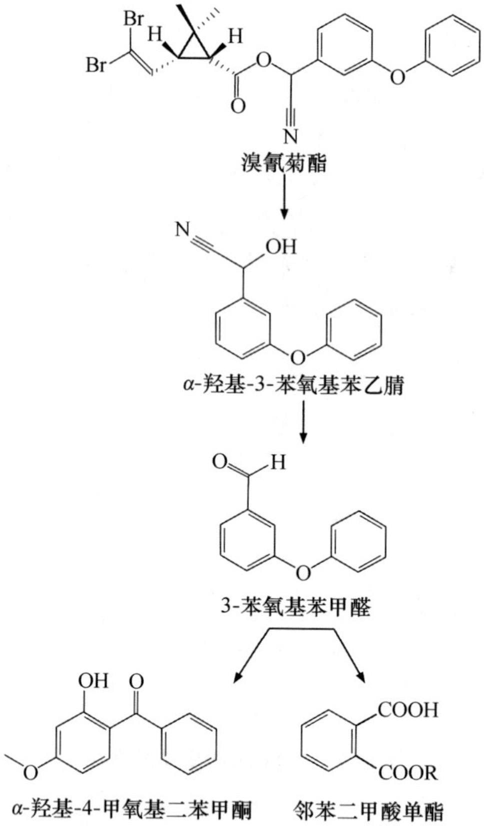


**图 7-9　溴氰菊酯降解途径**

用这些底物作为碳源和能源进行代谢反应的过程中，一些难降解有机物就会因共代谢作用而被降解。这种共代谢方式使微生物在难降解有机污染物不能满足微生物生长需求时依旧可以生存。同时，生长基质能更好地维持微生物生长活性，利于污染物的长效降解。

微生物的共代谢作用可能存在 3 种情况：①由生长基质提供能源或碳源；②由生长基质诱导产生相应的代谢酶系；③微生物间的协同作用进行共代谢。前两种情况称为基质共代谢，第三种情况称为微生物共代谢。微生物共代谢的过程如下：微生物利用生长基质进行生长代谢，在这个阶段中非专一性的关键酶被诱导表达，微生物获得降解非生长基质的能力，但仍无法利用非生长基质作为碳源及能源，由于该过程中的关键催化酶的特异性较低，使得生长基质与非生长基质对于该关键酶的活性中心产生竞争结合，随后，非生长基质的代谢产物由于无法被微生物所利用，大量积累对微生物产生毒性，抑制关键酶的活力，而当生长基质被消耗完全，微生物只能依靠内源代谢维持生命活动，此时，非生长基质的降解过程受到抑制。

关键酶是共代谢作用发生的最重要因素，它的表达和活性直接影响了难降解有机污染物的降解效果。对于关键酶诱导产生的方式，学者们持有两种观点：一种是由生长基质诱导产生；另一种是由非生长基质诱导产生，而生长基质则负责提供能量。不同种微生物共代谢过程中的关键酶大致相同，好氧微生物的关键酶主要是双加氧酶和单加氧酶，厌氧微生物的关键酶主要是还原酶。

Lv 等发现菌株 *Pseudomonas putida* 能够对多溴联苯醚（PBDEs）与葡萄糖或联苯进行共代谢反应，研究发现，初始浓度为 24 mg/L 的葡萄糖和初始浓度为 10 mg/L 的联苯添加到菌株降解 PBDEs 的体系中，能够明显增加 PBDEs 的降解效率。另有研究发现菌株 *Pseudoxanthomonas* sp. 能够在葡萄糖存在条件下共代谢二氯二苯三氯乙烷（DDT），当葡萄糖浓度为 100 mg/L 时，该菌株对 20 mg/L 的 DDT 在 72 h 内降解率达到 95%，对 100 mg/L 的 DDT 在 144 h 内降解效率达到 60%，同时，作者还发现，供试菌株能够共代谢的有机物还包括二氯二苯二氯乙烷（DDD）、二氯二苯二氯乙烯（DDE）、五氯硝基苯（PCNB）、氯氰菊酯、氰氯氰菊酯以及联苯菊酯。

## 三、微生物修复的影响因素

使用原位堆肥等方法成功地将微生物修复技术应用于污染土壤治理的例子很多。许多已发表的研究已经调查了生物修复在小规模及理想的实验室条件下，如中性 pH 和中温条件。而修复地环境因素（如土壤 pH、养分的可利用性及污染物的生物有效性）的变化，会对微生物修复的过程产生影响，抑制污染物降解微生物的生长和代谢。下文概述了可能影响微生物修复的主要环境因素。

### （一）温度

温度是影响微生物生长及降解有机污染物的重要因素，尤其是在原位修复污染土壤的过程中，由于每个季节的温度变化明显，原位的降解微生物无法一直处于最适温度条件。随着温度的升高，污染物的溶解度增加，生物可利用性随之增加，而与此同时，土壤中的溶氧会随着温度的升高而下降，对于好氧微生物的代谢活性会产生一定影响。

微生物能够在一个较宽的温度范围内降解有机污染物，甚至是一些极端环境，例如，木质素降解真菌细胞内的漆酶和锰过氧化物酶在蘑菇渣基质中降解多环芳烃的最适酶促反应温度分别能够达到 50 ℃及 70 ℃以上，在此条件下，该菌对于多环芳烃的降解率高达 90%。而在北极与亚北极地区，0 ℃条件下，仍然能够检测到明显的微生物对于污染物的降解能力。对于好氧菌来说，最适的降解温度一般为 15～30 ℃，而厌氧菌的最适降解温度一般在 25～35 ℃。

### （二）酸碱度

许多污染土壤的酸碱度并非生物修复的最适 pH。例如，一些废弃的旧厂房常常会遗留有大量包括混凝土和砖块在内的拆迁废料，这些物质的浸出会增加土壤的 pH，导致土壤环境不利于微生物的代谢活动；而煤矸石则能够通过其中硫化物的溶出和氧化导致土壤环境变为酸性，同样对微生物的生长及降解过程产生一定影响。研究发现，在微生物生长允许的范围内，适当提高 pH 有利于烃类物质以及包括硝基苯类物质在内的芳香化合物等大多数有机污染物的生物降解效率，所以，在微生物修复过程中，在土壤中添加石灰或农用酸碱缓冲剂来提高土壤的 pH。

有研究报道，一株分离自石油污染土壤的细菌 *Burkholderia cocovenenas*，能够在 pH 5.5～7.5 的条件下降解菲，尽管在该 pH 范围内细菌的生长并没有明显的差异，但在 pH 5.5 时，菌株在 16 d 内对菲的降解率仅为 40%，而当 pH 为中性时，其降解率能够提高到

80%以上。当然，也有一些微生物能够在一些极端条件下降解有机污染物。如 Stapleton 等从一个 pH 为 2 的煤矸石污染土壤中发现了能够降解其中萘、菲和蒽等污染物的土著微生物，经分析发现该降解微生物群落是由土壤真菌及细菌共同组成的。大部分细菌对于酸性环境的耐受性明显低于真菌，但仍有一部分嗜酸细菌能够在酸性较强的环境下起到降解污染物的作用。

对于大部分土壤微生物而言，pH 6～8 的环境较适合微生物的生长，同时也是比较合适微生物发挥降解作用的条件，pH 太高或太低都会影响微生物的降解能力。

### （三）氧气与含水量

虽然微生物在好氧和厌氧条件下都能降解以 PAHs 为代表的土壤有机污染物，但大多数的降解过程还是发生在好氧条件下，污染物的厌氧降解速率要明显低于好氧降解。有研究测定了含有原油的沙柱中氧的消耗，在温度维持在 0 ℃的 4 个月的降解过程中，氧的平均消耗速率为 0.45 $g/(m^2 \cdot d)$，对应于有的降解速率为 90 $mg/(m^2 \cdot d)$，比无氧条件下的二氧化碳产生速率高出几个数量级。

对于一些土壤表面的污染，通常采用土壤耕作和/或混合的方法，使土壤中通气量增加，从而促进土壤中污染物的降解反应的进行。

水分也是微生物生长代谢过程中非常重要的影响因素，微生物在水环境中相对活性较高，如果土壤含水量过低，得不到充足的水分，细胞的代谢活性会受到抑制，降解效率降低；但若土壤含水量过高，土壤中的孔隙被水分充满，会使土壤中的氧气含量下降，也会对降解过程产生影响。

### （四）营养物质

微生物想要维持正常的生长和细胞代谢过程，除了需要可降解的碳源，还需要包括氮、磷、钾等在内的营养元素。微生物的必需营养元素除了氮、磷、钾外，还包括钠、硫、钙、镁、铁、锌、铜等，以及厌氧菌所必需的镍和钴等元素。待修复的土壤中通常由于污染物的存在具有较高的碳水平，而相对而言，可利用的矿质元素在微生物降解污染物的过程中就会成为限制因子。在大多数原位修复过程中，向土壤中添加一定量的氮和磷是提高微生物降解速率的有效措施。研究表明，在生物修复中，微生物生长和修复活性的最适营养物质（C∶N∶P）比例为 100∶15∶3 到 120∶10∶1。

土壤中的真菌对于土壤元素循环，尤其是氮的养分回收起到至关重要的作用，但过高的养分负载反而会抑制微生物的降解作用，例如，白腐真菌在缺乏营养（尤其是氮素）的条件下才能产生一种能够氧化高分子量 PAHs 的木质素酶。

### （五）终产物毒性

生物修复的原则是利用微生物的作用将环境中的污染物去除或去除其毒性，环境中的污染物浓度下降是生物修复效果评估的重要指标，但同时，降解产物的毒性的检测也是检验修复效果的重要环节。

Lundstedt 等在对一处受到多环芳烃污染的煤气厂土壤进行生物修复时，同时将多环芳烃的去除率以及氧化后的多环芳烃（包括酮类、醌类及香豆素类化合物）的积累量作为监测指标。这些产物不仅能够由微生物催化多环芳烃得到，同时多环芳烃的化学降解及光转化也能够生成这些产物，而这些产物与初始污染物相比，对人体健康具有相同的毒性，甚至比初始污染物具有更高的持久度。

因此，微生物降解产物的毒性也是影响生物修复效率的一个重要因素，通过检测生物体DNA的损伤或DNA加合物的方式来检测生物修复过程中产物毒性是非常必要的。

### （六）生物因素

**1. 微生物的协同作用**

由于土壤中有机污染物的种类和结构的复杂性，其降解过程（包括最初的转化过程及最终的矿化过程）往往无法由单一微生物完成，需要多种不同微生物类群的协同作用。

微生物的协同作用主要包括以下几个方面：

（1）微生物群体中的某些类群能够产生维生素、氨基酸或其他生长因子，以供给其他微生物的正常生长代谢过程。

（2）某一种微生物能够对污染物进行起始的不完全降解，其产物又能够被另外一种微生物降解或矿化，在多种微生物的同时作用下，最后实现该污染物的完全降解，例如，十二烷环己烷、6-氨基萘-2-磺酸、4-氯联苯等有机物均能够通过两种不同微生物的作用实现完全矿化。

（3）降解过程中微生物会产生有毒物质，影响自身及其他微生物的生长，需要群体中的其他微生物将该有毒产物分解，产生无毒的终产物。如代谢硝基化合物的细菌通常会产生对自身有毒害作用的亚硝酸盐，其他一些种类的细菌或真菌具有分解亚硝酸盐的能力，能使其转化为氨、氮氧化物、氮气或硝酸盐等无毒终产物。

**2. 微生物的捕食作用**

土壤中存在大量的捕食、寄生、裂解微生物，它们能够对细菌和真菌的降解产生促进或抑制作用。土壤中的原生动物是典型的以细菌为食的微生物，在环境中存在大量原生动物的条件下，细菌数量会显著减少，影响降解效率。但有些原生动物，如纤毛虫、豆形虫也能促进污染物的降解，其原因在于，土壤中降解菌的大量增殖导致土壤中氮、磷浓度的降低，反过来限制了微生物的生长与污染物的转化速率，而原生动物捕食了一些微生物并排出无机氮、磷后，土壤中的氮、磷含量上升，重新供给降解菌利用，而原生动物在代谢过程中也能够分泌生长因子，提高细菌的代谢速率。这种氮、磷的再生循环过程在土壤生态系统中具有非常重要的作用。

## 第二节 微生物修复技术及应用

有机污染物的微生物修复技术有很多种，整体可以分为两大类，分别是原位修复技术和异位修复技术。原位修复技术是指在受污染地区直接采用生物修复，不需将污染物挖掘和运输。而异位修复技术是将污染土壤挖出，在场外或运至场外的专门场地进行处理的方法。这两种修复技术具有不同的原理及措施，适用于不同的污染土壤。

## 一、原位修复技术

原位修复技术，也称为原地修复技术，是一种在不破坏土壤的基本结构的微生物修复技术。原位修复一般采用土著微生物，有时也加入经过驯化和培养的微生物以加速处理，或用各种工程化措施进行强化；还可以采取添加营养、供氧（添加过氧化氢或过氧化钙等物质）等措施提高微生物的降解能力，并通过一系列贯穿于污染区的井，直接注入配制好的溶液来实现；也可采用将地下水抽至地表，进行生物处理后注入土壤中进行再循环来改良土壤。原位修复是一种比较经济的修复手段，同时可以避免引起灰尘及挥发性污染物污染空气，由于修复过程中氧气的重要性，该方法使用于渗透性较好的不饱和土壤污染的治理。

### （一）生物强化与生物刺激

生物强化（bioaugmentation）技术是通过投加一种或几种有效高效降解能力菌株组成的具有污染物降解能力的微生物群落到污染土壤中，达到加快土壤中污染物降解的目的，投加的微生物为目标污染物的高效降解菌，除了直接由环境中分离得到，还能够通过驯化、诱变、基因重组等技术手段获得。生物强化技术的核心为投加高效的外源微生物，而这些外源微生物需满足 3 个基本条件：活性高、能够在环境中定殖并维持一定数量、能够快速高效降解目标污染物。

然而，添加到污染土壤中的外源微生物往往会受到土著微生物的影响，产生竞争作用，同时也会改变土著微生物的群落结构，从而影响生物强化的修复效果。因此，在实际修复过程中，常常将生物强化与生物刺激相结合，更好的发挥微生物降解的优势，以取得最佳修复效果。

生物刺激（biostimulation）是向污染土壤中投加降解微生物所需的氮、磷等营养元素以及过氧化氢、氧气等电子受体，通过刺激微生物的生长来达到增加微生物生物量的效果，从而加速土壤污染物的降解过程。

Soleimania 等比较了投加降解菌、种植植物、投加营养基质、投加过氧化氢、投加表面活性剂以及投加氮、磷营养等六种生物强化方法对石油污染土壤修复效果的影响，结果表明，投加降解菌和投加营养元素的方法能够最大幅度地提高石油降解率。

**1. 技术特点**

生物强化技术在污染土壤的治理中应用十分广泛，已在生物修复中体现出其优越性：目标污染物的去除效果明显增强；能加快系统启动，有效提高土壤修复效率；成本相对较低，对设备要求不高。而与此同时，该技术也存在一些弊端，如在多种污染物混合污染的土壤中，微生物更倾向于利用易降解的污染物，而导致一些较难降解的污染物仍然在土壤中积累，去除不彻底。

**2. 应用实例**

1989 年，美国“Exxon Valdez”号油轮触礁，导致大约 1 090 万 gal 的原油泄漏，污染了阿拉斯加长达 2 083 km 的海岸线。美国 EPA 在 113 km 的海岸线上开展了生物刺激修复，他们向该地区投加具有亲油、缓释、水溶特性的含氮、磷元素的营养物质。经研究发现，添加的该营养物质能够显著促进石油烃降解菌数量的增加，并显著提高石油烃降解速率，使得该区域的海岸环境质量得到明显的改善。截至 1992 年夏天，有接近 50%的泄漏原油被生物降解。

Suja 等采用生物强化结合生物刺激技术修复石油污染土壤，研究者向土壤中添加不同组成的本地土著微生物群落，同时在土壤中添加矿物质盐、无机盐以及适量的氮、磷、钾肥，并向土壤中注入空气以及能够释放氧气的化合物 ORCs，经过 77 d 的修复，结果表明，接种 MC3 群落（包括 *Pseudomonas* sp. 及 *Acinetobacter* sp. 的微生物群落）并添加无机盐的处理效果最好，石油烃降解率达到了 79%。

## （二）生物通风

由于土壤中的氧气含量是影响微生物修复效果的重要因素，土壤中污染物的降解会降低土壤中的氧气浓度，增加二氧化碳浓度，进而抑制污染物的进一步降解。因此，为了提高土壤中的微生物降解效率，一种适用于原位污染土壤修复的技术应运而生，该技术将原位曝气和生物修复两种技术有机结合起来，通过再污染场地打竖井并安装鼓风机和抽真空机的方法，向污染区域供给空气或氧气。生物通风技术是在土壤气相抽提技术（SVE）的基础上发展起来的，将空气或氧气输送到地下环境以促进生物的好氧降解作用，从而达到降解挥发性有机物的目的。生物通风法使用的基本设施包括：鼓风机、真空泵、抽提井、注入井和供营养渗透至地下的管道等。

**1. 技术特点**

生物通风法作为一种重要的土壤原位修复技术，具有以下优点：

（1）生物通风不涉及土壤挖运，不破坏土壤结构，对地下水的扰动小，且设计、安装简便易行，相对于其他处理技术其费用较低。

（2）应用范围较宽，不仅能用于轻组分挥发性有机物，如汽油和柴油，还能用于重组分挥发性有机物，如燃料油等；另外也可用于其他的挥发或半挥发组分；同时该技术还能修复低渗透性、高含水率的土壤。

（3）操作灵活，可以与其他技术复合使用，如给土壤注入纯氧气、添加表面活性剂或添加工程菌等，也可与修复地下水的空气搅拌或生物曝气技术相结合。

（4）环境副作用小，该项技术中为主的微生物处理只是一个自然过程的强化，最终产物是二氧化碳、水和脂肪酸，如果中间产物是污染物的话，在出口处安装气体净化装置就可以避免二次污染。

但生物通风涉及非生物过程、生物过程和它们之间的相互影响，机理十分复杂，其理论研究设计、操作和预测有很大一部分只能凭借经验和很宽泛的设计标准，且挥发性有机污染土壤的生物通风修复技术在中国的研究和应用还处于刚刚起步的阶段，仍存在许多问题：在生物通风修复挥发性有机污染土壤应用方面大多停留在实验室和中试阶段，实际的修复或工程示范很少；未能结合污染场地进行模拟并指导修复工程设计。

生物通风法的修复过程受土壤结构和土著微生物种类的限制，操作时间比其他土壤修复技术长，多组分对污染物的降解作用存在着一定的竞争性抑制和促进作用。因此需要加强对生物通风效果的影响因素及强化修复效果（如通风方式、土壤水分和营养、微生物等）的手段的研究，优化生物通风技术的操作条件。

生物降解的中间产物具有较大的迁移性，在某些条件下还可形成比原污染物毒性更大的中间产物，对于中间产物和最终产物的分析确定是评估生物修复效果非常关键的环节。

生物通风修复相关的数学模型还不够完善，尤其缺少生物通风过程中非生物过程和生物过程的耦合作用的模型，仍需进行深入的研究和模拟。

**2. 应用实例**

20 世纪 80 年代初，美国得克萨斯研究院最先认识到了土壤通风降解石油有机物的价值。实验室研究结果表明，土壤通风去除的汽油污染物中，由生物降解去除的占 1/3 以上。1988 年底，在美国犹他州的空军基地首次应用生物通风技术处理约 90 t 航空燃料油的泄漏污染，生物降解率达到了 85%～90%。美国从 1992 年开始对生物通风技术开展大量的研究，1991—1994 年，在美国 50 个空军基地的 130 多个地点应用生物通风技术进行了土壤修复实验。在美国希尔空军基地利用生物通风修复燃油污染场地，一年半后石油烃中碳氢化合物的浓度从 900 mg/kg 降低到 5 mg/kg。Downey 等（1995）对美国内布拉斯加州的一个大型柴油泄漏场地进行了 2 年的生物通风，实验结果表明生物通风对石油污染场地具有显著的修复效果。1995 年以后，生物通风现场应用更加广泛，已成为原位土壤修复技术中最为有效和流行的一种方法。欧洲、澳洲及加拿大、日本、南非、以色列、印度等也先后进行了与生物通风修复有关的研究和应用。

我国于 20 世纪 90 年代中期开始对生物通风法逐步进行研究，其研究和应用刚刚起步，大部分的研究还处于实验室和中试实验阶段，实际的修复或工程示范极少，缺乏工程应用经验和范例。隋红等利用室内土柱模拟生物通风技术去除土壤中的甲苯，结果表明：通风流量为 20 mL/min 时，挥发去除的甲苯与生物降解去除的比例约为 1.15∶1；在通风操作的 226 h 期间，共有 96.68%的甲苯被去除，同时产生了 128.13 mg $CO_2$，生物降解所去除的甲苯约为初始加入甲苯的 42%～49%。段红霞等用一维土柱模拟地下土壤环境，对生物通风法去除不饱和带甲苯的情况进行了研究，结果表明，在修复前期主要是靠挥发作用来去除污染物的；后期尤其是拖尾期，污染物的去除主要由微生物的降解来完成。

## 二、异位修复技术

异位修复技术主要是指将污染土壤挖出，在场外或运至场外的专门场地进行处理的方法，主要包括生物堆法、生物反应器法、土壤耕作法、预制床法等，其中土壤耕作与生物堆是就地处理废物较早使用的方法，并且广泛应用于炼油厂含油污泥污染场地的修复。

### （一）生物堆

生物堆法（biopiles）是运用生物降解的机制来降低土壤中有机污染物浓度的修复方法。该技术牵涉污染土壤堆积与通入气体，添加调理剂、矿物质、营养盐，以及湿度控制等措施，借此促进土壤中好氧微生物的活性从而强化微生物对污染物的降解过程。

生物堆的相关研究始于 20 世纪 90 年代中期。随着第四届国际原位与现场生物修复研讨会的召开，生物堆技术在土壤修复领域获得了广泛认可。污染土壤的生物堆修复研究最初着眼于生物堆的工程设计及场地污染的修复效果。研究者们从生物堆的设计、建造和运行维护三个角度入手，希望制定一个生物堆构建模式的指南，并考量了通风、无机营养物、表面活性剂和外加菌剂等措施对降解效率的影响。随着研究的深入，微生物在修复过程中的作用以及生物堆技术在特殊环境条件下的应用成为人们日益关注的重点。近年来，生物堆内的物质传输和数值模拟逐渐成为研究热点，以此为基础的生物堆自动化控制技术也越来越多地应用于实地修复中。

生物堆技术经过不断发展优化，在实际操作中已经成为一个具有固定模块单元的工艺系统。生物堆可分为4个结构单元：堆体、管路系统、在线监测系统和气体处理系统。堆体表面和底部通常会铺设防渗膜以防止污染物扩散，兼具避雨保温的功能。管路系统可分为液路管和气路管，分别用以补充水分及进行强制通风。在线监测系统则用于堆体内部相关指标的数据采集。如果以抽提的形式进行强制通风，则还需要设计气体处理系统以净化外排气体。

**1. 技术特点**

与传统的生物修复法相比，生物堆法的主要优点在于能够在严格控制的环境中，通过加入填充剂和养分，最大限度地减少土壤中污染物的有害效应。此外，生物堆还有一个明显的优势，其成本相对其他修复方法要低。英国环境污染调查委员会于1996年发布了一份多种土壤修复方法的对比数据，从修复方法对土壤性质的影响及成本估算两个方面对多种方法进行了评价，其中生物堆的土壤修复成本仅为每吨15～35英镑，明显低于生物耕作法与生物泥浆法等修复方法。

然而，生物堆法也有其局限性。如利用微生物来处理一些高毒性的化合物，可行性比较低，高毒性的污染物对微生物的生长会造成严重的影响，使其无法在生物堆中生长代谢进而降解污染物。故在投放微生物之前，需要考察该污染场地中污染物对微生物的活性的影响，从而设计合适的前处理方式，将生物修复的作用最大化。

**2. 应用实例**

1994—1996年，Lei等用生物堆法结合微生物筛选技术、固相真菌发酵技术和实地生物通风法、地下水曝气法等技术成功地修复了加拿大魁北克水利局的一块足球场大小、深10 m的PAHs污染场地。在这个项目里进行了一种白腐真菌（*Phanerochate chrysosporium*，黄孢原毛平革菌）的筛选、驯化、培养并实地接种对PAHs进行生物降解，处理了9 000 t PAHs污染土壤，经过12周的处理去污率达到92%，成为当时世界上首例应用生物堆法成功修复被PAHs污染的场地的项目。加拿大Biogenie公司修复原油田区域（22 000 t土壤），用一个异位生物堆和治理废气的生物过滤器结合，在16周内将47种氯化物溶剂污染物（氯硝基苯，氯苯酚和硝基苯酚等）的平均浓度降低93%，总残余浓度小于15 mg/kg，大大低于当地行政机关所设定的100 mg/kg的目标；该公司同样使用异位生物堆和生物过滤器，对法国一个位于军事基地因石油库泄漏污染的场地进行修复，使石油烃原始平均浓度在12周的治理过程中从12 500 mg/kg降到430 mg/kg，每吨土壤修复成本低于50加拿大元。

有研究采用生物堆法对辽河油田原油污染土壤进行了修复处理，当进行处理的石油污染土壤中石油烃质量比为52 200 mg/kg时，利用黄孢原毛平革菌（*Phanerochaete chrysosporium*）经过55 d的修复，石油烃总量去除率可达54.2%；孙东平等采用生物堆法，通过添加高效石油降解菌处理油污土壤，结果表明，这种堆制方式对油污土壤的修复作用十分明显，经过60 d培养，石油生物修复的去除率可以达到40%以上。

### （二）生物反应器

生物反应器是用于处理土壤的特殊反应器，通常为卧式、旋转鼓状、气提式，分批或连续培养，可建在污染现场或异地处理。其基本原理就是利用微生物将土壤中有害有机污染物降解为无害的无机物质（$CO_2$ 和 $H_2O$），降解过程由改变土壤的理化条件（包括土壤 pH、湿度、温度、通气性及营养）来完成，也可接种特殊驯化与构建的工程微生物以提高降解效率。

**1. 技术特点**

生物反应器法修复污染土壤的主要特征是：①以水相为处理介质，污染物、微生物、溶解氧和营养物均一分布、传递速度快，处理效果好。可以最大程度地满足微生物降解所需的最适宜条件，避免复杂、不利的自然环境变化。②可以设计不同构造以满足不同目标处理物的需要，提供最大程度的控制条件。③可自动化控制，收集有害气体，避免有害气体排入环境。④产生的污水可以收集处理，避免二次污染。⑤尽管生物反应器的处理费用要高于土地耕作及生物堆修复技术，但仍比焚烧、溶剂萃取及热解吸处理的费用低廉很多。

生物反应器方法是将受污染的土壤挖掘出来和水混合搅拌成泥浆，在接种了微生物的反应器内进行处理，其工艺类似于污水生物处理方法，处理后的土壤与水分离后，经脱水处理再运回原地，而处理后的出水视水质情况，直接排放或循环使用。该方法适用于：①污染事故现场，要求快速清除污染物；②环境质量要求较高的地区；③污染严重，用其他生物方法难以处理的土壤。

当然，生物反应器技术也存在一些弊端，如增加了物料处置、物理筛分、固液分离及水处理的过程，增加了一定的能耗及处理费用。

**2. 应用实例**

（1）土壤泥浆反应器　土壤泥浆反应器是一种灵活的生物反应器，该方法通过增强营养物、电子受体和其他添加物的效力，从而达到最高的降解率和降解效率。在一个反应器中，将受污染的土壤与 2～5 倍的水混合成为泥浆状，同时加入营养物或接种物，在供氧条件下剧烈搅拌，进行处理。该操作的关键在于混合程度，所以需要使用专门的泥浆搅拌器，该搅拌器可以安装在生物反应器内，或与生物反应器工艺连接。此外，为提高疏水性有机污染物在泥浆水相中的浓度，还可以添加表面活性剂。

工业化规模的生物修复工程集土样冲洗、过筛和降解为一体。设计每天处理量为 11.5～23.0 $m^3$，将含 PCP 的冲洗液与小于 60 目的土壤装入土壤泥浆反应器，在反应器中接种有降解 PCP 的混合培养物及氮肥与磷肥，当接种量设定为 $10^7$ 个/mL，泥浆水添加 N、P 的比例为 TOC∶N∶P＝300∶12∶1 时，14 d 后泥浆中土壤的 PCP 由 370 mg/L 降至 0.5 mg/L。

Weber 等研究应用一个间歇式泥浆治理系统（IMBRs）原位修复多环芳烃污染的土壤。接种物为筛选出的高效降解菌。结果表明，修复进行 100 d 后，土壤中的菲、荧蒽和芘去除率分别为 100%、55%～85%和 65%～67%。添加 PAH 降解助剂提高修复效率，故其得出结论，IMBR 是一种修复有机污染土壤的有效、经济的手段。Kuyukina 等利用一个 3 $m^3$ 的空油罐对石油污染土壤进行泥浆反应器修复，修复过程首先将 0.4 $m^3$ 的石油污染土壤混匀后加入反应器中，随后加入 1 200 L 自来水并搅拌均匀，形成含固量为 30%的泥浆。反应期间保证空气压缩机以 5 kg/$cm^3$ 的压力向反应器中输送空气，以 20 r/min 的速率搅拌，同时控制溶氧在 6～7.5 mg/L，温度为 18～30 ℃，每周添加 2 kg 肥料。通过泥浆反应器的处理，土壤中微生物降解活性明显提高，其中烃降解菌的数量从 $5.1\times10^4$ CFU/mL 增加到 $9.2\times10^7$ CFU/mL，经过 8 周的修复，土壤中的油含量从 4.9 g/L 下降到 0.6 g/L。

(2) 固定膜生物反应器　固定膜生物反应器是一种装有固定填料的生物反应器，污染土壤加入反应器后在进水的冲带下截留在填料表面。土壤微生物从反应器内获得足够的碳源、氧气及其他营养物质，将土壤中污染物降解。降解微生物先在土壤颗粒中生长，后在固体填料表面培养形成生物膜。这种固定膜生物反应器的微生物停留时间长，不易流失，因而运行管理方便，冲击负荷对其影响小，反应器各种不同种群微生物自然分层固定，有利于其保持高活性。

Dimitre 等应用固定化土壤膜生物反应器液相处理污染土壤，其选用的载体为多孔性材料。研究发现，PCP 初始浓度为 46、27 和 18 mg/L 时，PCP 最终浓度为 1～5 mg/L，反应过程中，控制反应器通气流速在 15 L/h，同时添加 10～74 mg/L 的营养盐以及 HCl 和矿物质，以获得较高的 PCP 降解效率，在反应器中 PCP 的降解效率高达 950 mg/(L・h)。实验由圆筒生物膜分散反应机理数学模型表明，实验过程受动力学控制，基质利用动力学数据表明，该反应符合 Monod 模型。该模型证明绝大多数 PCP 的降解发生在固定膜上，而非液相体系中。固定膜法与悬浮体系相比，好氧生物降解的物理化学因素影响明显减小。

(3) 厌氧-好氧反应器　整个厌氧-好氧系统分两步进行，首先反应器内控制厌氧过程，把土壤中难降解的复杂有机物还原为简单有机物或减小毒性，降低有机物的复杂程度以利于后期好氧处理的进行。已有报道使用该工艺处理 TNT 污染的土壤。Brunsnagel 等使用一个厌氧、好氧结合的堆肥反应器系统处理受炸药 TNT 污染的土壤。反应器内装入 50% 的 TNT 污染土壤、20% 的草秆和 30% 的甜菜。在厌氧阶段，反应器控制渗滤，流速为 12 mL/h，pH 为 7±0.2，厌氧处理 19 d 后排水。随后，添加 10 L 生物发酵剂，将土壤-甜菜-稻草混合物通气培养 58 d。结果表明，厌氧阶段有 90%的 TNT 被还原为单氨二硝基甲苯和二氨硝基甲苯和少量代谢中间物，而在好氧阶段大多数残留和还原产物被降解，最终降解率达到 99.6%。美国得克萨斯环境研究所的学者设计提出了一种进行堆肥处理的高速生物反应器（highrate-bioreactor，HRB)，其结构主要分为进料罐、反应器、分离罐及渗析器几个部分。

反应开始时，添加适量填充剂以及固体含量较低的含水废弃物，也可以同时添加活性污泥或菌剂，持续混合均匀，随后在反应器分隔板膜施加一定压力（25～381 mmHg，1 mmHg≈0.133 kPa)，以便快速去除多余的水分，使反应基质形成高效的生物降解状态。这种湿反应混合物不同于泥浆型反应器与固定膜反应器，氧气不需要经过多种介质进行传递，效率明显提高。反应过程中伴随搅拌产生一定的反应热，将反应器温度控制与 21～82 ℃，氧气的含量控制在 10%～50%，而适宜的 pH 为 6～8。经过反应，废弃物中的可生物降解部分被消化，体积和重量都会有所下降，成为易于处理的物质。反应器中的吸附有细菌的轻质填充剂与其他废弃物及重填充剂可以通过加水的方式分离开，如此，50%以上的轻质填充剂能够被分离得到。这种轻质填充剂的有效分离不仅可以降低成本，降低废弃物的体积，同时能够带入大量的微生物，促进后续的降解过程。

生物反应器技术是污染土壤修复技术中最有效的处理工艺。研究污染物的微生物降解特性，微生物对污染物的作用机制，降解菌的筛选与基因工程菌株的构建是提高生物反应器修复效果的关键，也将是研究者与工程设计者的目标。利用系统的建模手段，加强工程设计，实现反应器工艺的自动化以及过程的监测，也是国内外研究的热门领域。

### （三）土地耕作

土地耕作（landfarming）是一种改善土壤环境条件的机械处理方法，能够改变土壤的物理化学性质，刺激土壤中微生物的活性，主要通过在露天的地表铺设污染土壤，定期翻耕、浇水、施肥，来促进土壤微生物对污染物的降解。土地耕作修复技术广泛应用与处理各种固、液体污染物（包括石油类物质）形成的污染土壤。该技术通过耕作措施，增加了土壤颗粒与有机碳和营养物质的接触，使土壤碳、氮营养元素和水能够重新分配，促进污染物降解。

耕作能够提高土壤通透性，主要有以下三个机理：

（1）物理作用　使土壤中小分子有机物和微生物的代谢产物挥发。

（2）氧化作用　使污染物与氧气充分接触，可以直接氧化土壤中有机污染物。

（3）促进微生物生长　为微生物生长繁殖及污染物降解过程提供电子受体。

通过耕作措施修复污染土壤，主要受耕作频率、污染物浓度、营养物质、调控剂（疏松剂）和土壤含水率等几个因素影响。耕作次数越多，土壤通透性越好，污染物与微生物接触越广，修复效率越高；营养物质是微生物生长繁殖的重要条件，若土壤中氮、磷等元素缺乏，修复效果降低；添加调控剂能改善土壤环境，维持土壤含水率，增加土壤通透性，并能促进降解微生物生长繁殖。同时，修复过程需保持土壤合适的含水率，研究表明，将含水率控制在15%～25%较适于修复。此外，因微生物在降解有机物过程中会产生二氧化碳和水，影响土壤pH，故需定期检测土壤pH变化情况，保证微生物的降解效果。

**1. 技术特点**

土地耕作法作为一种对修复设备要求相对较低的修复技术，具有经济节能、设计简单、易操作、环境友好等优点，修复费用约150元/$m^3$，越来越受到国内外研究学者广泛的关注。

当然该技术仍存在一些不足：①修复过程对于场地要求较高，需要大规模场地；②修复过程中可能会有挥发性污染物（如石油烃）产生，对空气有一定污染；③由于不具有封闭修复系统，无法控制反应过程中的温度条件，故受气候影响较大；④对于浓度大、高分子难挥发的污染物的修复效果较差；⑤难降解的物质会在土壤中缓慢积累，从而增加土壤的毒性。

**2. 应用实例**

Ghosh等将多氯联苯污染底泥置于沟渠中，并添加营养物质，调节水分，先进行3个月耕作处理，之后21个月既不耕作也不添加营养物，分别在实验初始、3个月和21个月采集土壤样品，分析土样中的污染物，发现3个月耕作处理使二氯代多氯联苯全部降解，而三氯和四氯联苯修复21个月后仍未降解完全，五氯及以上多氯联苯则基本无降解。Tang等采用新泽西港多氯联苯污染底泥进行耕作降解实验，以期阐明多氯联苯消减规律，经过5个月耕作实验，多氯联苯降解率达40%，但其浓度降低是挥发、光解以及微生物降解的共同作用的结果。Besalatpour等分别从伊朗Tehran炼油厂附近的含油废物堆放地（S1）以及石油污染的农田土壤（S2）采集约500 kg污染土壤，采用生物耕作的方法对其进行修复，修复试验期间每3 d进行一次翻耕和灌溉，4个月后，S1和S2土样中的TPH分别下降了50%和57%，与此同时，土壤中微生物数量、呼吸速率、土壤脲酶活性及土壤pH相对无翻耕的显著提高。

国内研究者黄志超等研究了在添加石油高效降解菌剂的条件下耕作频率对石油降解效率的影响，结果表明以每天1次的频率耕作能够最有效地提高石油烃的降解率，达92.64%，该研究表明耕作越频繁，微生物与氧气的接触越充分，其降解活性越高。王旭辉等以石油烃降解效率、呼吸强度、土壤毒性等为评价指标，研究了菌剂、固定化菌剂以及不同耕作措施的6种试验处理进行污染土壤修复研究，结果表明，利用土壤土著菌结合耕作较对照处理石油烃的降解率提高了13.6%。徐莉等进行不同调控措施（添加碳源、覆盖薄膜、耕作等）修复多氯联苯污染土壤的微宇宙试验，结果表明，耕作措施对多氯联苯的修复效率最高，达到了29.3%。

### （四）预制床

预制床修复技术（preparebed bioremediation）是指在不外泄的平台上铺以石子、沙子，将受污染土壤以15～30 cm的厚度平铺其上，加入营养液和水分，必要时加入表面活性剂，定期翻动充氧以满足微生物生长所需。预制床修复技术是土壤耕作修复技术的延续，在现场处理石油污染土壤的过程中，土地耕作法处理的最大缺陷是污染物可能从处理区迁移，预制床的设计可以使污染物的迁移量减至最小，因为它具有滤液收集和控制排放系统。与同一区域的其他处理技术相比，预制床处理对3环和3环以上的多环芳烃的降解率明显提高。

**1. 技术特点**

在对受污染土壤的众多生物修复方法中，预制床法由于能够将受污染物污染的土壤彻底移出，在较大程度上削减污染土壤对附近没被污染的土壤以及植被的贡献率，减少了污染的扩散，处理效果能够达到更理想的状态，在生产和实验中得到了广泛应用。

**2. 应用实例**

预制床修复污染土壤的方法在PCP、杂酚油、石油、农药等污染土壤修复中，获得了一些成功的案例。Eullis等用具有滤液收集和水循环系统的预制床对斯德哥尔摩中部防腐油生产区的土壤进行治理，土壤中PAHs的浓度从1 024.4 mg/kg降至324.1 mg/kg。美国东南部的一个木材厂，使用预制床法处理杂酚油污染土壤，每周可处理100 t污染土壤，使菲和蒽混合物的含量由300 000 mg/kg降低到65 mg/kg，五氯酚的含量从13 000 mg/kg降低到40 mg/kg。Balba等在科威特Burgan油田采用长条形预制床方法处理石油污染土壤，在连续处理10个月后，土壤中的石油污染物基本被降解。

中国科学院沈阳应用生态研究所孙铁珩院士等对预制床法进行了详细的研究。在实验室小试和现场中试的基础上，采用预制床处理工艺对辽河油田4种不同类型的石油污染土壤进行实用规模的生物处理。当稀油、稠油、特稠油和高凝油污染土壤中总石油烃（TPH）含量为25.8～77.2 g/kg，经过84 d的修复，TPH去除率达60%，4种油污染土壤的降解速率依次为：稀油＞高凝油＞稠油＞特稠油。同时，在预制床上他们还应用了长料堆式处理技术对含油土壤进行了联合处理。工程中设有8个长条状堆料单元（8 m×2 m×0.35 m），稀油、稠油和高凝油污染土壤的TPH为41.6～77.2 g/kg，经过53 d的修复，TPH去除率为45.19%～56.74%。刘五星等通过添加有机肥、调理剂、接种烃降解菌以及搭建温室等方式对某油田的含油污泥进行了大规模的预制床生物修复。结果表明，经过230 d的修复，不同修复处理油泥中的油和脂含量降低了27.5%～46.3%，其中“有机肥＋调理剂＋接种烃降解菌＋温室”的修复效率最高；研究结果还显示，生物修复措施在降低油泥中污染物含量的同时也改善了油泥的理化性质，使氮、磷等营养物含量及田间持水率显著升高。

## 思考题

1. 什么是污染土壤微生物修复技术？它有什么特点？
2. 阐述重金属污染土壤微生物修复技术原理并举例说明技术应用。
3. 阐述有机物污染土壤微生物修复技术原理并举例说明技术应用。

# 第八章　污染土壤植物修复技术

## 第一节　植物修复技术的概述

### 一、植物修复的基本概念

利用植物去除农田污染物已有300多年历史，利用植物修复放射性核素污染土壤在20世纪50年代就已开发应用。1977年Brooks提出了超富集植物的概念，1983年Chaney提出了利用超富集植物清除土壤重金属污染的思想，但植物修复（phytoremediation）作为专业术语直到20世纪80年代后才出现。它是由Raskin等于1991年提出的，Cunningham和Berti于1993年在公开发表的技术文献中用到该词。“phytoremediation”中的“phyto”为希腊语“植物”之意，而remediation则取自拉丁语，意为“修复”。植物修复技术是一项主要用于清除环境中有毒有害污染物的绿色修复（greenremediation）技术，是当前生物修复（bioremediation）研究领域中的热点。其主要是利用植物的一系列生理、生化过程（包括固定、吸收、转移、转化和降解），部分或完全修复和消除污染土壤、水体和空气中的污染物。广义的植物修复包括利用植物净化空气，利用植物清除放射性核素和利用植物及其根际微生物清洁污染水体和土壤。狭义的植物修复主要指利用植物及其根际圈微生物体系清洁污染土壤，包括重金属污染土壤及有机污染土壤。重金属污染土壤的植物修复技术在国内外首先得到广泛的研究，目前应用较成熟。而随着对重金属植物修复技术的研究，特别是耐重金属和超积累植物及其根际微生物共存体系的研究，根系分泌物在微生物群落的进化选择过程中的作用，以及根际物理化学特性的研究，植物修复技术的含义和应用得到了延伸，关于有机污染土壤的植物修复技术的应用研究也逐渐成为当前国际上环境科学研究的热点课题之一。此外，植物修复有利于土壤稳定，生物质/生物燃料生产和碳封存，因为许多植物物种显示出极好的生物量生产和环境污染物积累能力。一般来说，利用植物对污染土壤进行处理不会破坏表层土，从而可以保持或改善土壤效用和肥力。

### 二、植物修复技术的类型

#### （一）植物提取

植物提取/植物萃取（phytoextraction），是目前研究最多、最有发展前景的方法。利用专性植物——超积累植物通过根系从土壤中吸取重金属，并将其转移并贮存到植物茎叶等地上部分，然后收割地上部分对其进行处理（包括热处理、微生物处理和物化处理）。连续种植超积累植物即可将土壤中的重金属降到可接受的水平。植物提取技术始于美国人利用遏蓝菜属修复长期施用污泥导致重金属污染的土地。随后，国内外许多科学家都开展了植物提取重金属的研究。

植物提取是从污染土壤、水、生物固体和沉积物中去除金属和准金属的最重要的植物修复方法。与其他植物修复技术相比，它更适合商业应用。影响植物提取效率的因素有许多，包括土壤性质、植物对金属的可利用性、金属形态和有关植物的特征。

选择用于植物提取的植物应具有以下特点：①生长速度快；②更多的生物量产量；③具有重金属超积累能力；④广泛分布；⑤能将金属从根部转移到地上部；⑥能够耐受重金属的毒性作用；⑦对病原体和害虫具有抗性；⑧广泛适应于一般的气候条件；⑨容易培育和收获；⑩不会吸引食草动物取食而进入食物链。

### （二）植物稳定

植物稳定/植物固定（phytostabilization）是通过植物及其根际微生物的分泌作用螯合、沉淀土壤中的重金属，以降低其生物有效性和移动性，达到固定、隔绝、阻止重金属进入水体和食物链的途径和可能性，减少对环境和人类健康危害的风险。这类植物可以通过根际微生物改变根际环境的 pH 和 Eh 值来改变重金属的化学形态，从而固定土壤中的重金属。植物稳定只是一种原位降低污染元素生物有效性的途径，而不是一种永久的除去土壤中污染元素的方法。这种方法并未将土壤中的重金属去除，仅只是暂时将其固定而使其减少对环境中生物的毒害作用，当环境条件改变仍可使重金属的生物有效性发生变化。因此，该方法并未彻底解决土壤重金属污染问题。

### （三）植物挥发

植物挥发（phytovolatization）指的是利用植物根系分泌的一些特殊物质或微生物使土壤污染物转化为挥发形态，或者植物将某些污染物吸收到体内后将其转化为气态物质释放到环境空气中。例如，烟草能使毒性较大的 Hg 转化为气态的单质汞。虽然现在还未发现能直接挥发 Hg 的自然生长的植物，但有研究利用转基因植物挥发 Hg，即将耐 Hg 毒性的细菌体内的 Hg 还原酶基因转移到拟南芥属中，获得的转基因植物能耐受并吸收土壤中的 Hg，并将 Hg 还原成零价态后挥发进入大气。此外，Se、三氯乙烯等污染物也都可以通过植物挥发的方式转化为气体蒸发到大气中。植物挥发技术无须对植物进行产后处理，但它会使污染物从土壤转移至空气中，对人类健康和生态系统具有一定的污染风险，不利于大规模应用。

### （四）植物降解

植物降解（phytodegradation），也称为植物转化（phytotransformation），是指植物通过体内的新陈代谢作用把它所吸收的有机污染物降解为无毒或毒性较小的物质。植物降解修复可用于石油化工污染、炸药废物、燃料泄漏、氯代溶剂、填埋淋溶液和农药等有机污染物的治理，如裸麦可促进脂肪烃的生物降解，田间试验水牛草可分解萘，*Fustuca arundinacea* 可使苯并［a］芘矿化，冰草属的 *Agropyron desortorum* 可使 PCP 矿化。

### （五）根际降解

根际降解（rhizodegradation），其主要机理是由于植物根系分泌某些物质如糖类、氨基酸和有机酸等，使植物根部的微生物活性增强或能够辅助微生物代谢活动，从而加强对有机污染物的降解，使其分解为小分子产物 $CO_2$ 和 $H_2O$ 或无毒性的中间产物。根际降解的处理对象主要有多环芳烃、苯系物、多氯联苯、除草剂和高氯酸酯等。

### （六）根系过滤

根系过滤（rhizofiltraction）是指植物根系范围内呈溶解态的金属元素被植物的根系吸收或在植物根系的影响下沉淀在根系外表面。该方法主要用于处理含放射性污染物质、重金属和其他污染物质（如 N、P、K）的废水，目前实际应用较多的是人工湿地技术和生物塘工程。根系过滤与植物提取的概念相近，它们的相似之处在于使污染物在植物体表或体内富集。但根系过滤只发生在植物根系或植物的水下部分，而植物提取则将污染物富集在植物地上部分，而不是在根系中。根系过滤主要用于修复受污染的地下水，而植物提取则用于修复受污染的土壤。有时常把植物提取和根系过滤统称为植物富集。

## 三、植物修复的机理

### （一）重金属的修复机理

#### 1. 根际微生物的影响

重金属的迁移性和植物吸收性直接受根际微生物活动的影响，特别是互生共生体，如菌根真菌、根际促生菌。菌根真菌被认为是重金属污染土壤植物修复的最重要的菌根类型，因为它们在土壤中通常广泛存在，并且具有改善植物对过量金属的耐受性的能力。植物和菌根中重金属的解毒可以由产生螯合剂、参与植物和真菌的细胞壁组分以及与质膜的相互作用引起。菌根真菌解毒的机理基础包括：①促进植物生长；②通过根际的沉淀、结合或螯合排斥摄取，如有机酸和金属硫蛋白；③通过保留和固定作用减少吸收；④植物和真菌的质膜起选择性屏障的功能；⑤活化植物和真菌质膜中特异性或非特异性的转运蛋白和孔；⑥隔离在植物和真菌细胞的液泡中。

同样，根际细菌也可以通过改变根的吸收性能来增强植物对重金属的吸收，例如，增加根长度、根部毛发的表面积和数量或促进菌根形成，或通过有益的植物促生作用及重金属络合作用来增强根际重金属的植物利用率，并运输转移到地上部分来缓和植物毒性。具体解毒机制包括：①释放植物生长调剂（例如，吲哚乙酸、ACC 脱氢酶、铁载体等）促进植物生长和根际营养吸收；②释放有机酸（例如，葡萄糖酸、草酸、乙酸和苹果酸）溶解重金属增强植物对重金属可利用率；③通过螯合剂和络合作用（例如，植物螯合肽、金属结合蛋白等）增强对金属离子的结合；④将无机重金属生物转化为毒性较低的有机形态被植物吸收。

#### 2. 根系分泌物的作用

根系分泌物在改变金属生物利用度方面也起着重要作用，譬如，某些有机化合物的释放不仅可以通过形成金属络合物来动员金属，还可以为微生物群落提供营养和能源，从而支持植物的生长和生存；质子（$H^+$）和酶的释放有助于根际的酸化和电子转移，从而提高金属生物利用率。

对于其化学成分，根系分泌物主要由低分子化合物（糖、有机酸、氨基酸、脂肪酸、类黄酮、次级代谢物，特别是酚类）、较高分子量的化合物（黏液，即多糖、蛋白质，主要是酶），以及离子（$H^+$，$Cl^-$，$SO_4^{2-}$，$NH_4^+$，$CO_3^{2-}$，$PO_4^{3-}$）组成。虽然金属毒性将导致被动渗出物的变化，但大多数低分子量化合物对根际的释放是被动的。根系分泌物中苯丙素类和类黄酮的存在也表明根渗存在水泡运动的发生，因为这些化合物在内质网细胞质表面非常丰富。此外，活性分泌也会发生，这种过程消耗 ATP，并通过膜转运。然而，金属胁迫影响能量代谢，活性分泌对金属暴露具有高度反应性。参与活性渗出的膜转运蛋白家族是 ABC（ATP 结合盒蛋白），MATE（多药和有毒化合物挤出），MFS（主要促进者超家族），YSL（黄色条纹家族），P 型 ATP 酶和 ALMT（铝活性苹果酸盐）转运蛋白。ABC 和 MFS 家族有助于分泌各种化合物，如糖、有机酸、有机磷酸酯和氨基酸。此外，ABC 转运蛋白负责大部分次级代谢物的渗出，而其他膜转运蛋白家族仅涉及有机酸的分泌。其他重要的家族包括酚类外排（PEZ）转运蛋白，其调节酚类的分泌，并因此引起储存在质外体中的重金属吸收量的增加。

根系分泌物导致根际化学性质的变化和植物对金属耐受性的增加。渗出的有机化合物通过以下机制与金属相互作用：①形成有机金属螯合物；②由于氧化还原条件额改变诱导与金属的反应；③由于渗出的酸度而改变金属化学行为。各种植物物种根系分泌物对金属可利用性的影响也与植物种类有关，如表 8-1 所示。根系分泌物对金属迁移的影响是多样的，因为根系分泌物改变了土壤的物理、化学和生物学特性。根系分泌物中的有机酸导致土壤 pH 的降低，因而增加了金属配合物在土壤溶液中的溶解，从而产生更多植物可利用态的金属。由植物分泌的植物铁载体不仅可以改变土壤的 pH，还可以螯合土壤中的 $Fe^{3+}$。此外，土壤 $Fe^{3+}$ 的消耗将导致其根际氧化还原电位从氧化态转变为还原态，从而导致金属离子从土壤溶液中沉淀下来。根系分泌物通常含有吸引细菌和有机酸（如柠檬酸盐、苹果酸盐、草酸盐）的黄酮，其为细菌生长的能源。因此，根系分泌物会促使重金属与根际细菌产生不可避免的相互作用。其中，细菌产生的铁载体有助于金属的螯合，从而降低已知产生植物毒性的金属离子物质的浓度。植物促生细菌还有助于调动土壤中的营养物质，特别是磷酸盐；通过分泌抗真菌剂如氰化氢抵抗病害。此外，这些细菌产生的 1-氨基环丙烷-1-羧酸盐脱氨酶可以减轻植物中的非生物和生物胁迫，最终导致植物中积累更多的金属，从而提高辅助植物提取的效率。根系分泌物也易吸引能形成菌根的真菌。这种共生相互作用主要有助于获取利于植物生长的磷酸盐。菌根还能防止植物根部直接接触有毒金属，增强植物的耐受性。

根系分泌物在动员金属方面的作用可以通过以下方程的动力学研究来预测：$E_t = C \times e^{-kt}$。其中 $E_t$ 表示时间 $t$ 时元素在根中的积累量，$C$ 表示确定不稳定元素池的容量因子，$k$ 表示强度因子（占根际金属溶解速率的比例）。实验数据如果成功地适用于该模型，可用于预测不稳定元素池和元素在根系分泌物存在下的溶解。为此，必须计算金属在植物中积累量，以及测量金属在根系分泌物中的溶解量，以评估总根系渗出物可萃取的金属量和金属溶出速率。动力学研究还可以用于确定植物修复期间金属可利用性的意外变化。

表 8-1　根系分泌物介导的对重金属的响应

| 植物名称 | 重金属 | 根系分泌物的行为 | 参考文献 |
|---|---|---|---|
| 东南景天(*Sedum alfredii*) | Cd | 磷酸、豆蔻酸、草酸、苏氨酸和甘氨酸的调动 | Luo et al.,2014 |
| 茄属(*Solanum* spp.) | Cd | 酒石酸、苹果酸、柠檬酸、草酸和乙酸增强了积累 | Bao et al.,2011 |
| 小麦属(*Triticum* spp.) | Zn | 2′-脱氧木瓜酸增强了吸收 | Rengel,1997 |
| 山杨(*Populus tremula*) | Zn、Cu | 甲酸盐(Zn/Cu),草酸盐和苹果酸盐(Cu)促使植物稳定 | Qin et al.,2007 |
| 蒲公英(*Typha latifolia*) | Cu | 草酸、乙酸、苹果酸和乳酸增强了积累 | Lyubenova et al.,2013 |
| 盐角草(*Salicornia europaea*) | Pb | 蛋白质分泌使细胞外络合 | Pan et al.,2012 |
| 圆叶无心菜(*Arenaria orbiculata*) | Pb | 糖、游离氨基酸和柠檬酸增强了积累 | Zu et al.,2014 |
| 芥菜(*Brassica juncea*) | Hg | 蛋白质介导的细胞外结合 | Mounicou et al.,2006 |
| 水稻(*Oryza sativa*) | Hg | 苹果酸、乳酸和草酸协助物种形成 | Wang et al.,2015 |
| 蜈蚣草(*Pteris vittata*) | As | 植酸和草酸增强动员 | Tu et al.,2004 |
| 水稻(*Oryza sativa*) | As | 硫醇肽介导的排斥 | Zhao et al.,2009 |
| 金盏花(*Stylosanthes guianensis*) | Mn | 苹果酸缓解毒性 | Chen et al.,2015 |
| 黑麦草(*Lolium perenne*) | Mn | 草酸盐和柠檬酸盐减少植物摄取 | Mora et al.,2009 |

**3. 植物积累和转运重金属的分子生物学机理**

植物对金属的摄取策略(主要是积累和排斥),以及随后植物体内金属的转运和变化决定了植物对金属的反应行为。金属积累者/超积累者可以很容易地吸收并浓缩金属于其地上部分,而排除器则限制了对金属的吸收和转运使地上部分维持较低浓度的污染水平。在植物摄入金属之后,大量的内部金属耐受机制将会被诱导来维持体内金属平衡。这些防御和保护机制的效力定义了毒性极限。分子水平上的植物耐受机制可分为如下几种:隔离/区域化、结合/螯合、抗氧化系统防卫机制(酶和非酶抗氧化剂)和受损蛋白质的保护、应激恢复和修复。

(1) 隔离/区域化　这些过程主要发生在细胞内(即细胞壁、液泡)或各种组织(老叶、表皮及其附属物)中,使得金属可能无法与代谢活性细胞物质发生反应。由于存在富含羧基(即果胶)和木质素的多糖,细胞壁作为金属共质入口的物理和生理屏障,是植物重要的积累位点。进入根系的重金属离子首先被根部细胞壁及碳水化合物固定而束缚于果胶位点。通过对黄瓜、菠菜、互花米草、黑麦草、烟草、皖景天等植物的实验表明,植物吸收的重金属离子大部分位于细胞壁,且被局限于细胞壁上,而不能进入细胞质影响细胞内的代谢活动,这种作用阻止了重金属离子进入细胞原生质,而使其免受伤害,使植物对重金属表现出耐受性。张旭红等研究提出细胞壁可以通过"区隔机制"和"适应机制"来减轻重金属带来的伤害,认为有些抗性品种细胞内的重金属离子可能被固定地存放在毒害位点,如细胞核、线粒体和较远的不敏感"自由空间",如液泡,从而降低了重金属在细胞内的毒性。例如,李妍的研究表明,在镉胁迫发生时,抗氧化酶系统没有对小麦起到保护作用,而是细胞区隔化等因素起了主导作用。

陈涛涛认为，液泡在植物对抗重金属、病虫害和盐胁迫等过程中起到非常重要的作用。在植株层面上，某些超富集重金属植物不同器官可能存在区室作用。Singh 和 Ma 研究发现，As 超富集植物蜈蚣草能将吸收的 As 贮存在羽叶中，茎部在将地下部的 As 转移到羽叶的过程中起着重要作用，它能形成一个羽叶吸收 As 的贮槽，在低 As 浓度时，主要将 As 转移到幼叶中，在 As 浓度较高时，将 As 转移到老叶中，从而能降低毒害的程度。

(2) 结合/螯合　即重金属与各种配体结合/螯合，形成复合物，并随后在细胞质中一直维持低浓度。植物体内存在多种金属结合分子包括氨基酸、有机酸、酚类化合物、含硫醇的化合物，以及金属结合肽，如植物螯合素和金属硫蛋白。根据其大小和物理化学特性，这些复合物可以容易地被运输或强烈结合。例如，杨秀敏等的研究表明，超积累植物可分泌金属结合蛋白（类似于金属硫蛋白或植物螯合素）作为植物的离子载体，还可能分泌某些化合物，促进土壤中的金属溶解。Lu 等的研究表明，秋茄在低浓度 Cd 胁迫下分泌有机酸，使秋茄根际周围的重金属离子的相对浓度降低，从而影响秋茄对 Cd 的吸收。与不同金属配位体的螯合将导致金属通过不同的过程和器官转移。例如，组氨酸、苹果酸盐和柠檬酸盐促进金属通过木质部输送。

(3) 抗氧化系统防卫机制　重金属胁迫与其他形式的氧化胁迫相似，能导致大量的活性氧自由基（ROS）产生。同时，这种过氧化胁迫往往能刺激一些植物抗氧化防卫能力的提高，即产生一些抗氧化物质（如 VC、GSH、SOD、POD 和 APX 等）。这些物质能够在一定范围内清除胁迫所产生的自由基，保护细胞免遭伤害，保护植物膜系统。ROS 的生产和清除之间的这种平衡影响着植物耐受性。黄辉等研究认为，重金属胁迫引起刺苦草抗氧化酶活性增加是植物抵抗氧化胁迫的重要保护机制。一些研究人员研究发现菠菜、小白菜、茭白随着重金属处理浓度的增加，PAL、SOD、POD、NR 活性均呈现出先上升后下降的趋势，是因为受到外来重金属胁迫时，抗氧化物能及时有效地通过 SOD 清除自由基，保护细胞免受氧化胁迫的危害，而当胁迫性加剧远远超过正常的歧化能力时，细胞内多种功能酶及膜系统遭到破坏，生理代谢紊乱。石贵玉等发现用不同浓度的 Cd 处理水稻幼苗时，随着 Cd 浓度的增加，叶绿素和 SOD 活性下降，POD 活性先上升后下降，细胞膜透性大幅度增大，推测是因为重金属毒害可能最终破坏了水稻体内的保护酶系统。因此，当重金属污染超过一定的阈值，保护酶活性不足以清除体内自由基时，酶活性则迅速下降，从而产生植物毒害。

(4) 受损蛋白质的保护、应激恢复和修复　在足够的水平和速率下，蛋白质显著有助于植物耐受性的加强。例如，热激蛋白（HSPs）可以增加其丰度以响应金属胁迫及各种其他压力的胁迫。其不仅可以保护正常蛋白质的折叠和组装过程，还可以在不利条件下保护和修复蛋白质，在机体的应激反应中具有重要作用。目前已有较多关于植物响应重金属胁迫提高 HSP 表达的报道，例如，Tseng 等发现热胁迫和重金属胁迫可以增加小麦中低分子量 HSPs 的 mRNAs 水平。Neumann 等发现植物海石竹（*Armeria maritima*）生长在富含 Cu 的土壤中时，HSP17 可在根中表达。Lewis 等对野生番茄进行细胞培养研究时发现，一种较大的 HSP（HSP70）也能对 Cd 胁迫做出反应，保护细胞膜不受 Cd 破坏。

## 四、有机污染物的修复机理

植物主要通过三种机理去除环境中的有机污染物，即植物直接吸收有机污染物、植物根系释放分泌物和酶、植物和根际微生物的联合作用。

**1. 植物直接吸收有机污染物**

植物可直接吸取土壤中的有机污染物，进入的有机污染物会在植物根部富集或迁移到植物组织的其他部分，而本身形态、性质未发生变化。有机污染物被植物吸收至体内后有多种去向：植物可将其分解，并通过木质化作用使其成为植物组织的一部分，也可转化为无毒的中间产物储存在植物体内，或是经矿化作用被完全降解成 $CO_2$ 和 $H_2O$ 等无机物，从而达到去除环境中有机污染的目的。环境中大多数苯系物（BTEX）化合物、有机氯化剂和短链脂肪族化合物都是通过植物直接吸收途径去除的。如利用胡萝卜吸收二氯二苯基三氯乙烷，再收获胡萝卜，并将其晒干后完全燃烧以破坏污染物的过程中，发现亲脂性污染物离开土壤后便进入并储存于胡萝卜根中。

有机物直接被植物吸收取决于植物的吸收效率、蒸腾速率以及污染物在土壤中的浓度。而植物吸收率又受污染物的物理化学性质（如辛醇-水分配系数、电离常数）、污染物形态和植物本身特性的影响。蒸腾作用是确定给定植物修复方案中污染物吸收速率的关键变量，这取决于植物类型、叶面积、营养、土壤水分、风况和相对湿度。

**2. 植物根系释放分泌物和酶**

植物根际会释放一些分泌物（包括糖类、氨基酸、有机酸、脂肪酸、甾醇、生长素、核苷酸、黄烷酮及其他化合物）到土壤中，这些分泌物影响着有机污染物的迁移、转化和生物可利用性。一方面，根际分泌物可以增加土壤有机质含量，为根际微生物生长提供有机碳源，增加根际微生物的数量，从而提高根际有机污染物的生物降解效率。另一方面，根际分泌物可以改变有机污染物的吸附特性，促进其与腐殖酸的共聚作用，从而提高植物对它的吸收转运能力，如南瓜、甜瓜等植物能分泌一种能与 2,3,7,8-TCDD 等有机污染物结合并增加其水溶性的物质，从而提高其被植物吸收转运的能力。

植物体分泌的酶也能对土壤有机污染物进行有效的降解。植物分泌的酶包括脱卤酶、硝酸还原酶、过氧化物酶、漆酶和腈水解酶等。植物释放到根系土壤中的酶系统可以直接降解有关的化合物，如硝酸还原酶和漆酶可以降解 TNT，使之成为无毒物质；脱卤酶可降解氯化剂如 TCE，生成 $Cl^-$、$H_2O$ 和 $CO_2$；PCBs 的降解速率与过氧化物酶活性呈正相关。然而，酶对环境条件的要求较高，需要在植物存在的环境下才能有效发挥降解作用。游离的酶在低 pH、过高污染物浓度或细胞毒素条件下将会失去活性或被破坏。在植物修复过程中，酶在植物组织内或根区附近得到保护，释放到土壤中后，可保持降解活性几天。

**3. 植物和根际微生物的联合作用**

植物可通过向根际分泌氨基酸等低分子有机物刺激微生物的大量繁殖，间接促进有机污染物的根际微生物降解。另外，植物细根生物量的快速衰减还会增加土壤根际的有机碳，促进微生物对污染物的矿化作用。土壤由于植物根系的存在，增加了微生物的活动和数量。具植物根系的土壤其微生物数量和活性比无根系土壤中微生物数量和活性增加了 5～10 倍，有的高达 100 倍，这些微生物可以加速许多有机农药及三氯乙烯和石油烃的降解，甲基硫类物质和某些杀虫剂也能被几种根际微生物所降解。Jordahl 等发现具杂交杨根系的土壤中，异养生物、BTX 类降解微生物和除草剂莠去津降解者的数量高于无根系土壤。Katayama 和 Matsumura 进行了利用根际真菌降解多种有机化合物如五氯苯酚、DDT 等方面的研究，证实了根际微生物能对有机污染物的降解起作用，其降解的原因可能是植物根系分泌物刺激了微生物的活动。

## 五、植物修复技术的优缺点

**1. 优点**

植物修复是一种环境友好型的绿色生物技术，具有传统的污染物处理技术不可比拟的优势，具体表现在：

(1) 成本低廉　这也是植物修复技术最显著的优点。有研究对利用各种技术治理4.86 $hm^2$ 铅污染土地的成本进行了估测比较。其中挖掘填埋法需耗费1 200万美元，化学淋洗法为6 300万美元，客土法为60万美元，植物萃取法则仅需20万美元，大大低于其他传统方法，这充分显示了植物修复技术的优势。

(2) 对环境扰动小　植物修复通常是在原位实施，对周边环境干扰小，不会破坏实施场所，从而减小了对土壤性质的破坏和对周围生态环境的影响，可称是真正意义上的“绿色修复技术”。

(3) 美化景观　具有观赏价值的植物的应用，有助于改善污染场地的生态景观，对周边地区的空气和水体环境也有改善作用。

(4) 有利于生态多样性的恢复　植物修复技术能增加地表的植被覆盖，控制风蚀、水蚀，减少水土流失，有利于退化生态环境的恢复、改善和保护，也可以为野生生物的繁衍生息提供良好的生境，有利于污染地生物多样性的恢复和重建。

(5) 减少二次污染，可以回收再利用　植物修复过程中，可以对植物地上部进行收割管理，对收获的植物进行集中处理以有效移除土壤污染物。收获的植物材料可用于生产沼气、动物饲料、堆肥及造纸等。

**2. 缺点**

当然，植物修复技术也存在一些局限性。主要表现在：

(1) 植物修复技术主要依赖于生物进程，通常比物理、化学过程缓慢，与一些常规处理相比耗时长，尤其是一些与土壤结合紧密的疏水性污染物。有研究结果表明，在污灌区利用植物富集去除重金属Cd，需要耗费上万年的时间才能使土壤Cd浓度下降到背景水平（0.2 mg/kg）。

(2) 植物修复土壤只能局限在植物根系所能延伸的范围内，一般不超过20 cm土层厚度。

(3) 超富集植物对重金属具有一定的选择性，大多数植物无法同时对多种重金属具有富集能力，往往只能吸收一种或两种重金属元素，而土壤重金属污染多为几种重金属复合污染，且常常伴有有机污染，因此，用一种超富集植物难以全面清除土壤中的所有污染物。

(4) 植物修复进程会受到土壤类型、温度、湿度、营养等条件的限制，对土壤肥力、气候、水分、酸碱度等自然条件和人工条件有一定的要求。此外，所要去除污染物的毒性也会对植物的生长构成威胁。

(5) 植物修复技术的效率还受到污染物生物有效性的影响。如重金属常滞留于土壤中，很少发生移动；而一些有机污染物，其生物有效性会随时间的推移而不断降低，去除也变得越来越困难。如果污染物部分或全部不能被植物所利用，那么仅利用植物修复技术来完全清除污染物是不可能的。

(6) 富集重金属的植物器官往往会通过腐烂、落叶等途径使重金属重返土壤，因此必须在植物落叶前收割植物器官并进行无害化处理。

(7) 用于修复的植物可能与当地植物存在竞争，对当地生物多样性造成威胁，影响生态平衡。

## 六、影响植物修复技术的主要因素

### (一) 污染物的物理化学性质

土壤污染物的植物修复效率直接与污染物的物理化学性质如污染物分子大小、污染物形态、辛醇-水分配系数、半衰期、解离常数、蒸气压等有关。植物对呈吸附态的重金属吸收能力较强。土壤中疏水性较强，半衰期<10 d，蒸气压>$10^{-4}$ 的有机污染物主要以气态形式通过叶面气孔或角质层被植物吸收，因而其植物修复效率较低，不宜采用植物修复。植物根系内表皮含有一层浸满软木脂的不透水的硬组织带，污染物必须通过这层疏水性的硬组织带，才能进入内表皮，达到管胞和导管组织，并进一步通过木质部向上转移。污染物的水溶性越强（即 $K_{ow}$ 越低），通过硬组织带进入内表皮的能力越小，但进入内表皮后，水溶性大的污染物反而更易随植物体内的蒸腾流或汁液向上迁移。研究人员指出，$\lg K_{ow}>3.5$ 的憎水性有机物被根表面强烈吸附，不易向上迁移，难以被植物吸收转运；$\lg K_{ow}$ 为 1～3.5 的有机污染物则较易被植物转运吸收；而 $\lg K_{ow}<1$ 的亲水性污染物则不易被根吸收或主动通过植物的细胞膜。污染物的分子量大小也会影响植物修复效率。一般分子量小于 500 的污染物易被植物根系吸收，而分子量较大的污染物因被根表面强烈吸附难以被植物吸收转运。分子结构不同的污染物对植物的毒害性不同，从而影响植物修复效率。如多氯联苯对农作物的危害会随着苯环上氯原子个数的增加而增大。

### (二) 土壤的理化性质

土壤的理化性质对植物吸收污染物有着显著影响。土壤颗粒的比表面积大小影响着植物对有机污染物的吸附能力，进而影响其生物可利用性。同种植物对壤土、砂土及黏土中污染物的修复效率有着明显差异，如砂土中植物修复 Ni 的效率较低。

土壤酸碱性显著影响着植物对重金属的吸收或对有机物的吸附。在碱性条件下，土壤中一些腐殖质为有机物提供了大量的结合位点，降低了其生物可利用性；而酸性条件下可促进有机物在土壤颗粒中的解吸，使其被植物根系吸收。Brown 等指出，在不同 pH 处理的被 Zn、Cr 污染的土壤盆栽试验中，*T. careulesences* 对 Zn、Cr 的吸收量随土壤 pH 的下降而增加。Lopez 等研究表明，在碱性条件下，除 Ni、As 外，几乎所有的重金属被植物吸收的能力都随土壤 pH 的上升呈现下降趋势。

适当的土壤水分可抑制土壤颗粒对污染物的表面吸附能力，促进污染物的生物可利用性，然而水分过多时，植物会因根际氧分不足而减弱对有机污染物的降解能力。此外，虽然有些超富集植物具有较强的耐旱性，但过度缺水仍会减弱其对重金属的修复能力。Angle 等利用镍超富集植物修复镍污染土壤时发现，植物体内重金属浓度随着土壤湿度的增大而增大，并且植物修复效率显著提高。由此可见，控制适当的土壤水分，可以提高植物修复效率。

矿物质和有机质的含量是影响植物吸收污染物的另外两大重要因素。通常而言，矿物质含量高的土壤对离子性有机污染物吸附能力较强，可降低其生物可利用性；有机质含量高的土壤则会吸附或固定大量的疏水性有机物，从而降低其生物利用性。有研究发现有机质含量高的土壤对多环芳烃的吸附强度高，影响了植物对多环芳烃的降解。

土壤有机质对植物吸收污染物的影响程度也与土壤类型、特性和污染物的种类及含量等有关。陈凤和濮励杰调查了昆山市农田土壤有机质含量对植物积累重金属的影响，发现 Hg 和 Pb 的积累量与有机质含量呈极显著相关，但 As、Cr、Ni 和 Cu 等却没有表现出一定的相关性。陈翠红等发现小麦在褐土中对 Cd 的积累能力要强于潮土。

有关研究还发现，土壤中阳离子的交换量也会影响植物对重金属的吸附。郭鹏然等指出，土壤中阳离子交换量的增加可使土壤中非残留态钍含量增加。此外，土壤中无机盐的存在也可促进一些重金属被植物体吸收。如 Manousaki 和 Kalogerakis 发现含有 3% NaCl 的土壤促进了植物对 Cd 的吸收。

### （三）植物种类

植物种类的选取对植物修复效率的发挥起着至关重要的作用。不同种类的植物其吸收、代谢污染物的能力存在明显差异，如蔬菜类对农药的吸收能力强弱为：根菜类＞叶菜类＞果菜类。同类作物对污染物的吸收能力与机制也会有所区别。研究表明，夏南瓜对 PCDD/PCD（$\lg K_{ow}>6$）的富集能力明显大于其同族植物南瓜、黄瓜，且它们的吸收方式不同，夏南瓜与南瓜主要以根部吸收为主，并向地上部分迁移，而黄瓜主要通过地上部分从空气中吸收。

植物不同部位积累污染物的能力也存在差异。对多数植物来说，根系积累污染物的能力要大于茎叶和果实。不同植物甚至同一种植物的亚种或变种所产生的分泌物和酶的种类、数量、功效不同，对植物修复的效率也会产生一定的影响。经基因改良的植物其修复功效显著提高。如改造的拟南芥菜和烟草不仅能在杀死未改造种的 $Hg^{2+}$ 浓度下存活，还能把有毒的 $Hg^{2+}$ 还原为单质 Hg 挥发掉。同种植物在不同生长季节对污染物的吸收能力也会有所变化，如水稻在分蘖期以后，其根茎叶中 1,2,4-三氯苯等污染物的浓度大幅度增加。

植物根系的类型也会影响植物对污染物的吸收。一般而言，植物须根比植物主根具有更大的比表面积且处于土壤表层，而土壤表层比土壤深层含有更多污染物，因此植物须根对污染物的吸收能力要强于主根。有研究指出，禾本植物吸收污染物的能力要大于木本植物，原因正是在于禾本植物根的类型大部分为须根。另外，植物根系类型不同，相应的根面积、根分泌物、酶、菌根菌等都会有所不同，因而植物根际对污染物的降解能力会存在差异。但目前有关产生差异的机制还有待进一步研究。

### （四）植物种植方式

选择合适的种植方式可以有效地提高植物修复效率。主要种植方式包括育苗、翻耕、种植密度、除草、轮作、间作、套作及收割等。翻耕在植物修复过程中起着重要作用，通过翻耕可将表层以下的污染物质翻到土壤表层植物根系分布较密集的区域，有利于植物去除土壤深层的重金属。轮作、间作及套作等种植方式可以减少病虫害、杂草等现象的发生，避免影响植物修复进程。研究表明，对于复合污染的土壤，间作或套作两种或两种以上超富集植物，可以缩短修复时间，提高修复效率。选择合适的种植密度，可以提高植株的光合作用和对营养的吸收，从而提高单位面积植物地上部的生物量，促进植物对污染物的修复效率。Liphadzi 等研究了不同种植密度条件对向日葵修复重金属污染土壤的影响，结果发现在稀植条件下植物提取效率明显高于密植条件下的提取效率。对于多年生、再生能力强的植物，通过收割的方式可以缩短育苗时间和育苗成本，增加生物量产出，从而提高植物修复效率。例如，廖晓勇等发现，蜈蚣草的最佳收割频率是每年收割 3 次，每次收割后留下高度为 7.5 cm 的植株，其对污染物的修复效率是每年收获 1 次的 1.9 倍。

### （五）添加剂

在植物修复过程中加入一些添加剂如有机螯合剂、酸碱调节剂、生长调节剂和微生物菌剂等有助于提高污染物的生物有效性，从而提高植物修复效率。

有机螯合剂可以活化土壤中的重金属离子，提高其生物可利用性，还能与重金属形成易被植物吸收的螯合物，并促进重金属由植物地下部向地上部转移，从而提高植物对重金属的吸收效率。研究证明，添加螯合剂可以使土壤中水溶态铅的浓度增加 100 倍以上，即使使用非铅超积累植物玉米也能大量地吸收土壤中的铅。Pickering 等研究指出，添加二巯基丁二酸对印度芥菜的砷吸收总量影响不明显，但其形成的螯合物却明显促进了植物体内砷的转运。

酸碱调节剂的添加可以影响重金属的活性与生物可利用性。对绝大多数重金属而言，降低土壤 pH 能促使部分结合态重金属溶解，成为植物可吸收态的重金属。Zn 的超积累植物 *Thlaspi caruelesences* 在用酸性调节剂将土壤变成酸性的情况下，其积累的 Zn 含量远高于碱性条件下 Zn 的积累量。但是土壤过酸，植物的正常生长也会受到影响，并且少数重金属如 Ni、As 等适宜在偏碱性土壤中修复，因此需要通过酸碱调节剂来调节植物生长与吸收重金属的平衡，争取最大化地提高植物修复效率。

植物调控体内激素水平是其适应重金属胁迫的重要方式，因此施加生长调节剂可以有效得提高植物抗重金属胁迫能力，从而促进植物生长和对重金属的吸收，提高植物修复效率。Salt 等研究表明施加乙烯等生长调节剂能够提高印度荠菜抵抗 Cd 胁迫的能力。Lopez 等研究表明，添加生长素（IAA）不仅可以提高紫花苜蓿的生物量，还能增强植物叶片中的铅含量，显著提高植物修复效率。

在污染土壤中，接种微生物菌剂能够促进植物对营养元素与重金属的吸收，同时微生物能够分泌一些生长调节剂和保护植物的抗生素、抑菌剂和螯合剂等，增强植物对环境的适应能力，对于提高植物修复和恢复土壤生态多样性具有重要的意义。Teng 等研究发现接种了里氏木霉 FS10-C 菌剂后，植物的生物量和对 Cd 的吸收量都显著增强；此外，土壤中微生物的生物量和活性也都明显提高。除了以上几种添加剂外，还有一些研究者证明施用堆肥、污泥及畜禽粪便等有机固体废弃物和有机废液也可以提高植物修复效率。这些有机废弃物不仅可以改良土壤结构，增加土壤有机质含量与肥力，同时，其内含有的水溶性有机质（DOM）可以促使重金属从土壤表面解吸出来，增强重金属在土壤中的移动性和生物可利用性。

### （六）环境因素

光照、风速、湿度及温度等环境因素均可影响植物的生长发育，进而影响植物修复效率。普通光照会促进植物的生长发育，并对污染物的降解产生促进作用。但在紫外光照射下，污染土壤表面的多环芳烃可发生光诱导毒性效应从而使其毒性增强。风会影响污染物的挥发及植物的蒸腾作用，低速的风通常对植物生长有促进作用。空气湿度也会影响植物的生长发育。通常情况下，植物生长和开花需要较高的湿度，在土壤修复过程中保持田间持水量在70%～80%时，有利于植物叶片伸展，提高花朵质量。但相对湿度超过90%且通风较差的情况下则会导致病虫害的滋生，严重影响植物的生长发育，甚至会导致其死亡。温度对植物修复效率有着重要影响：一是可以直接影响土壤污染物的挥发；二是通过影响植物气孔开合进一步影响叶面对污染物的吸收作用；三是能够影响土壤和植物对污染物的吸附和分配能力，因为污染物的土壤吸附和植物角质层分配过程均属于放热过程。Eweis 认为，温度每增加 10 ℃，植物降解污染物的速率可增加 0.8～1.2 倍。但温度长期过高也会增加病虫害发生概率，如孔雀草在室温超过 35 ℃且通风不佳的环境下生长 1 周即会有红蜘蛛为害。

## 第二节　植物修复技术的应用

### 一、重金属污染的植物修复

#### （一）锌污染土壤植物修复的研究

锌是植物生长所必需的微量元素之一，土壤缺锌将直接影响植物的代谢活动。但过量时，又会对植物细胞产生毒害作用，导致土壤退化、作物产量降低等问题。土壤的锌含量对土壤微生物的生物量和多样性也有较大影响，Kandeler 等研究表明土壤中微生物的数量与土壤中锌含量呈显著的负相关。Kelly 和 Tate 发现锌会影响土壤微生物的群落结构和功能多样性。一般情况下，土壤中的锌含量为 10～300 mg/kg，但锌污染的土壤中锌含量可高达 13 500 mg/kg，易被植物吸收并通过食物链影响人畜健康。近年来，由于铅锌矿开采、冶炼、镀锌加工等的发展，使锌污染土壤越来越多。而进入土壤中的锌很难移动，自然净化耗时漫长。

关于锌的超积累植物修复研究较多，但报道的达到超积累标准的植物种类却较少。1885 年，Baumann 等发现遏蓝菜属植物茎叶灰分中的氧化锌含量达 17%，这是有关 Zn 超富集方面的最早报道。到目前为止，已报道的 Zn 超积累植物有 18 种，主要集中在北美洲、大洋洲和欧洲富含铅、锌的土壤中。如遏蓝菜属遏蓝菜对锌的积累量为 51 600 mg/kg，铜钱属白铜钱对锌的积累量为 30 000 mg/kg，景天属东南景天对锌的积累量为 19 674 mg/kg。其中大部分为十字花科遏蓝菜属（*Thalassic*）植物，其次为堇菜科、禾本科和唇形科。Ebbs 等以 30 余种十字花科植物为材料研究其对锌的吸收，发现印度芥菜、芸薹、芜菁三种植物对锌具有极强的吸收能力，且其生物量可达遏蓝菜的 10 倍以上，极具应用价值。一些禾本科植物如燕麦和大麦也具有清除污染土壤中 Zn 的能力。蔷薇科的长柔毛委陵菜也被证实为锌超积累植物，其地上部在野外和温室培养条件下分别能积累 17 062、26 700 mg/kg 的锌。Kashem 等在不同 Zn 浓度水培实验中发现，叶芽阿拉伯芥地上和地下部积累的 Zn 浓度可分别达到 26 400 mg/kg 和 71 000 mg/kg，而且转运系数很高，为 2～9。

## （二）铜污染土壤植物修复的研究

铜既是植物必需的营养元素，又是一种污染元素。当土壤中铜含量超过一定浓度时会产生很高的植物毒性，影响植物生长发育及生物量。近年来，由于铜矿的开采、冶炼厂排放的“三废”、含铜农药和化肥的过量使用等因素，局部土壤的含铜量已达到原始土壤的几倍甚至几十倍，远远超出了土壤环境的承载力。如污染严重的矿区附近土壤铜含量可高达 5 000 mg/kg 及以上，远远超过了国家标准。

国内外对植物吸收铜有过不少报道，发现绝大多数的铜积累和超积累植物主要集中在唇形科、石竹科、马齿苋科、豆科、禾本科、漆树科和马鞭草科等。目前，发现的铜指示植物有很多，诸如酸模、女娄菜、宽叶香薷、海州香薷、小头蓼等。其中一些植物积累的铜含量可达超积累水平，如鸭跖草和海州香薷，属于铜超积累植物。杨明杰等报道海州香薷是中国原生铜超积累植物，可用于铜污染土壤的植物修复。束文圣等首次报道鸭跖草是铜的超积累植物，其地上部和地下部能吸收和积累相当高浓度的铜。郑洁敏等对铜尾矿上生长的密毛蕨进行了野外调查分析和温室营养液砂培实验，发现密毛蕨对铜具有较强的忍耐和较高的积累能力，可作为修复铜污染土壤的新材料。李福燕等通过沙培试验发现剑麻对铜的积累能力较普通植物相当可观，虽未达到超积累植物的要求，但用于植物修复铜污染场地仍具有较好的前景。康薇和郑进研究了铜矿废弃地生长的蓖麻中铜的分布和积累情况，指出蓖麻是一种新发现的铜超积累植物，可用于植物超积累铜的机理研究和对铜污染土壤的植物修复。

## （三）镉污染土壤植物修复的研究

镉是一种非必需且生物毒性极强的重金属元素。镉在环境中化学活动性强，移动性大，隐蔽性强，毒性持久。其在土壤中不能被大部分微生物分解，因而会在土壤中不断积累，甚至可以转化为毒性更大的烷基化合物被植物和其他生物吸收富集，进而通过食物链在人、畜体内蓄积，危及人类健康。镉对生物体的毒害还具有隐蔽性和累积性，随着年龄的增长，人体内积累的镉含量也会升高。随着我国工业的发展，采矿业、冶金等工业废水的不合理排放、工业污泥的农田施用、污水灌溉及磷肥施用等都造成了土壤镉积累，土壤镉污染状况越来越严重，我国镉污染的土壤面积已占总耕地面积的 1/6。《全国土壤污染状况调查公报》中显示，镉污染物点位超标率达到 7.0%，在所有无机污染物中超标率最高。我国的土壤镉污染涉及 11 个省、市的 25 个地区，每年生产镉米 $5.1 \times 10^9$ kg，比如广州郊区老污灌区的土壤镉含量高达 228 mg/kg；江西省某县多达 44% 的耕地遭到污染，并形成 670 $hm^2$ 的“镉米”区。

国内外对镉植物修复开展了大量研究，挖掘出许多适用于镉修复的镉积累和超积累植物资源。Bkaer 在欧洲中西部发现了能富集 Cd 高达 2 130 mg/kg 的十字花科植物天蓝遏蓝菜。Salt 发现印度芥菜对 Cd 有一定的忍耐和积累能力，而且生物量较大，吸收 Cd 总量很高。但印度芥菜有很强的地域性，我国很难大面积种植。油菜是我国的主要农作物之一，其中芥菜型油菜和印度芥菜是同属同种植物，因此猜测油菜有可能具有类似印度芥菜的镉修复能力。王激清等通过水培实验和土培实验进行了这方面的验证，发现 3 个油菜品种川油Ⅱ-10、白芥和绵阳蛮油菜地上部吸镉量都高于或相当于印度芥菜，具有超积累 Cd 的能力，尤其是川油Ⅱ-10，耐镉、吸镉能力及修复效率均远胜于印度芥菜，是一种很好的镉修复植物资源。

禾本科牧草 *Echinochloa polystachya* 是国外最新发现的一种镉超积累植物，常见于热带地区被油类污染过的含有大量重金属的土壤中。东南景天是国内研究较多的植物，除了锌之外，研究发现其对镉也具有超积累能力。刘威等过野外调查和温室试验，发现并证实宝山堇菜是一种 Cd 超积累植物，在自然条件下，其地上部平均 Cd 含量为 1 168 mg/kg。魏树和等以杂草为研究对象，发现并证实龙葵是一种 Cd 超积累植物，其后又证实我国农田常见杂草——球果蔊菜也符合超积累植物标准。吴龙华和杨肖娥分别发现伴矿景天和东南景天是已知对镉富集能力最强的植物之一，能在地上部组织中富集大量镉元素而不出现毒害症状，且其生物量大、生长速度快，是较理想的镉污染修复植物。白宏锋和李晓明在野外调查中发现壶瓶碎米荠在镉重度污染区生长良好，其地上部分浓度峰值可达 Cd 超积累植物阈值的 38 倍，具有极强耐受 Cd 污染的能力。此外，三叶鬼针草、圆锥南芥、忍冬等都是已见报道的镉超积累植物。除了这些超积累植物外，还有一些植物也具有很强的镉富集能力，具有良好的镉污染修复场地应用价值。有研究发现铜超积累植物蓖麻的一些品种对镉也具有较高的耐受性，虽然达不到超积累植物的标准，但可作为一种潜在的镉修复植物。也有研究指出鱼腥草对镉的富集能力虽未达到超积累水平，但其根系发达、生长快、分布地域广，是理想的镉污染修复材料。观赏花卉月季对镉的富集作用很强，可作为土壤镉污染生物整治的植物。韦良焕通过对不同浓度下不同植物地上部分镉含量的测定与分析发现，三色堇、大青菜、孔雀草、百日草、鸡冠花、茶花凤仙、黄心乌以及茼蒿对镉都具有较强的富集能力。

### （四）铅污染土壤植物修复的研究

铅具有急性剧毒，在土壤中的溶解度小、滞留时间长，是一种不可降解的环境污染物，在表土积累后，不仅影响农作物的产量和质量，并会通过食物链影响人类健康。人体内铅一旦过量，将会干扰体内亚铁血红素的合成，对人体神经系统、血液和血管等都有毒害作用。当铅在人体内蓄积到一定程度时，可能引起头痛、脑麻痹、失明、智力迟钝和肾功能受损等，甚至会致癌。此外，其对中枢神经系统的毒性作用，对儿童身体和智能的影响更为严重。土壤铅污染主要来自人类的各种生产活动，其中汽车废气降尘是首要原因，也是最严重的铅污染源。其次，蓄电池、电缆包铅、颜料、油漆等工矿企业排出的铅也给土壤造成严重的负担。

国外报道了几种典型的铅超积累植物，包括 *Brassica nigua*、*Brassica pekinensis*、*Brassica juncea*、*Biscutella laevigata*、*Minuaritia verna*、*Thlaspi rotundifolium* 等，主要分布在十字花科、石竹科、禾本科和蓼科 4 个科。圆叶遏蓝菜（*Thlaspi rotundifolium*）在野外条件下可富集高达 8 200 mg/kg 的铅。Tamura 等发现普通荞麦能积累＞10 000 mg/kg 的 Pb，转运系数也大于 1，是非常出色的铅超积累植物。Antiochia 等通过植物组织培养发现香根草地上部分 Pb 含量可达 2 458～4 069 mg/kg。我国在这方面的研究起步较晚，但近期也已经开展了大量的 Pb 超积累植物的遴选工作。在温室砂培盆栽条件下对铅、锌尾矿区附近生长的 6 种植物体内的 Pb 含量做了研究，发现在 1 500 mg/L 的铅浓度处理下，羽叶鬼针草茎叶的 Pb 含量高达 2 881 mg/kg，酸模茎叶 Pb 含量达到 1 480 mg/kg，都可作为铅污染修复的先锋植物。叶春和报道紫花苜蓿根部吸收的 Pb 含量达到 12 134 mg/kg，是一种很有利用价值的土壤铅污染修复植物。聂俊华等通过温室沙培和土培试验对铅锌尾矿库 36 种植物进行筛选，发现香根草、苋菜、羽叶鬼针草、紫穗槐和苍耳等都是富铅植物。吴双桃等对株洲市铅锌冶炼厂生产区进行了植被和土壤调查，发现土荆芥体内 Pb 含量高达 3 888 mg/kg，是一种铅超积累植物。除此之外，十字花科的芥菜和圆锥南芥，禾本科的金丝草、柳叶箬以及杨梅科的杨梅等也被证明能够积累>1 000 mg/kg 的铅，符合铅超积累植物的标准。吴春华等研究发现由于杂草生物量大，因而也能吸收大量的 Pb，因此可先在尾矿区 Pb 污染的土壤中保留适量杂草，在其从土壤中吸收大量的 Pb 之后再将其清除。

### （五）砷污染土壤植物修复的研究

砷是毒性物质，它可经自然和人类活动而被释放到环境中，不仅影响土壤肥力、作物产量和品质，而且会通过食物链的“生物放大”作用对人体健康产生极大威胁。20 世纪以来，由于采矿、采煤，农业上含砷杀虫剂、肥料以及木材防腐剂的大量使用，土壤砷污染变得越来越严重。全球已有数万个砷污染点，最高土壤砷含量可达 26 500 mg/kg。世界卫生组织公布，全球至少有 5 000 多万人口正面临着地方性砷中毒的威胁，其中大多数为亚洲国家。因此，如何治理砷污染和防止砷毒害已成为全球的研究热点。

相对于其他常见重金属，关于砷植物修复的研究和应用起步较晚，已报道的砷超积累植物也不多，主要集中于凤尾蕨科，也有一些从裸子蕨科中筛选得到的。蜈蚣草是第一种被国内外学者同时期发现的砷超积累植物，其具有极强的耐砷能力，能在砷含量为 23 400 mg/kg 的矿渣上正常生长，羽叶砷含量是普通植物的数 10 万倍，生物富集系数（羽叶砷含量/土壤砷含量）高达 80。其后，Francesconi 等在泰国南部地区发现另一种砷超积累植物——粉叶蕨，其体内积累的砷可达 8 350 mg/kg。大叶井口边草是国内报道的第二种砷超积累植物，与蜈蚣草同属，其地上部分平均砷含量为 418 mg/kg，地下部平均砷含量为 293 mg/kg，生物富集系数为 1.3～4.8，转运系数为 1.0～2.6。Du 等于 2005 年在中国东南部发现了另一种新的砷超积累植物——凤尾蕨属的井栏边草，其地上部和地下部平均砷含量分别为 1 145 mg/kg 和 693 mg/kg，平均生物富集系数和转运系数分别为 1.2 和 1.8。此外，一些变种植物也被证明具有超强的砷积累能力，如徐卫红等在变种澳大利亚粉叶蕨地上部分检测到高达 2 438 mg/kg 的砷含量。国内外学者也探索出一些耐砷性植物，如 Visoottiviseth 等在砷污染严重的尾矿中发现的如蒙塔那菊、细弱翦股颖、匍茎剪股颖和狗牙草等。韦朝阳和陈同斌也在矿区发现了耐砷植物苎麻和五节芒，其地上部分分别可积累 536 mg/kg 和 760 mg/kg 的砷。Ampiah-Bonney 等利用蓉草修复砷浓度为 110 mg/kg 的污染土壤，发现 16 周后能从 1 $hm^2$ 的土壤中提取出 130 g 的砷。

### （六）锰污染土壤植物修复的研究

锰是生物机体必需的微量元素之一，作为某些代谢酶的组成部分或酶的激动剂，参与许多生物化学反应。但摄入过量的锰，则会对机体产生不良作用，并对神经、免疫、生殖等系统产生不同程度的损害。慢性锰中毒将影响人的脑中枢神经系统，而重度中毒者，则表现为帕金森综合征和中毒性精神病。我国锰矿生产集中度差，技术水平较弱，缺乏相应的环保措施，电解锰废水和矿渣乱排乱放，造成了严重的环境污染问题。而锰进入土壤的污染过程具有隐蔽性、长期性和不可逆性等特点，会在土壤中不断累积，使治理土壤锰污染变得十分困难。

植物修复技术被认为是治理锰污染最经济有效的处理方法。国内外已报道了二十多种锰超积累植物，主要分布在五加科、夹竹桃科、卫矛科、藤黄科、桃金娘科、山龙眼科、山茶科、商陆科、毛茛科和蓼科。国外报道的植物多为木本科植物，主要生长在亚热带地区的超碱性土壤中。如Jaffre在新喀里多尼亚超碱性土壤上发现了6种超积累植物。Bidwell等在昆士兰州发现了一种澳大利亚原生锰超积累植物。国内科研工作者也在锰超积累植物的研究方面取得了显著成果，发现了多种锰超积累植物。如薛生国等在中国境内首次发现了一种锰超积累植物——商陆，其叶片内锰含量最高达19 299 mg/kg。王华等通过野外调查与营养液模拟试验相结合的方法，初次发现并证实水蓼是一种锰超积累植物。任立民等发现除美洲商陆和水蓼外，扛板归的耐锰性也很强，在高浓度锰处理下（16 000 μmol/L），扛板归地上部锰含量高达19 940 mg/kg。张举成等在东紫苏植物体内检测到最高达1 621.34 mg/kg的锰含量，证明该植物也达到了锰超积累的标准，可作为锰污染治理的一种新的种质资源。杨春香等通过盆栽试验证实在＞40 mmol/L的锰处理水平下，木荷地上部分可积累超过10 000 mg/kg的锰，是一种锰超积累植物。邓华等报道，在锰水平高达$2.5\times10^5$ mg/kg的锰矿废弃地上短毛蓼依然生长良好，其叶片积累的锰含量可高达$1.66\times10^4$ mg/kg。另外，土荆芥、鸭跖草和酸模叶蓼也都被证实具有超积累锰的能力。

### （七）多金属污染土壤植物修复的研究

由于污染土壤通常表现为多种重金属的复合污染，因此，挖掘多金属超积累植物资源对于复合污染土壤的植物修复有着极其重要的意义。上述提到的圆锥南芥、印度芥菜和天蓝遏蓝菜等都是比较出色的多金属超积累植物。其中，圆锥南芥是国内首次发现的Pb、Zn、Cd超积累植物，在野外条件下其地上部与地下部分别能积累168～11 470和318～7 971 mg/kg的Pb，4 098～71 944和1 791～154 289 mg/kg的Zn，以及125～1 209和98～2 762 mg/kg的Cd。印度芥菜是目前发现能够同时富集重金属种类最多（Zn、Pb、Cd、Ni、Cu）的植物。Blaylock等早在1997年就指出印度芥菜和菥蓂可以用来修复多重金属污染的土壤，其中，印度芥菜可以有效吸收Zn、Pb、Cd、Ni 4种重金属，而菥蓂也可以有效吸收Zn、Pb、Cd 3种重金属。而后蒋先军等（2000）研究指出，除了已知的Zn、Pb和Cd外，印度芥菜还可超量吸收Cu。天蓝遏蓝菜和黑心菊也被证明是综合型富集植物，可有效地应用于Cd、Zn、Pb和Cu多重污染的土壤修复中，尤其是天蓝遏蓝菜，对这4种重金属都具有超积累能力，黑心菊也可大量富集Cd、Cu、Pb和Zn。东南景天、野茼蒿和秃疮花都具有同时富集Pb、Cd、Zn 3种重金属的能力，其中，秃疮花对Pb、Cd、Zn三者的积累能力都达到了超积累的标准，而东南景天和野茼蒿则是具有超积累Cd、Zn和积累Pb的能力。此外，佘玮等研究发现苎麻对Cd、Pb和As都具有较强的富集能力，转移系数也都大于1，可用于植物提取这3种重金属复合污染的土壤；而对Cu、Zn其转移系数小于1，但地下部吸收量较多，因此适宜对Zn、Cu污染土壤进行固定修复。张军等发现宝山堇菜可以同时超富集Cd、Pb，以及富集Zn、Cu和Fe，可作为重金属复合污染土壤的一种修复策略。能够同时富集两种重金属的植物相对而言则比较多了，如三叶鬼针草能同时耐受和超积累Pb、Cd；黑麦草对Cu、Zn有极强的忍耐和较好的富集能力；伴矿景天是一种Cd、Zn超积累植物。

## 二、有机污染物的植物修复

### （一）多氯联苯污染土壤的植物修复研究

多氯联苯（PCBs）是一类性质稳定、具有急性和慢性毒性、典型的持久性有机污染物，曾被广泛应用于电力工业、塑料加工业、化工和印刷业等领域。虽然1977年后各国陆续停止生产PCBs，但由于PCBs的持久性和难降解性，PCBs仍然是环境中最主要的污染物之一，其广泛积累于土壤、水沉积物和大气中。PCBs可通过生物链进入动物体和人体并富积、浓缩和放大，造成严重的危害，动物实验研究表明，PCBs对皮肤、肝脏、胃肠系统、神经系统、生殖系统和免疫系统的病变甚至癌变都有诱导效应。PCBs的急性毒性很低，但是如果人类长期暴露在低剂量环境中就可能导致氯痤疮、内分泌紊乱、肝中毒、生殖系统中毒以及癌变作用。由于PCBs的生物蓄积性、环境持久性、半挥发性、“三致”毒性造成的综合危害，其成为许多国家广泛关注并优先控制的有机污染物之一。

国内外的许多研究已经证明，植物能够促进污染环境中PCBs的降解。Chekol等以3种豆类、4种草类为供试植物，通过室内模拟试验，研究其对PCBs污染土壤的修复效率，结果表明，所有供试植物均能显著提高PCBs的生物降解水平。Aslund等采用南瓜、莎草和高羊茅来考察植物对PCBs的原位吸收效果，结果证明，3种植物对PCBs都有一定的吸收能力，莎草的生物累积系数高达0.29，南瓜体内的生物累积系数为0.15。张雪莲通过盆栽实验研究龙葵和鱼腥草对PCBs的去除作用，结果表明，两种供试植物均能有效去除污染土壤中的PCBs。蔡三山等以刺槐和西葫芦为供试植物，修复受多氯联苯污染的土壤，结果表明，供试植物的根际可有效吸收污染土壤中的PCBs。涂晨等选择豆科植物紫花苜蓿、禾本科植物黑麦草和高羊茅作为供试植物，探讨这3种植物在单作和间作条件下对多氯联苯污染土壤的田间修复效应，结果表明，紫花苜蓿单作处理对多氯联苯的去除率最高，达到59.6%。类似地，孙向辉等研究了紫花苜蓿与海州香薷、伴矿景天在不同栽培模式下对多氯联苯复合污染农田土壤的协同修复作用，结果表明，紫花苜蓿与海州香薷、伴矿景天混作对PCBs复合污染土壤的修复效果明显高于紫花苜蓿单作，不仅提高了植株总生物量，还增强了植物对土壤中PCBs的吸收富集能力；此外，植物混作栽培模式还可以促进高氯代PCBs组分向低氯代PCBs组分的转变。

### （二）多环芳烃污染土壤的植物修复研究

多环芳烃（PAHs）是环境中普遍存在的具有代表性的一类重要持久性有机污染物。大量研究已经证明，多环芳烃具有慢性毒性和致癌、致畸、致突变的“三致”作用，是环境中一类危险而需重点研究的、也是各国列为优先控制的污染物。由于大气沉降、污水灌溉、固体废弃物填埋渗漏、油田开采和石油产品大量使用等因素，我国许多地方已出现较严重的PAHs污染情况。PAHs性质稳定、难于降解，因此在土壤环境中呈不断积累的趋势，严重危害了土壤的生产和生态功能、农产品质量和人类健康。

近年来，国内外开展了许多植物修复多环芳烃污染土壤的研究，并取得了一定进展。Aprill和Sims用8种禾本科牧草混合栽培处理PAHs污染的土壤，结果表明，供试植物有效地提高了土壤中PAHs的去除率。Banks等用酥油草进行$^{14}C$标记的苯并［a］芘污染土壤的降解研究，发现植物根际可以促进降解，6个月后的降解率可达50%以上。Liste和Alexander选用田间农作物、园艺农作物和树苗3类不同的植物进行研究，结果发现，9种植物均可促进芘的降解，种植8周后土壤中芘降解了74%，明显高于对照组（40%）。孙铁珩等利用苜蓿进行了多环芳烃降解的盆栽实验，结果表明种植植物的土壤中多环芳烃的降解率明显高于对照的土壤。沈源源等通过盆栽试验，研究了几种豆科植物与禾本科植物对多环芳烃（PAHs）复合污染土壤的修复作用。结果显示，紫花苜蓿和多年生黑麦草对土壤PAHs的去除率分别达48.4%和46.8%，且对3环PAHs去除较为彻底，具有较好的根际修复潜力。在实验室研究的基础上，PAHs污染土壤的修复已扩展到野外应用水平。Pradhan等用3种植物对原煤气生产厂污染土壤进行了6个月的研究，发现应用苜蓿和柳枝稷处理6个月后，土壤PAHs浓度减少了57%，再用苜蓿处理可进一步减少PAHs总量的15%。张晶采取野外田间原位修复方式，研究经济作物和修复植物单作和间作模式修复多环芳烃污染农田土壤的效果，发现修复植物苜蓿或黑麦草和经济作物玉米间作模式在不影响农业生产的前提下，显著提高了土壤PAHs的降解率，在污染农田土壤修复过程中有着广阔的应用前景。以上这些效果优良的修复植物大多属于禾本科和豆科，如黑麦草、高羊茅、狗牙根、牛筋草、草木樨、格兰马草、紫花苜蓿等；还有一些属于十字花科、葫芦科、伞形科、藜科的草本植物和木本植物，如金合欢、刺槐、复羽叶栾树、樟树、广玉兰以及热带和亚热带地区生长的红树等植物，其中木本植物修复效果不及草本植物。此外，一些观赏植物也被应用到土壤PAHs污染的修复过程中，如孔雀草、向日葵、紫茉莉、凤仙花、裂叶牵牛等，对污染物的修复效果较好，但此类研究较少。

### （三）农药污染土壤的植物修复研究

农药是现代农业发展的必要物质保障，其在生产、运输、贮藏与使用过程中，不断进入生态环境（土壤、水体、大气），从而对环境造成污染，进一步通过食物链影响到人体的健康。如有机氯、有机磷等农药或具有很强的毒性、或在环境中具有持久性、或具有环境激素效应，对高等动物的神经系统、大脑、心肺等组织器官造成直接或间接的损害，滴滴涕、六六六等有机农药还具有“三致”效应。而人类每年使用数千万吨的农药，进入环境中的有机农药对生态环境造成了严重的破坏。我国作为农业大国，农药使用量居世界第一。目前，农药污染已成为我国影响范围最大的一类有机污染，且具有持续性和农产品富集性。随着使用量和使用年数的增加，农药残留逐渐增加，呈现点一线一面的立体式空间污染态势。

**1. 除草剂的植物修复**

农药主要包括杀菌剂、杀虫剂和除草剂三大类。近年来，除草剂的增长率远高于杀虫剂和杀菌剂，约占到农药产量的1/3。

三氮苯类除草剂是现代除草剂中最主要的类型之一，它的杀草谱广、适应范围大、选择性强，主要品种有西玛津和莠去津等。有研究指出白杨可通过吸收和转化分解作用，降解大部分莠去津，在有些土壤中的降解率甚至可达100%。Jordahl等发现狼尾草在污染土壤中生长80 d以后，可以分别降解45%和52%的莠去津和西玛津，而未种植狼尾草的只降解了22%和20%。Kruger等研究发现，在用植物修复多种农药污染的土壤时，地肤草可明显吸收多年沉积的莠去津，降低土壤中生物可利用的莠去津的量，且莠去津的降解不受污染土壤中其他农药存在的影响。因此，对于受到多种农药污染的土壤，利用植物降解其中的莠去津是可行的。Lin等用5种牧草对莠去津污染的土壤进行修复试验，结果发现风倾草可降解>80%的莠去津，因此可作为一种很好的莠去津修复植物。周宁采用盆栽试验研究了狼尾草、高丹草、黑麦草3种牧草对受莠去津污染的土壤的修复作用，结果显示，这3种牧草对莠去津污染的土壤均具有一定的修复效果，其中狼尾草对污染土壤的修复效果最好，其次是高丹草，黑麦草最差。

苯甲酸类除草剂2,4-二氯苯乙酸是一种有机氯类内吸型选择性除草剂，它被广泛使用来控制阔叶杂草，但其对阔叶植物如杨树、柳树等同样具有毒性，在土壤中残留时间长，并且可以在土壤中迁移。Germaine等将能够降解2，4-二氯苯乙酸的细菌的基因导入到豌豆中，实验表明这些豌豆具有更高的降解2，4-二氯苯乙酸的能力。Roy等研究了草坪草对苯甲酸类除草剂麦草畏的降解作用，选用美国肯塔基州的草地早熟禾，在实验室中模拟田间条件，发现种植草地早熟禾的土壤中麦草畏的降解率比没有种植草地早熟禾的土壤要高6～8倍，并且麦草畏的半衰期仅为5.5 d，因此草地早熟禾可以作为一种很有效的麦草畏修复植物。

虞云龙等通过对比植物根际土壤和非根际土壤中酰胺类除草剂丁草胺的降解率发现，棉花、水稻、小麦和玉米的种植明显促进了丁草胺的降解，其降解半衰期缩短了26.6%～57.2%。

除了以上三类常见的除草剂外，还有少数研究涉及了其他除草剂，如Olette等研究了浮萍、伊乐藻和水盾草对磺酰脲类除草剂啶嘧磺隆的吸收能力，其将浮萍、伊乐藻和水盾草放在含有5种不同浓度的啶嘧磺隆的培养基中培养7 d，发现浮萍的吸收能力最强，其次是伊乐藻和水盾草。Li等研究发现，多花黑麦草能吸收氟乐灵，并在植株体内将其代谢。

**2. 杀虫剂的植物修复**

有机氯类杀虫剂包括滴滴涕（DDT）、六六六（BHC）等都是较早广泛使用的杀虫剂，尤其是DDT的开发被认为是现代农药的起点。尽管自20世纪80年代中期后已基本禁用，但部分地区土壤中有机氯杀虫剂的残留量依然相当严重，故对其进行植物修复的研究十分必要。Lunney等在温室条件下研究了5种供试植物（西葫芦、大牛毛草、紫花苜蓿、黑麦草和南瓜）对DDT及其代谢产物DDE的运输传导和修复能力，结果发现，两种葫芦科植物南瓜和西葫芦具有较强的运输和富集能力，且嫩芽的富集能力高于根系。安凤春等比较了用早熟禾、草地早熟禾、多年生黑麦草与高羊茅等10种草坪草修复受DDT、BHC和三氯杀螨醇污染土壤的能力，研究发现，同一品种的草在不同土壤中对污染物的清除能力不同，不同品种的草在同一土壤中对污染物的清除能力相异。在植物修复的过程中，通过草本身的直接吸收途径去除土壤中有机污染物所做的贡献很小，植草的作用可能是通过草的根部向土壤释放酶和某些分泌物，从而激发土壤中微生物的活性，并加速农药生物降解作用。草在不同土壤中修复能力的差异，可能是不同土壤中所存在的微生物差异以及其活性酶和某些分泌物所激发的差异所产生的结果，因而选择能使根际区产生强烈生物降解作用的草品种，是利用草修复化学农药污染土壤的关键。有机磷类杀虫剂是目前所有杀虫剂种类中使用量最大的，约占杀虫剂使用总量的70%，并常在蔬菜、粮食和一些畜产品中残留而引起农药中毒事件，从而引发了人们的高度重视。Amaya-Chavez等研究了香蒲对甲基对硫磷的吸收，结果发现，香蒲对甲基对硫磷有很高的去除率，是一种很有前景的植物修复候选物。Flocco等将紫花苜蓿放在10 mg/L的保棉磷中培养20 d后已检测不出保棉磷，而没有种植紫花苜蓿的培养基在同条件下培养30 d后，仍有20%左右的保棉磷残留，结果显示，在种植紫花苜蓿的培养基中，保棉磷的半衰期由10.8 d下降到3.4 d。新烟碱类、拟除虫菊酯类、氨基甲酸酯类等也是现阶段常用的杀虫剂种类。Garcinuno等研究了狭叶羽扇豆种子对杀虫剂甲萘威、苯线磷和氯菊酯的保留效果。实验结果显示，狭叶羽扇豆种子对上述杀虫剂有极强的保留能力，因此用它来修复被这些杀虫剂污染的土壤或水体具有很好的应用前景。姚国君研究了顺-氯氰菊酯在5种植物（甘蓝、油菜、辣椒、西红柿和黄瓜）体内的立体选择性降解，结果发现，顺-氯氰菊酯在5种植物中的降解速率有差异，其在甘蓝中的降解速率最快，同时，5种植物中的顺-氯氰菊酯表现出了不同的对映体选择性。

**3. 硝基芳香化合物污染土壤的植物修复研究**

硝基芳香化合物，如硝基甲苯（NT）、二硝基苯（DNB）、二硝基甲苯（DNT）、三硝基甲苯（TNT）等主要应用于炸药、农药、燃料、杀虫剂、除草剂、医药及其他化工产品的生产，随着其越来越多地进入土壤和水环境，给动植物及人类的生存造成了日益严重的威胁。硝基芳香化合物具有稳定性、持久性和毒性，对生态系统的危害比较严重，人类经口吸入或食物链食入，将引发毒害作用，其中二硝基甲苯的主要成分2,4-DNT和2,6-DNT的半数致死质量分数（$LD_{50}$）分别为268 mg/kg（大鼠经口）、177 mg/kg（大鼠经口），同时，DNT具有致突变性和可疑致癌性，被美国国家环境保护局列为“优控污染物”。Sax等将所有硝基芳香化合物都评定为3级（表示危害性/毒性最大的级别）。

硝基的存在，使硝基芳香化合物比其他有机化合物更难于生物降解，为消除其环境污染，国内外学者开展了大量的研究工作。在植物修复方面，Vila等以4种农作物（玉米、大豆、小麦和水稻）来修复土壤中的爆炸性有机物（三甲基三硝基胺RDX和三硝基甲苯TNT），并研究了其在农作物体内的归趋。将上述4种作物栽种至含有$^{14}$C-RDX和$^{14}$C-TNT的土壤中培养42 d后，发现被植物吸收的RDX中有>80%的量被迁移至气生组织，而经根系吸收的TNT只有少于25%的量被迁移至植物的枝叶。该研究显示，TNT在植物体内大部分以代谢残留物的形式存在，而RDX主要以原始态存在于植物组织中。多数研究集中于TNT的修复方面，并已发现了多种有效修复植物，如Chang等在土壤柱状反应器顶部和底部分别放置2 kg被TNT污染的土壤和18 kg未被污染的土壤。50 d后发现，栽种苘麻的污染土壤中TNT的浓度变为初始浓度的23.3%，而未栽种苘麻的土壤TNT的浓度为初始的48.1%；同时与未被污染的土壤相比，在被TNT污染的土壤中，苘麻根系和枝叶的生长速度减慢，但没有出现缺绿症、树叶凋落等危险症状。以上研究结果表明，苘麻能直接吸收污染土壤中的TNT并在植物体内进行转化，同时能够促进微生物活性，增强其对污染物的转化能力，从而有效提高TNT的去除率。Adamia等比较了8种植物对TNT的修复效果后，筛选出了能够快速同化高浓度该污染物的橹豆，并进一步研究了TNT在植物体内的吸收、分布和转化，发现TNT在植物细胞内发生了硝基还原反应从而被降解。另外，通过对植物硝基还原酶活性的测定发现，植物硝基还原酶的活性能作为植物修复TNT污染过程中很好的生化指示剂。Scheidemann等研究了11种植物在8周生长期中降解TNT的情况，发现低浓度TNT（10 mg/L）条件下种植*Medicago sativa*可达到降解最高水平，但在500 mg/L的高浓度条件下，只有1种植物（*Phaseolus vulgaris*）能够生长。

**4. 石油污染土壤的植物修复研究**

石油是一种复杂的多组分混合物，其主要组分是烃类（烷烃、环烷烃和芳香烃），其次是数量不多的非烃组分（含氧化合物、含硫化合物、含氮化合物、胶质和沥青质）。石油污染泛指原油和石油初加工产品（包括汽油、煤油、柴油、重油、润滑油等）及各类油的分解产物所引起的污染。石油对土壤的污染主要是在勘探、开采、运输以及储存过程中引起的，油田周围大面积的土壤一般都受到严重的污染。石油类物质进入土壤，可引起土壤理化性质的变化，如石油污染物堵塞土壤孔隙，使土壤透水、透气性降低，引起土壤板结化，改变土壤有机质的碳氮比和碳磷比等，此外还能引起土壤微生物群落、微生物区系的变化。土壤石油污染将直接导致粮食减产，大多数石油污染物又具有致癌、致畸和致突变作用，食用生长于污染土地上的农产品将严重危害人类的健康。

目前，关于土壤烷烃和BTEX降解研究最多和最成熟的是微生物修复技术。利用植物修复比较成功的是杨树、柳树和紫花苜蓿等。杨柳科的植物，尤其是杨树属，已证实可通过吸收有机物至根部从而大量去除有机污染物（Paterson和Schnoor，1993）。紫花苜蓿为多年生植物，生存力强，遗传学上容易解码，可以灵活地进行基因改良，而经过基因改良的紫花苜蓿可以耐受高浓度的原油污染而不死亡，随着时间的推移可逐渐恢复生长能力。Wang和Oyaizu评价了4种植物（狗牙根、匍匐剪股颖、结缕草3种牧草和白三叶1种豆科植物）对氧芴污染土壤的植物修复潜力，结果发现，白三叶根系中氧芴降解菌的数目最多，对污染物的去除率最高。Palmroth等在对芬兰柴油污染土壤的植物修复试验中也发现，白三叶对柴油的去除率最高。Lin和Mendelssohn采用沼泽植物*Spartina alterniflora*和*Spartina patens*作为供试植物，结果表明，在一定的浓度内，在污染了两年的土壤中（石油含量仍然很高），如果在植物生长期施加肥料，植物不仅可以生存良好，而且可以58.5%的速率降解污染物。卢丽丽从蚕豆、黄豆、更豆、青豆、红小豆、黑麦草中筛选能够高效降解石油烃的植物品种，实验发现，在7 000 mg/kg和10 000 mg/kg的石油烃浓度条件下，蚕豆、红小豆、玉米均有较好的修复效果，其中玉米处理的石油烃降解率分别达到49.1%和50.4%，红小豆处理的降解率则为49.6%和44.8%，两种植物均具有较强的去除污染物的能力，是7种植物中最为理想的修复品种。祁迎春等针对陕北油田区土壤，以当地野生和种植的植物为筛选对象，通过野外调查和盆栽试验，研究了不同土壤石油烃浓度下植物的种子萌发、植株生长状况和土壤石油烃降解率。结果表明，在9、17、35 g/kg的石油烃浓度下，狗尾草、沙打旺、紫花苜蓿和草木樨4种植物发芽受石油污染的影响较小；进一步的生长试验表明，狗尾草和沙打旺生长期对石油污染的耐受性较差，紫花苜蓿和草木樨则对石油污染物有较好的耐受性和降解率，具有修复<17 g/kg石油烃污染土壤的潜力。观赏植物应用于植物修复，不仅能展现野生植物的良好耐性，在治理污染的同时美化环境，还能发挥观赏植物的特性，避免将污染带入食物链。程立娟和周启星通过温室盆栽试验探讨了野生观赏植物长药八宝对大港油田石油烃污染土壤的修复潜力，结果发现长药八宝对一定浓度的石油烃污染盐碱土具备良好的耐性，对土壤中石油烃污染物具备较高的降解率，具备修复总石油烃浓度在40 000 mg/kg以下的石油烃污染盐碱土的能力。同样地，彭胜巍选择山东省东营市胜利油田的石油污染土壤为研究对象，通过盆栽及模拟田间试验筛选出了3种适合修复石油污染土壤的花卉植物紫茉莉、凤仙花和牵牛花，为植物修复工作提供了理论依据。

## 思考题

1. 什么是污染土壤植物修复技术？它有什么特点？
2. 阐述重金属污染土壤植物修复技术原理并举例说明技术应用。
3. 阐述有机物污染土壤植物修复技术原理并举例说明技术应用。

# 第九章　污染土壤修复项目实施与管理

污染场地修复项目包括污染场地修复方案编制、修复实施与环境监理、验收与后期管理。污染场地修复方案编制也称可行性研究，包括以下几个步骤：一是根据场地环境调查与风险评估结果，细化场地概念模型并确定场地修复总体目标，通过初步分析修复模式、修复技术类型与应用条件、场地污染特征、水文地质条件、技术经济发展水平，制定相应修复策略；二是通过修复技术筛选，找出适用于目标场地的潜在可行技术，并根据需要进行相应的技术可行性试验与评估，确定目标场地的可行修复技术；三是通过各种可行技术合理组合，形成能够实现修复总体目标的潜在可行的修复技术备选方案；在综合考虑经济、技术、环境、社会等指标，进行方案比选基础上，确定适合于目标场地的最佳修复技术方案；四是制订配套的环境管理计划，防止场地修复过程的二次污染，为目标场地的修复工程实施提供指导，并为场地修复环境监管提供技术支持；五是基于上述选择修复策略，筛选与评估修复技术，形成修复技术备选方案与方案比选，制订环境管理计划，编制修复方案。

修复实施是指修复实施单位受污染场地责任主体委托，依据有关环境保护法律法规、场地环境调查评估备案文件、场地修复方案备案文件等，制订污染场地修复工程施工方案，进行施工准备，并组织现场施工的过程。修复环境监理是指环境监理单位受污染场地责任主体委托，依据有关环境保护法律法规、场地环境调查评估备案文件、场地修复方案备案文件等，对场地修复过程实施专业化的环境保护咨询和技术服务，协助、指导和监督施工单位全面落实场地修复过中的各项环保措施。

染场地修复验收是在污染场地修复完成后，对场地内土壤和地下水以及修复后的土壤和地下水进行调查和评估的过程，主要是确认场地修复效果是否达到验收标准，若需开展后期管理，还应评估后期管理计划合理性及落实程度。场地修复验收的工作内容包括：文件审核与现场勘察、采样布点方案制订、现场采样与实验室检测、修复效果评价、验收报告编制。据场地情况，必要时需评估场地修复后的长期风险，提出场地长期监测和风险管理要求。后期管理是按照后期管理计划开展包括设备及工程的长期运行与维护、长期监测、长期存档与报告等制度、定期和不定期的回顾性检查等活动的过程。

## 第一节　修复方案编制

污染场地修复方案编制（也称可行性研究）的目的是根据场地调查与风险评估结果，确定适合于目标场地的最佳修复技术方案，并制订配套的环境管理计划，作为目标场地的修复工程实施依据，支撑该场地相关的环境管理决策。

## 一、方案编制工作程序

污染场地修复方案编制有选择修复策略、筛选和评估修复技术、形成修复技术备选方案与方案比选、制订环境管理计划、编制修复方案5个阶段，具体程序和内容如图9-1所示。

## 二、方案编制内容

**1. 选择修复策略**

根据场地调查与风险评估结果，细化场地概念模型并确认场地修复总体目标，通过初步分析修复模式、修复技术类型与应用条件、场地污染特征、水文地质条件、技术经济发展水平，确定相应修复策略。选择修复策略阶段主要包括细化场地概念模型、确认场地修复总体目标、确定修复策略3个过程。

(1) 细化场地概念模型　修复方案编制阶段的细化场地概念模型，应进一步结合场地水文地质条件、污染物的理化参数、空间分布及其潜在运移途径、风险评估结果等因素，以文字、图、表等方式概化场地地层分布、地下水埋深、流向、描述污染物的空间分布特征、污染物的迁移过程、迁移途径、污染介质与受体的相对位置关系、受体的关键暴露途径以及未来建筑物结构特征等，用以指导修复策略制定、筛选合适的修复技术并提出潜在可行的修复技术备选方案。在修复方案制订的过程中，应根据所制订的修复方案，动态的更新场地概念模型，以评估不同修复方案的实施效果。

(2) 确认场地修复总体目标　场地修复总体目标是使场地土壤和地下水质量满足某种使用功能目标。确认前期场地环境调查和风险评估提出的土壤修复目标污染物，分析其与场地特征污染物的关联性和与相关标准的符合程度。按照《建设用地土壤污染风险评估技术导则》(HJ 25.3—2019) 计算土壤风险控制值并与场地所在区域土壤中目标污染物的背景含量和国家有关标准中规定的限值比较，合理提出土壤目标污染物的修复目标值。

由于地下水的修复周期较长，必要时可将地下水修复总体目标划分为近期、中期和长期不同阶段的修复目标。地下水的近、中和长期目标一般可按下列方式划分。

近期目标：切断和控制污染地下水的污染源，防止对地下水的进一步污染。如通过挖掘去除地下水上部存在自由相的污染土壤；通过水力控制防止地下水污染扩散等。

中期目标：消除场地直接的健康风险。如通过空气注射等降低地下水挥发性有机污染物浓度，使其达到场地居住和工业使用的安全水平。

长期目标：恢复地下水使用功能。如为饮用水，将地下水恢复到饮用水功能。

应明确实施各个时期目标的时间要求。考虑近期、中期、长期不同阶段的目标选择及实施的时间要求，这对修复模式的选择具有重要影响。

(3) 确定修复策略　场地修复策略是指以风险管理为核心，将污染造成的健康和生态风险控制在可接受范围内的场地总体修复思路，包括采用污染源处理技术、切断暴露途径的工程控制技术以及限制受体暴露行为的制度控制技术3种修复模式中的任意一种或将其组合。

①确定修复策略应遵循的原则　应与场地未来的用地发展规划、开发方式、时间进度相结合。应与场地相关利益方进行充分交流和沟通，确认场地未来的用地发展规划、场地开发

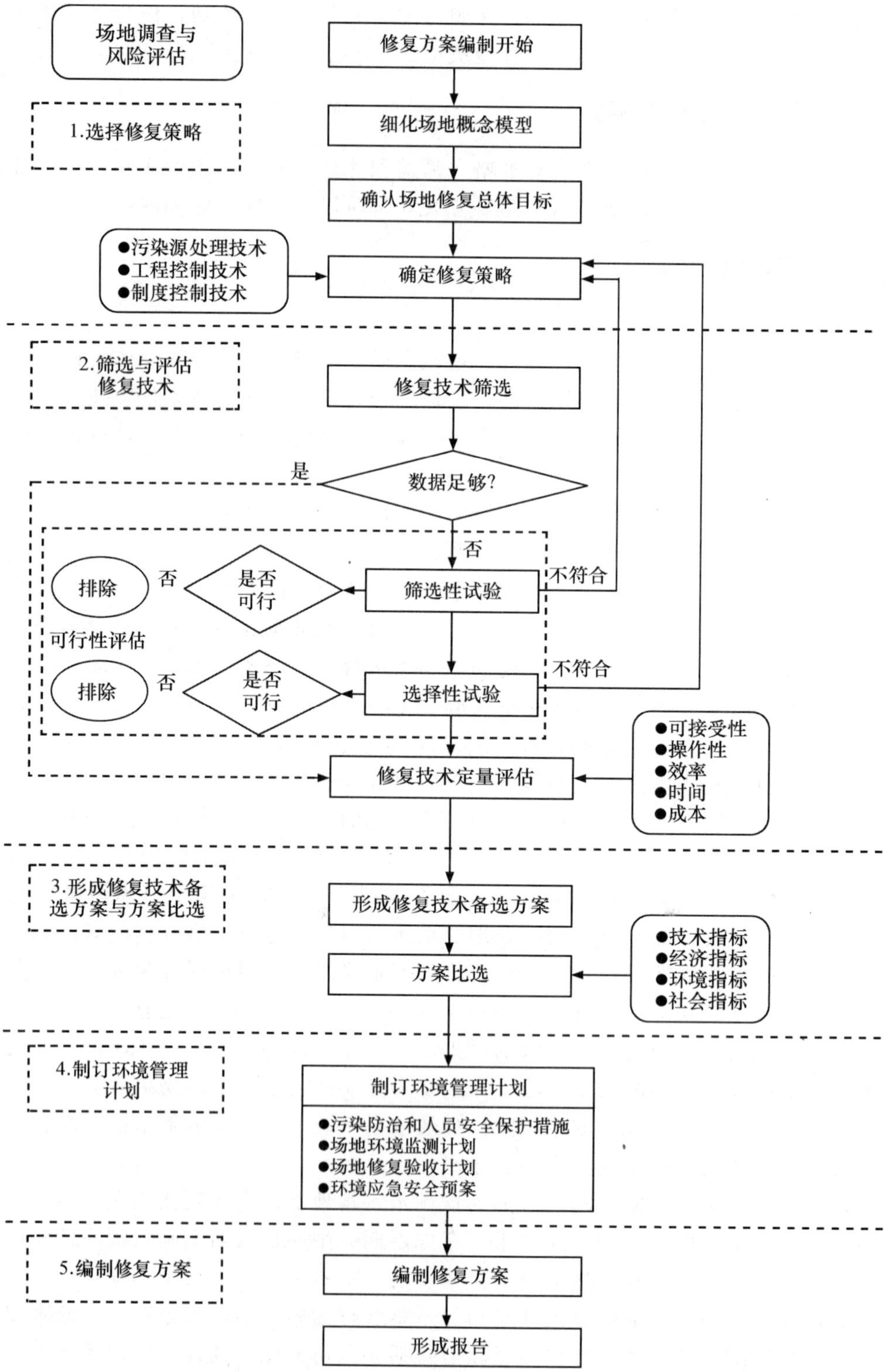


**图 9-1　污染场地修复方案编制的工作程序和内容**

方式、时间进度、是否允许原位修复、修复后土壤的再利用或处置方式等。应充分考虑场地修复过程中土壤和地下水的整体协调性，并综合考虑近期、中期和长期目标的要求，以及修复技术的可行性、成本、周期、民众可接受程度等因素。污染场地风险评估可作为评估采取不同修复策略是否可以达到修复目标的工具。应选择绿色的、可持续的修复策略，使修复行为的净环境效益最大化。针对污染源处理技术、工程控制技术、制度控制技术中的某一修复模式，提出该修复模式下各个修复单元内各类介质的具体修复指标或工程控制指标。

②修复策略制定的具体过程　采用污染源处理技术时，针对各种技术类型，应根据污染介质确定目标污染物、明确具体的处理目标值和待处理的介质（土壤或地下水）范围。具体的处理技术有原位生物、原位物理、原位化学、异位生物、异位物理、异位化学等类型。

对于污染土壤而言，处理目标值应根据风险评估结果、处理技术的特点以及土壤的最终去向或使用方式来综合确定。当采用降低土壤中目标污染物浓度的源处理技术时，处理目标值一般是将土壤中的目标污染物浓度降低到符合土壤再利用用途的风险可接受水平；当采用化学氧化等降低污染物浓度的技术时，还应考虑可能产生的中间产物及控制指标。当采用降低土壤中目标污染物的活性和迁移性控制其风险的固化/稳定化技术时，应根据固化体最终处置地的环境保护要求，确定其浸出浓度限值。待处理介质范围描述应包括需处理的污染土壤的深度、面积与边界、土方量。

对于污染地下水而言，需明确不同阶段的处理目标值，地下水的处理目标值与其将要达到的功能密切相关；待处理介质范围的描述应包括需处理的污染地下水的边界、深度与出水量。

采用工程控制技术时，应根据污染介质，确定目标污染物、修复范围、暴露途径，选择合适的阻止污染扩散或切断暴露途径方式，如覆盖清洁土、建立阻截工程等，从而降低和消除场地污染物对人体健康和环境的风险。从修复成本、修复周期等因素考虑，工程控制技术可为一种合理有效的选择。由于工程控制并不彻底去除场地中的污染物，因此工程控制往往需要和制度控制相结合，如定期监测和评估制度等。工程控制技术可以与污染源处理技术联合起来使用，降低修复成本，或用于场地修复过程中的二次污染防治。

采用制度控制技术时，应通过制定和实施各项条例、准则、规章或制度，减少或阻止人群对场地污染物的暴露，从制度上杜绝和防范场地污染可能带来的风险和危害，从而达到利用行政管理手段对污染场地的潜在风险进行管理与控制的目的。制度控制技术常与工程控制技术或与污染源处理技术联合采用。

**2. 筛选与评估修复技术**

以场地总体修复目标与修复策略为核心，调研常用的修复技术，综合考虑修复效果、可实施性及其成本等因素进行技术筛选，找出适用于目标场地的潜在可行技术，并根据需要开展相应的技术可行性实验与评估，确定目标场地的可行修复技术。筛选与评估修复技术阶段主要包括修复技术筛选、技术可行性评估、修复技术定量评估 3 个过程。其中，技术可行性评估根据实验目的和手段的不同，又分为筛选性实验和选择性实验。

（1）修复技术筛选　针对确认的污染物类型和污染物特性，根据上一阶段确定的修复策略，依据修复技术类型（污染源处理技术范畴的原位生物、原位物理、原位化学、异位生物、异位物理、异位化学、工程控制技术等）和具体技术工艺（如异位生物技术类型按工艺又可细分为异位生物堆技术、异位堆肥法技术、异位泥浆态生物处理技术等），利用文献调研、应用案例分析或“修复技术筛选矩阵”（表 9-1，表 9-2），从技术的修复效果、可实施性以及管理部门的接受性、成本等角度进行考虑，筛选出潜在可行的修复技术。

**表 9-1　土壤和地下水修复技术筛选矩阵**

| 符号定义：<br>●-平均值以上；<br>◎-平均值；<br>○-平均值以下；<br>◇-技术的有效性取决于污染物种类和技术的应用/设计 | 技术成熟度 | 运行维护投入 | 资金投入 | 系统的可靠性和维护需求 | 其他相关成本 | 修复时间 | 目标污染物 | | | | |
|---|---|---|---|---|---|---|---|---|---|---|---|
| | | | | | | | VOCs | SVOCs | 石油烃 | POPs | 重金属 |
| **土壤、底泥和淤泥** | | | | | | | | | | | |
| 原位生物处理 | | | | | | | | | | | |
| 1. 生物通风 | ● | ● | ● | ● | ● | ◎ | ● | ● | ● | ● | ○ |
| 2. 增强生物修复 | ● | ○ | ◎ | ◎ | ● | ◎ | ● | ● | ● | ● | ◎ |
| 3. 植物修复 | ● | ● | ● | ○ | ● | ○ | ○ | ○ | ○ | ○ | ● |
| 原位物理/化学处理 | | | | | | | | | | | |
| 4. 化学氧化/还原 | ● | ○ | ◎ | ◎ | ◎ | ● | ○ | ● | ● | ● | ● |
| 5. 土壤淋洗 | ● | ○ | ◎ | ◎ | ◎ | ◎ | ○ | ● | ● | ● | ● |
| 6. 土壤气相抽提 | ● | ○ | ◎ | ● | ● | ◎ | ● | ● | ○ | ○ | ○ |
| 7. 固化/稳定化 | ● | ◎ | ○ | ● | ● | ● | ○ | ● | ● | ● | ● |
| 8. 热处理 | ● | ○ | ○ | ● | ◎ | ● | ○ | ● | ● | ● | ◎ |
| 异位生物处理(假设基坑开挖) | | | | | | | | | | | |
| 9. 生物堆 | ● | ● | ● | ● | ● | ◎ | ● | ● | ● | ◎ | ○ |
| 10. 堆肥法 | ● | ● | ● | ● | ● | ◎ | ● | ● | ● | ◎ | ○ |
| 11. 泥浆态生物处理 | ● | ○ | ○ | ◎ | ◎ | ◎ | ● | ● | ● | ◎ | ○ |
| 异位物理/化学处理(假设基坑开挖) | | | | | | | | | | | |
| 12. 土壤洗脱 | ● | ○ | ○ | ◎ | ◎ | ◎ | ○ | ● | ● | ● | ● |
| 13. 化学氧化/还原 | ● | ◎ | ○ | ● | ◎ | ● | ○ | ● | ● | ● | ● |
| 14. 固化/稳定化 | ● | ◎ | ○ | ● | ● | ● | ○ | ● | ● | ● | ● |
| 异位热处理法(假设基坑开挖) | | | | | | | | | | | |
| 15. 工业炉窑共处置 | ○ | ○ | ○ | ● | ● | ● | ● | ● | ● | ● | ○ |
| 16. 焚烧 | ● | ○ | ○ | ◎ | ○ | ● | ● | ● | ● | ● | ○ |
| 17. 热脱附 | ● | ○ | ○ | ◎ | ◎ | ● | ● | ● | ● | ● | ● |
| 其他技术 | | | | | | | | | | | |
| 18. 填埋场冒封技术 | ● | ◎ | ○ | ● | ● | ○ | ● | ● | ◎ | ◎ | ○ |
| 19. 填埋场增强型冒封 | ● | ◎ | ○ | ● | ● | ○ | ● | ● | ◎ | ◎ | ○ |
| 20. 开挖、运出、安全填埋 | ● | ● | ● | ● | ◇ | ● | ● | ● | ● | ● | ● |

续表 9-1

| 符号定义：<br>●-平均值以上；<br>◎-平均值；<br>○-平均值以下；<br>◇-技术的有效性取决于污染物种类和技术的应用/设计 | 技术成熟度 | 运行维护投入 | 资金投入 | 系统的可靠性和维护需求 | 其他相关成本 | 修复时间 | 目标污染物 | | | | |
|---|---|---|---|---|---|---|---|---|---|---|---|
| | | | | | | | VOCs | SVOCs | 石油烃 | POPs | 重金属 |
| **地下水(包括填埋场渗滤液)** | | | | | | | | | | | |
| 原位生物处理 | | | | | | | | | | | |
| 21. 增缬型生物修复 | ● | ○ | ◎ | ◎ | ● | ◇ | ● | ● | ● | ● | ◎ |
| 22. 监测型自然衰减 | ● | ○ | ◎ | ◎ | ● | ◇ | ● | ● | ○ | ○ | ◎ |
| 23. 植物修复 | ● | ● | ● | ○ | ● | ○ | ○ | ◎ | ○ | ○ | ◎ |
| 原位物理/化学处理 | | | | | | | | | | | |
| 24. 空气注入法 | ● | ● | ● | ● | ● | ● | ● | ● | ● | ● | ○ |
| 25. 生物通风＋自由相抽提 | ● | ● | ● | ◎ | ● | ◎ | ○ | ● | ● | ● | ○ |
| 26. 化学氧化/还原 | ● | ○ | ◎ | ◎ | ◎ | ● | ○ | ● | ● | ● | ● |
| 27. 多相抽提法 | ● | ○ | ○ | ◎ | ◎ | ◎ | ● | ● | ● | ● | ○ |
| 28. 热处理法 | ● | ○ | ○ | ◎ | ◎ | ● | ● | ● | ● | ● | ○ |
| 29. 井内曝气吹脱 | ● | ◎ | ○ | ◎ | ◎ | ○ | ● | ◎ | ○ | ◎ | ○ |
| 30. 主动/被动反应墙 | ● | ◎ | ○ | ● | ◎ | ○ | ● | ● | ● | ● | ● |
| 其他方法 | | | | | | | | | | | |
| 31. 阻隔法(如止水帷幕、水力控制法等) | ● | ◎ | ○ | ● | ● | ○ | ○ | ○ | ● | ● | ● |
| 异位处理(抽出处理)抽出后处理技术同工业废水处理 | | | | | | | | | | | |

**表 9-2　矩阵中所用符号具体说明**

| 考虑因素 | ●平均值以上 | ◎平均值 | ○平均值以下 | 其他 |
|---|---|---|---|---|
| 技术成熟度：所选取的技术的应用规模和成熟程度 | 该技术已被多个污染场地所采用，并作为最终修复技术的一部分；有良好的文献记录、已被技术人员理解 | 已满足投入工程应用或全尺寸中试的需求，但仍需要改进和更多测试 | 没有实际应用过，但已经做了小试和中试等试验，有应用前景 | ◇技术的有效性取决于场地情况、污染物种类及技术的设计/应用 |
| 运行维护投入：全套技术运行维护期间的投入 | 运行维护投入较低 | 运行维护投入一般 | 运行维护投入较高 | |
| 资金投入：全套技术的设备、人力等投入 | 资金投入一般 | 资金投入平均等级 | 资金投入较高 | |
| 系统可靠性和维护需求：相对其他有效技术而言，该技术的可靠性和维护需求 | 可靠性高、维护需求少 | 可靠性一般，维修需求一般 | 可靠性低、维护需求多 | |

续表 9-2

| 考虑因素 | | ●平均值以上 | ◎平均值 | ○平均值以下 | 其他 |
|---|---|---|---|---|---|
| 其他相关成本：处置前、处置后、处置过程中核心过程的设计、建造、操作和维护成本 | | 相对于其他选择总体费用较低 | 相对于其他选择总体费用一般 | 相对于其他选技总体费用较高 | N/A 表示不适用 |
| 修复时间：采用该技术处理单位面积场地所花费的时间 | 原位土壤 | 少于 1 年 | 1～3 年 | 多于 3 年 | I/D 表示无法收集到足够的数据 |
| | 异位土壤 | 少于 0.5 年 | 0.5～1 年 | 多于 1 年 | |
| | 原位地下水 | 少于 3 年 | 3～10 年 | 多于 10 年 | |

注：①本筛选矩阵参考美国 FRTR 矩阵，并根据中国实际工作修订得出。②地域性特征项由各地根据实际情况确定。

(2) 修复技术可行性实验　修复技术可行性实验旨在确定各潜在可行技术是否适用于特定的目标场地。当效率、时间、成本等数据量充足，例如，大量研究和案例证明该技术对某种污染物处理有效，如热脱附处理多环芳烃污染土壤，或要研究的特定目标场地与已有案例的场地特征条件、水文地质条件、目标污染物完全相符且能够证明或确定技术可行时，可跳过可行性实验过程直接进入修复技术综合评估阶段；当数据量不够证明各潜在可行技术能够用于特定的目标场地或缺少前期基础、文献或应用案例时，则首先需要开展可行性实验。修复技术可行性实验分为筛选性实验和选择性实验，具体流程见图 9-2。

①筛选性实验　筛选性实验的目的是通过实验室小试规模的实验，判断技术是否适用于特定目标场地，即评估技术是否有效，能否达到修复目标。筛选性实验中的实验规模与类型、数据需求、实验结果的重现性、实验周期等具体技术要求如下。

实验规模与类型：筛选性实验通常采集实际场地的污染介质，利用实验室常规的仪器设备开展实验室规模的批次实验。

数据需求：可用定性数据来评估技术对于污染物处理能力。筛选性测试的数据若能达到修复目标的要求，则认为该技术是潜在可行的，进一步开展选择性实验过程。

实验结果的重现性：实验至少需要重复 1 次或 2 次。实验过程需有质量保证和质量控制措施。

实验周期：所需的实验周期主要取决于该技术的类型和需考察的参数数量。

通过筛选性实验能够获得的设计方面参数很少，因此不能作为修复技术选择的唯一依据。如果所有进行筛选性实验的技术均难以达到实验目标（均不符合目标），应考虑回到制定修复策略阶段对其进行适当调整。

对于经过大量应用案例证明可以处理某种污染物的技术，可跳过筛选性实验。表 9-3 中列出了《工业企业场地环境调查评估与修复工作指南（试行）》推荐的“场地修复常用技术”。当目标场地的污染物、污染介质特性与表 9-3 所列出的某项技术相符时，该技术可跳过筛选性实验。

②选择性实验　选择性实验的目的是对筛选性实验结果所得出的潜在可行技术开展进一步实验，确定工艺参数、成本、周期等。通过选择性实验的技术，可进入修复技术综合评估过程。选择性实验中的实验规模与类型、数据需求、实验结果的重现性、实验周期等具体技术要求如下：

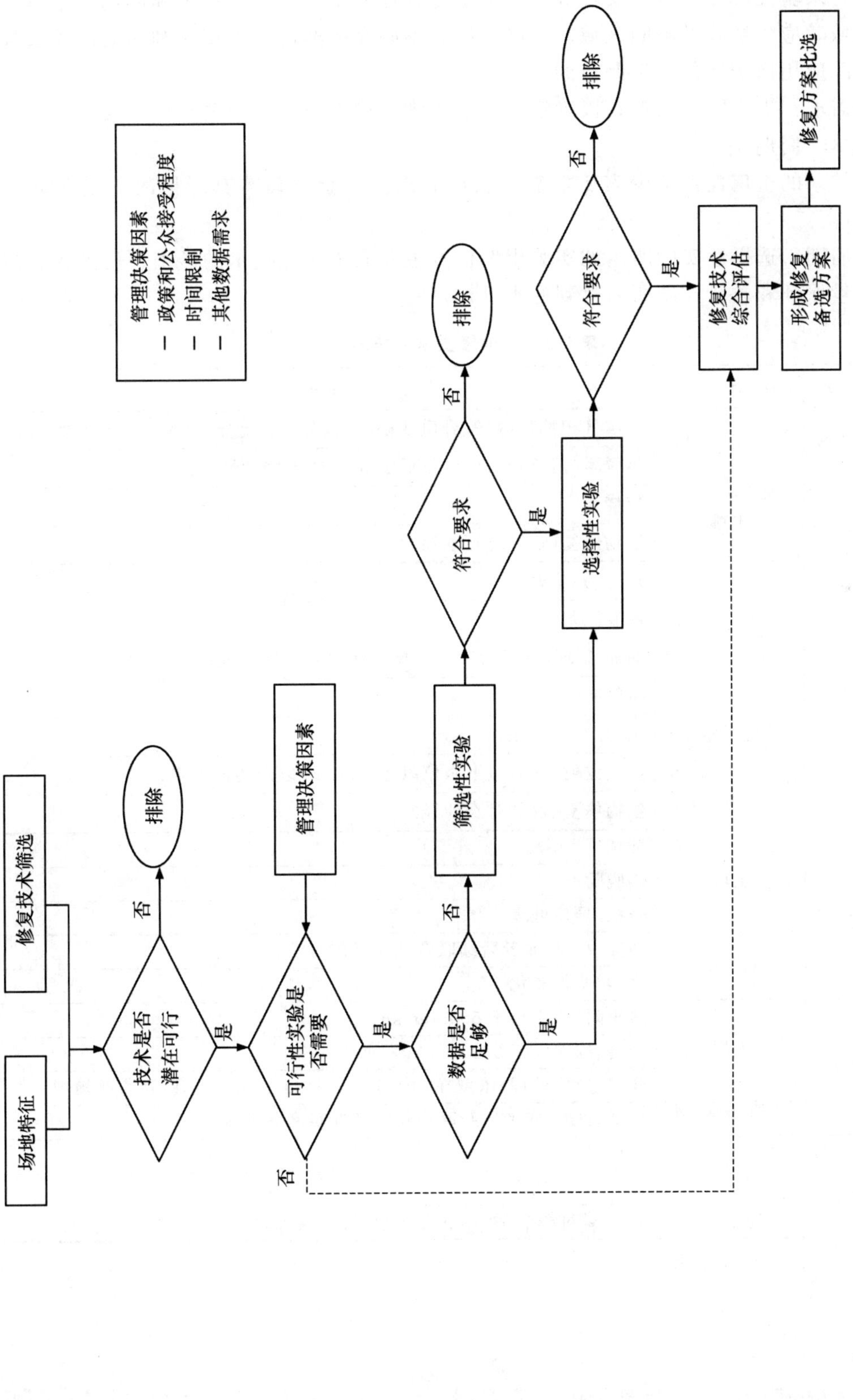


图 9-2　修复技术可行性实验流程

实验规模与类型：选择性实验在实验室或现场完成，可以是小试或中试。小试应采集实际场地的污染介质，采用不同的工艺组合来测试效果，从而确定最佳工艺参数，并以此估算成本和周期等；中试应根据修复模式、修复技术类型的特点，在现场选择具有代表性的区域进行实验，来验证修复技术的实际效果，以确定合理的工艺参数、成本和周期。选择具有代表性的区域时应尽量兼顾不同区域、不同浓度、不同介质类型。中试所利用的设备通常是基于现场实际应用而按比例加工制造的。

数据需求：需用定量数据，以确定技术能否满足操作单元的修复目标以及确定操作工艺参数、成本、周期。

实验结果的重现性：至少需要重复 2 次或 3 次。实验过程需有严格的质量保证和质量控制。

实验周期：选择性实验所需的实验周期估算主要取决于该技术的类型、污染物的监测种类以及质量保证和质量控制所需达到的水平。

**表 9-3　场地修复常用技术列表**

| 目标污染物 | 污染介质 | 常用技术 |
|---|---|---|
| VOCs（包括石油烃） | 土壤 | 土壤气相抽提(需符合质地松散、水分含量低于 50%的土壤特性) |
| | | 热脱附(需符合水分含量低于 30%的土壤特性) |
| | | 焚烧 |
| | | 生物修复(仅针对石油烃) |
| | | 开挖/异位处理 |
| | | 常温脱附 |
| | 地下水 | 抽提-处理(或者后续联合颗粒活性炭净化系统) |
| | | 曝气吹脱 |
| | | 化学/紫外氧化 |
| | | 空气注射(针对地下水位以下 15.2 m 以内的地下水) |
| | | 生物修复(仅针对石油烃) |
| SVOCs | 土壤 | 焚烧 |
| | | 热脱附 |
| | | 开挖/异位处理 |
| | 地下水 | 抽提-处理(或者后续联合液相吸附方法) |
| | | 化学/紫外氧化 |
| PCBs 和农药 | 土壤 | 热脱附(浓度小于 500 mg/kg) |
| | | 焚烧(浓度大于 500 mg/kg) |
| | | 开挖/异位处理(浓度在 50～100 mg/kg 的无须处理，可直接填埋) |
| | 地下水 | 抽提-处理(或者后续联合颗粒活性炭净化系统) |
| 重金属 | 土壤 | 固化/稳定化 |
| | | 开挖/异位处理 |
| | 地下水 | 抽提-处理(或者后续联合化学沉淀，或者联合离子交换/吸附方法) |

当选择性实验过程难于选择出合适技术时（均不符合要求），应考虑回到制定修复策略阶段对其进行适当调整。筛选性实验和选择性实验在实验规模和类型、数据需求、实验结果的重现性、实验周期估算方面的比较如表 9-4 所示。

**表 9-4 技术筛选性实验与选择性实验比较**

| 过程 | 实验规模和类型 | 数据需求 | 实验结果重现性 | 实验周期 |
|---|---|---|---|---|
| 筛选性实验 | 小试,实验室批次实验 | 定性 | 至少 1 次或 2 次 | 数天 |
| 选择性实验 | 小试或中试,实验室或现场的批次或连续实验 | 定量 | 至少 2 次或 3 次 | 数天、数周至数月 |

(3) 修复技术可行评估 对通过选择性实验的修复技术，可进一步采用列举法定性描述各技术的原理、适用性、限制性、成本等方面来综合评估，或利用修复技术评估工具表（表 9-5）以可接受性、操作性、效率、时间、成本为指标来定量评估得到目标场地实际工程切实可行的修复技术。每个修复技术都分 5 个指标进行评分，每个指标可评分赋值 1～4 分；分数越高，表明该技术越有利于在场地修复中被应用，总分区间为 5～20 分。

**表 9-5 修复技术评估工具表**

| 技术名称 | 可接受性 | | 操作性 | | 效率 | | 修复时间 | | 修复成本 | | 总分 | 结果 |
|---|---|---|---|---|---|---|---|---|---|---|---|---|
| | 评述 | 评分 | 评述 | 评分 | 评述 | 评分 | 评述 | 评分 | 评述 | 评分 | | |
| 技术 1 | | | | | | | | | | | | |
| 技术 2 | | | | | | | | | | | | |
| 技术 3 | | | | | | | | | | | | |
| … | | | | | | | | | | | | |
| 技术 *n* | | | | | | | | | | | | |

评分标准如下所述：

可接受性：修复技术与污染场地目前（或未来规划）的使用功能、社会接受程度以及其他需要接受的标准之间的兼容性。评分：4-完全接受；3-可接受；2-勉强可接受；1-局部可接受。

操作性：修复技术的可操作性、场地设施影响以及技术是否在同类场地应用过。评分：4-操作性强；3-可操作；2-勉强可操作；1-局部可操作。

效率：修复技术在类似场地的修复效率高低。评分：4-非常高效；3-高效；2-一般有效；1-效率很低。

修复时间：预期修复时间。评分：4-短；3-中等；2-长；1-非常长。

修复成本：预期总成本。评分：4-低；3-中等；2-高；1-非常高。

表 9-6 列举了筛选与评估修复技术阶段各个过程在方法和目的之间的差异比较。

表 9-6 筛选与评估修复技术阶段各个过程的差异比较

| 过程 | 方法 | 目的 |
|---|---|---|
| 修复技术筛选 | 文献、应用案例分析 | 从修复技术的修复效果、可实施性、成本等角度，对潜在可行的修复技术进行定性比较。 |
| 筛选性实验 | 小试 | 判断技术是否适用于特定目标场地，即评估技术是否有效，能否达到修复目标。 |
| 选择性实验 | 小试或中试 | 对筛选性实验结果所得出的潜在可行技术开展进一步实验，确定工艺参数、成本、周期等。 |
| 技术综合评估 | 多准则评估方法 | 列举各技术的原理、适用性、限制性、成本等方面来综合评估，或以可接受性、操作性、效率、时间、成本为指标，定量评估得到目标场地实际工程切实可行的修复技术。 |

《工业企业场地环境调查评估与修复工作指南（试行）》中列举了生物修复技术可行性实验具体案例，其他技术的可行性实验可参照案例进行。

**3. 形成修复技术备选方案与方案比选**

形成修复技术备选方案就是进一步综合考虑场地总体修复目标、修复策略、环境管理要求、污染现状、场地特征条件、水文地质条件、修复技术筛选与评估结果，对各种可行技术进行合理组合，形成若干能够实现修复总体目标、潜在可行的修复技术备选方案。方案比选则是针对形成的各潜在可行修复技术备选方案，从技术、经济、环境、社会指标等方面进行比较，确定适合于目标场地的最佳修复技术方案。形成修复技术备选方案与方案比选阶段主要包括形成修复技术备选方案和方案比选 2 个过程。

（1）形成修复技术备选方案　修复技术备选方案形成时，需进一步综合考虑场地总体修复目标、修复策略、环境管理要求、污染现状、场地特征条件、水文地质条件、修复技术筛选与评估结果，对各种可行技术进行合理组合，进而形成若干能够实现修复总体目标、潜在可行的修复技术备选方案。修复方案形成工程见图 9-3。

修复技术备选方案需包括详细的修复目标/指标、修复技术方案设计、总费用估算、周期估算等内容。其中：

①详细的修复目标/指标需根据不同的污染介质，按未来使用功能的差异，分区域、分层次制定。

②修复技术方案设计包括制定修复技术方案的技术路线、确定各修复技术的应用规模、确定涵盖工艺流程与相关工艺参数和周期成本在内的具体的土壤修复技术方案和地下水修复技术方案。修复技术方案的总体技术路线应反映污染场地修复总体思路和修复模式、修复工艺流程；各修复技术的应用规模应涵盖污染土壤需要修复的面积、深度、土方量，污染地下水需修复的面积、深度、出水量，同时应考虑修复过程中开挖、围堵等工程辅助措施的工程量；工艺参数应包括设备处理能力、或每批次处理所需时间、处理条件、能耗、设备占地面积或作业区面积等。

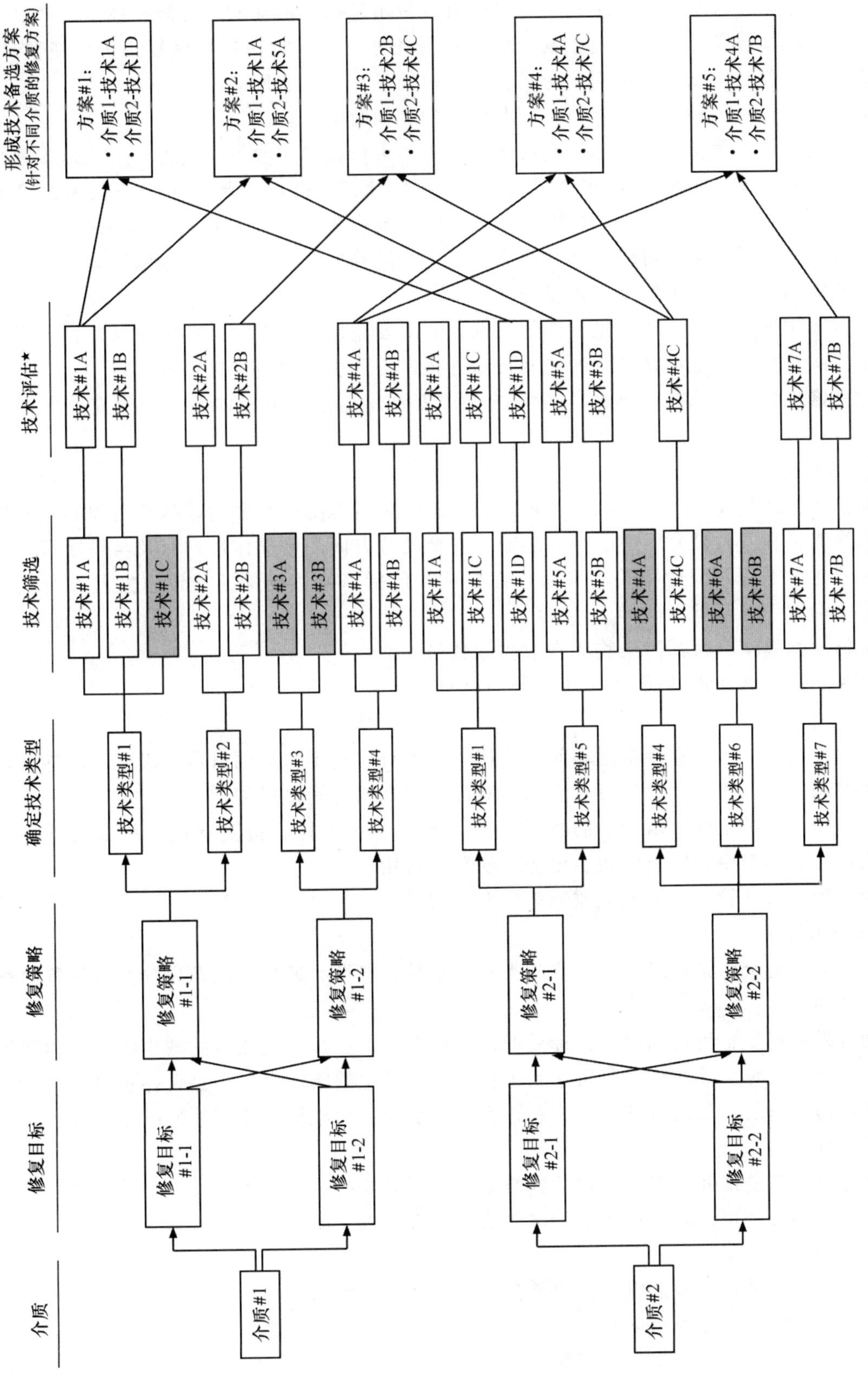


■ 被排除的技术；　□ 确定的可行技术；　★可行性试验和综合评估的具体过程没有体现在本图中

**图 9-3　修复方案形成过程图**

③总费用包括直接费用和间接费用，其中直接费用包括所选择的各种修复技术的修复工程主体设备、场地准备、污染场地土壤和地下水处理等；间接费用包括修复工程环境监理、二次污染监测、修复验收、人员安全防护费用，以及不可预见费用等。

④周期估算包括各种技术的修复工期及所需的其他时间估算。

需要说明的是，大型污染场地修复技术方案中的可行技术一般不止一种，可能是多种技术的组合。修复技术方案可以是多个可行技术的“串联”，也可以是多个可行技术的“并联”；可行技术的“串联”中，每个可行技术的应用具有先后顺序，而可行技术的“并联”则没有先后顺序，可行技术可以同时在污染场地上开展修复工程。可行技术的组合集成有多种方式，相应的可形成多个修复技术备选方案。

（2）方案比选　方案比选的主要作用是选择经济效益、社会效益、环境效益综合表现最佳的技术方案，作为场地最终推荐的修复技术方案，为环境管理决策提供依据。

①建立修复方案比选指标体系　方案的比选需要建立比选指标体系，必须充分考虑技术、经济、环境、社会等层面的诸多因素。

a. 技术指标

可操作性：修复技术的可靠性；管理人员经验的丰富程度；必要的设备和资源的可获得性；异位修复过程中污染介质的贮存、运输、安全处置方面的可操作性；以及与场地再利用方式或后续建设工程匹配性相关的可操作性指标，包括修复后场地的建设方案及其时间要求、土方平衡方面的可操作性等。

污染物去除效率：目标污染物的有效去除数量。

修复时间：达到修复目标/指标所需要的时间。

b. 经济指标

基本建设费用：包括直接费用和间接费用。其中直接费用包括原材料、设备、设施费用等；间接费用包括工程设计、许可、启动、意外事故费用等间接投资。

运行费用：人员工资、培训、防护等费用，水电费；采样、检测费用，剩余物处置费用，维修和应急等费用，以及保险、税务、执照等费用。

后期费用：日常管理、周期性监测等后期费用。

c. 环境指标

残余风险：剩余污染物或二次产物的类型、数量、特征、风险，以及风险处理处置的难度和不确定性。

长期效果：修复工程达到修复目标后的污染物毒性、迁移性或数量的减少程度；预期环境影响（占地、气味、外观等）是否达到了长期保护环境健康的目标；是否存在潜在的其他污染问题；需要修复后长期管理的类型和程度；长期操作和维护可能面临的困难；技术更新的潜在需要性。

健康影响：修复期间和修复工程达到修复目标后需要应对的健康风险（如异位修复期间的清挖工程中污染物可能对工作人员的健康造成危害）以及减少风险的措施。

d. 社会指标

管理可接受程度：区域适宜性；与现行法律法规、相关标准和规范的符合性；需要与政府部门配合的必要性（如异位修复）。

公众可接受程度：施工期对周围居民可能造成的影响（气味、噪声等）。

②比选确定修复技术方案 利用所建立的比选指标体系，对各潜在可行修复技术方案进行详细分析，对于修复技术方案的最终选择，可以采用 2 种方式：一是利用详细分析结果，通过不同指标的对比、综合判断后，选择更为合适的修复技术方案作为场地修复技术方案；二是利用专家评分的方式，选择得分最高的方案作为场地修复技术方案。专家评分方式必须首先建立各指标权重，通过专家打分的方式计算得到初步的权重分配表，详见表 9-7，这些指标权重可根据场地修复技术的成熟进行优化和更新。其计算过程为：由专家对各修复技术方案分别进行评分，根据专家评分值，以及部分定量数据（如已经获取的方案费用等数据），进行标准化处理，加权求和，得出每个潜在可行修复技术方案的分值。具体如下：

a. 评价方法

专家打分，其中经济指标为实际值，其他指标为专家打分值；将每个指标实际值或打分值进行归一化处理，得到 [0，1] 区间内的一个数；乘以各自的权重，并加和，得到各个方案的总得分；根据每个方案总得分，进行方案排序和优选。

b. 归一化方法

对于经济指标，值越小越优：归一化值＝各方案本指标的最小值/原值。

$$B_i = y_{\min} / y_i$$

式中，$B_i$ 表示本指标方案 $i$ 归一化后的值；$y_{\min}$ 表示本指标各个方案的最小值；$y_i$ 表示本指标方案 $i$ 的值。

对于其他指标，值越大越优：归一化值＝原值/各方案本指标的最大值。

$$B_i = y_i / y_{\max}$$

c. 修复方案总排序

对各个修复方案比选指标的标准化分值进行加权求和，公式如下：

$$C_i = \sum_{i=1}^{n} (A_i \times B_i)$$

式中，$C_i$ 表示方案分数最终计算结果；$A_i$ 表示指标 $i$ 的权重；$B_i$ 表示方案指标 $i$ 的归一化值。

**表 9-7 修复方案比选指标初步权重分配**

| | | | |
|---|---|---|---|
| 技术指标 | 0.297 | 可操作性 | 0.109 |
| | | 污染物去除效率 | 0.112 |
| | | 修复时间 | 0.076 |
| 经济指标 | 0.246 | 设备投资 | 0.098 |
| | | 运行费用 | 0.092 |
| | | 后期费用 | 0.056 |
| 环境指标 | 0.259 | 残余风险 | 0.077 |
| | | 长期效果 | 0.090 |
| | | 健康影响 | 0.092 |
| 社会指标 | 0.198 | 管理可接受程度 | 0.085 |
| | | 公众可接受程度 | 0.113 |

修复技术方案的分值越高，表示该修复技术方案越可行。根据上述程序，最终确定针对该目标污染场地修复的一种修复技术或多种技术的组合方案。

**4. 制订环境管理计划**

环境管理计划为目标场地的修复工程实施提供指导，防止场地修复过程的二次污染，并为场地修复过程的环境监管提供技术支持。制订环境管理计划阶段主要包括提出污染防治和人员安全保护措施、制订场地环境监测计划、制订场地修复验收计划、制订环境应急安全预案 4 个过程。

（1）提出修复过程中的污染防治和人员安全保护措施　在场地修复过程中，要严格避免有毒有害气体、废水、噪声、废渣对周围环境和人员造成危害和二次污染，提出修复过程中的污染防治和人员安全保护措施，编制场地安全与健康保障计划。污染防治措施要包括土壤污染防治、大气污染防治、废水污染防治和噪声污染防治措施；人员安全保护措施要包括一般的安全防护要求和接触环境污染物的防护措施，还应坚持预防为主、防治结合，控制和消除危险源，积极为从业者创造良好的工作环境和工作条件，使施工人员获得职业卫生保护。

（2）制订场地环境监测计划　场地环境监测计划应根据修复方案，结合场地污染特征和场地所处环境条件，有针对性地制订。制订场地环境监测计划前首先必须明确污染场地内部或外围的环境敏感目标，对环境敏感目标，要重点关注修复工程对其可能的影响。场地环境监测计划需明确监测的目的和类型、采样点布设、监测项目和标准、监测进度安排。场地环境监测计划包括修复工程环境监测计划、二次污染监测计划。

修复工程环境监测计划应重点关注修复区域的污染源情况，污染土壤、污染地下水修复处理后的效果，以及修复工程对环境敏感目标可能的影响。

二次污染监测计划应重点关注修复区域土壤挖掘清理、运输过程、临时堆放、土壤处理过程中产生的废水、废气和固体废弃物，处理后土壤去向等方面可能发生的环境污染问题，以及环境敏感目标可能的二次污染问题。

（3）制订场地修复验收计划　修复验收计划一方面要关注目标污染物修复效果，同时也要关注政府主管部门和利益相关方公众所关心的其他环境问题。修复验收计划包括验收的程序、时段、范围、验收项目和标准、采样点布设、验收费用估算等，必要时应包括场地修复后长期监测井的设置、长期监测及维护等后期管理计划。

（4）制订环境应急安全预案　为确保场地修复过程中施工人员与周边居民的安全，应制订周密的场地修复工程环境应急安全预案，以保证迅速、有序、有效地开展环境应急救援行动、降低环境污染事故损失。在危险分析和应急能力评估结果的基础上，针对危险目标可能发生的环境污染事故类型和影响范围，对应急机构职责、人员、技术、装备、设施（备）、物资、救援行动及其指挥与协调等方面预先做出具体安排。

**5. 编制修复方案**

根据上述选择修复策略、筛选与评估修复技术、形成修复技术备选方案与方案比选、制订环境管理计划的流程，进行修复方案的编制，形成报告。

（1）总体要求　污染场地修复方案报告必须全面准确地反映出场地土壤和地下水修复方案编制（可行性研究）全过程的所有工作内容。报告中的文字须简洁、准确，并尽量采用图、表和照片等形式表示出各种关键技术信息，以利于施工方制订污染场地修复工程的施工方案。

(2) 方案主要内容 修复方案原则上应包括场地问题识别、场地修复技术筛选与评估、修复备选方案与方案比选、场地修复方案设计、环境管理计划制订、成本效益分析等几部分。污染场地修复方案报告须根据污染场地所在地的区域环境特征、当地环境保护要求和该污染场地修复工程的实际特点。

## 第二节 修复实施与环境监理

### 一、污染场地修复工程的实施

污染场地修复工程的实施包括编制修复施工方案、施工现场准备和现场施工三个环节。

#### (一) 修复施工方案

修复施工方案包括：工程管理目标，项目组织机构，污染土壤分布范围、主要工程量及施工分区，总体施工顺序，施工机械和实验检测仪器配置，劳动力需求计划，施工准备等。此外还需明确施工质量的控制要点、施工工序与步骤，各修复技术方案中所需的设备型号、设备安装和调试过程等。修复施工方案应根据施工现场条件和具体施工工艺，更新和细化场地环境管理计划，包括二次污染防治措施及环境事故应急预案、环境监测计划、安全文明施工及个人健康与安全保护等内容。施工方案应明确施工进度、施工管理保障体系等内容。

#### (二) 施工现场准备

为保证整个工程的顺利进行，治理施工开始前需要进行一系列准备工作，包括：

(1) 成立施工管理组织机构。

(2) 清理施工场地内杂物，并进行施工场地平整。

(3) 根据施工现场平面布置图进行测量放线。

(4) 材料机械准备，包括大型器械、修复设备、工程防护用具、个人安全防护用具和应急用具等。

(5) 处理场地防渗，应根据施工方案和环境管理要求，对处理场地等易受二次污染区域进行防渗和导排的设置。

(6) 水电准备，施工用电用水的接入，水管路及用水设施、用电线路及设置应符合国家的相关规定。

(7) 防火准备，应健全消防组织机构，配备足够消防器材，并派专人值班检查，加强消防知识的宣传和对现场易燃易爆物品的管理，消除一切可能造成火灾、爆炸事故的根源，严格控制火源、易燃、易爆和助燃物，生活区及工地重要电器设施周围，设置接地或避雷装置，防止雷击起火造成安全事故。

(8) 入场前，应对相关施工人员开展施工安全和环境保护培训。

#### (三) 现场施工

施工方在污染土壤修复过程中，需严格按照业主和当地环保部门对该项目的管理要求，建立健全污染土壤修复工程质量监控体系，明确各级质量管理职责，通过增加技术保障措施、加强设备的运行管理、人员配置和污染土壤进出场管理等措施，确保该工程的污染土壤修复质量达到标准。施工过程如发现修复效果不能达到修复要求，应及时分析原因，并采取相应补救措施。如需进行修复技术路线和工艺调整，应报环保主管部门重新论证和审核。

在确保污染防治措施实施的基础上，施工过程中应加强与当地环保部门和周边居民的沟通，做好宣传解释，确保周边居民的利益不受影响。修复过程中产生严重环境污染问题时，施工单位应根据环保部门、业主和监理单位的要求进行纠正和整改，保证修复过程不对周边居民和环境产生影响。

## 二、环境监理和工程监理

### （一）工作目的和模式

**1. 工作目的**

环境监理是受污染场地责任主体委托，依据有关环境保护法律法规、场地环境调查评估备案文件、场地修复方案备案文件、环境监理合同等，对场地修复过程实施专业化的环境保护咨询和技术服务，协助和指导建设单位全面落实场地修复过程中的各项环保措施，以实现修复过程中对环境最低程度的破坏、最大限度的保护。工程监理是受项目法人的委托，依据国家批准的工程项目建设文件，有关工程建设的法律、法规和工程建设监理合同及其他工程建设合同，对工程建设实施监督管理，控制工程建设的投资、建设工期和工程质量，以实现项目的经济和社会效益。环境监理的对象主要是工程中的环境保护措施、风险防范措施以及受工程影响的外部环境保护等相关的事项。工程监理的对象主要是修复工程本身及与工程质量、进度、投资等相关的事项。

**2. 工作模式**

环境监理和工程监理一般包括 3 种工作模式。

模式 1：包容式监理模式。工程监理完全负责环境监理，其优点是充分利用工程监理体制，环保工作与质量进度、费用直接挂钩，执行力强；缺点是业务人员环保知识不足、针对性不强。

模式 2：独立式监理模式。环境监理与工程监理相互独立，呈并列关系。其优点是环保知识专业化、与环保主管部门协调能力强、环保要求把握准确；缺点是环境监理人员对工程实施相关知识情况了解不足、对施工单位的约束和指导、执行力不足。

模式 3：组合式环境监理。监理单位内设置环保监理部门，由环保人员担任监理工作。其优点是有利于资源共享，实时跟进，发挥专业性；缺点是受制于工程监理，独立性难以得到保证。

由于修复工程属于环保工程，对实施监理工作人员的环境保护知识要求较高，所以无论采取哪种工作模式，都应以实现环境监理的内容为主导，以保证修复工程按实施方案展开。

### （二）环境监理工作程序

污染场地修复环境监理工作主要分为三个阶段：修复工程设计阶段、修复工程施工准备阶段和修复工程施工阶段。具体工作程序见图 9-4。

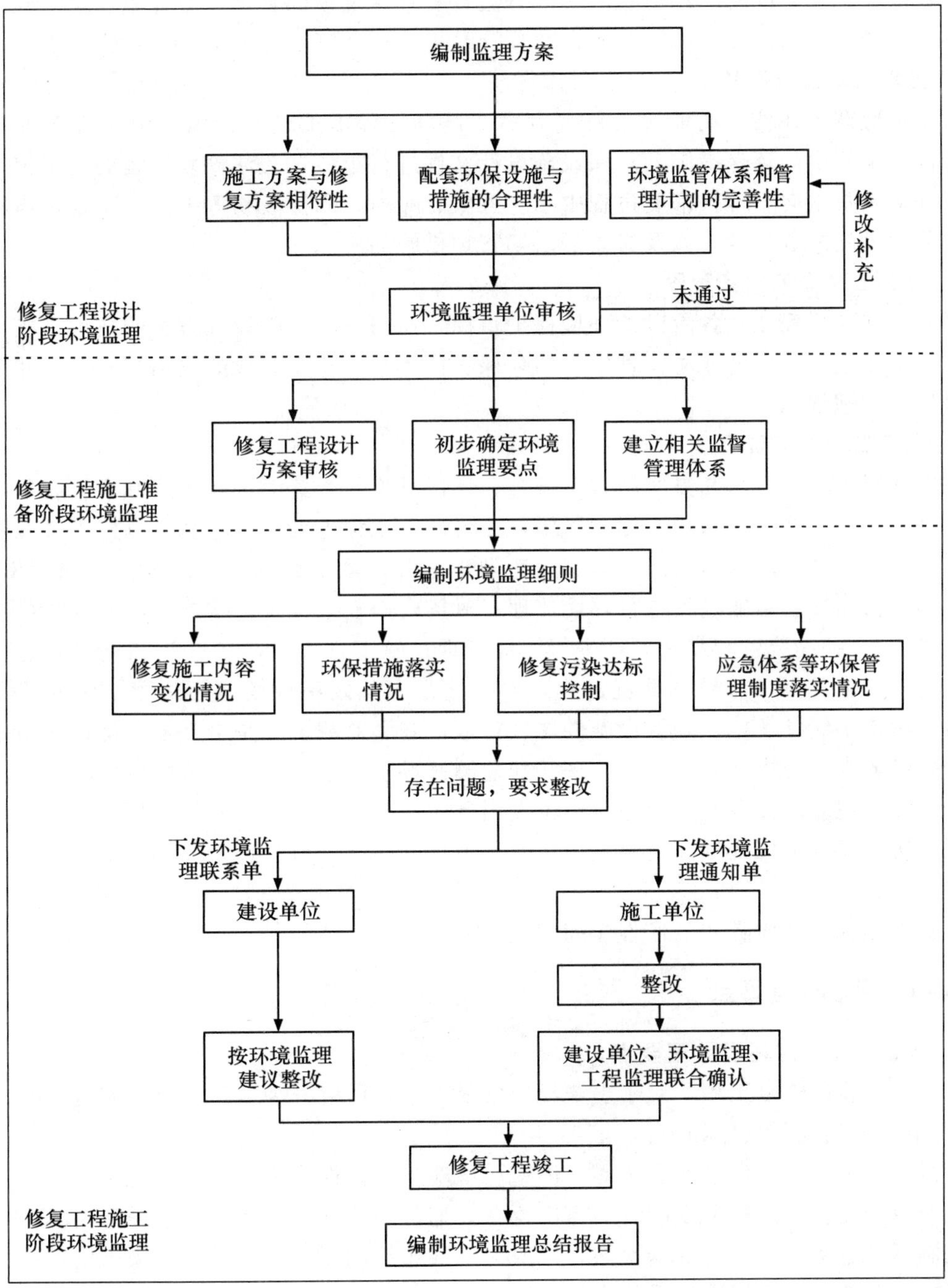


**图 9-4　污染场地修复环境监理工作程序**

## （三）环境监理工作内容

环境监理工作内容是监督修复工程是否满足环境保护的要求等，协调好工程与环境保护、以及业主与各方的关系。工程监理工作内容包括“三控制、二管理、一协调”，即质量、进度、投资控制；合同管理和信息收集、分类、处理、反馈的管理；对业主、修复施工单位等各方之间的协调组织。

**1. 修复工程设计阶段**

收集场地调查评估、场地污染修复方案、修复工程施工设计、施工组织方案等基础资料，对修复工程中的环保措施和环保设施设计文件进行审核，关注修复工程的施工位置和异位修复外运土壤去向，审核修复过程中水、大气、噪声、固体废物等二次污染处理措施的全面性和处理设施的合理性，以及必要的后期管理措施的考虑。

**2. 修复工程施工准备阶段**

了解具体施工程序及各阶段的环境保护目标，参与修复工程设计方案的技术审核，确定环境监理工作重点，协助业主监理完善的环保责任体系，建立有效的沟通方式等，并编制场地修复环境监理细则。

**3. 修复工程施工阶段**

核实修复工程是否与修复实施方案符合，环保设施是否落实，是否建立事故应急体系和环境管理制度；监督环境保护工程和措施，监督环保工程进度；检查和监测施工过程中产生的水、气、声、渣排放，施工影响区域应达到规定的环境质量标准；对场内运输污染土壤、污水车辆的密闭性、运输过程进行环境监理；对场内修复工程相关措施（如止水帷幕与施工降尘措施等）、抽提装置和废水处理进行监督管理；施工过程中基坑开挖和支护等是否按有关建筑施工要求进行；对异位处置过程，包括储存库及处理现场地面防渗措施的落实和监控；检查污染土储存场地、处置设施的尾气排放设施和监测设施是否完备，确认各项条件是否符合环境要求；检查必要的后期管理长期监测井设置；根据施工环境影响情况，组织环境监测，行使环境监理监督权；向施工单位发出环境监理工作指示，并检查环境监理指令的执行情况；协助建设单位处理环境突发事故及环境重大隐患；编写环境监理月报、半年报、年报和专项报告。

修复工程施工阶段具体工作程序如图 9-5 所示。

## （四）环境监理要点

**1. 修复工程主体环境监理要点**

（1）土壤异位修复工程　对于土壤异位修复工程，可以分为清挖环节、修复环节、回填/外运环节环境监理，具体如下：

①清挖环节　可在污染区域边界、侧壁、坑底采样，根据检测数据确定清挖是否达到边界，以避免修复验收阶段发现问题后再次返工，监测点布置可参照异位修复验收技术要求；严格控制开挖过程中有机物气味扩散，采取喷洒气味抑制剂等措施避免污染土壤对周边环境产生影响，并在清挖区域周边设置大气监测点进行监测；监督污染土壤外运过程中的封闭措施，避免遗撒等情况产生；监督清挖后土壤堆放地面的防渗情况，对于具有异味的有机物污染物，应检查存储设施密闭情况，并在存储设施周边进行布点监测。

②修复环节　重金属污染土壤修复：监督场地地面防渗设施和措施；监督修复工程是否按照实施方案技术参数实施；对修复后土壤进行采样，初步确定修复效果，监督修复后土壤的堆存以备验收，可根据修复工程批次处理量进行采样检测；修复过程中对添加的药剂等可能的二次污染进行监督和管理。有机污染与复合污染土壤修复包括上述重金属土壤修复监理

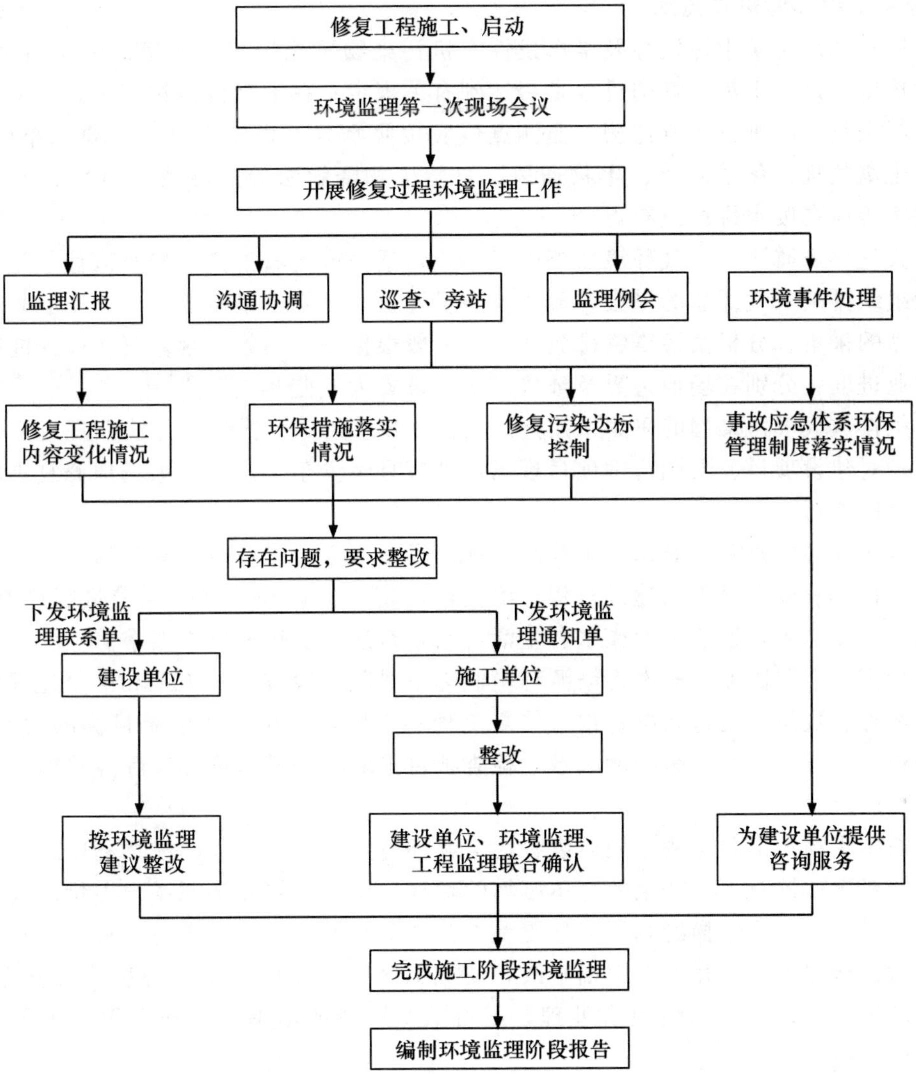


**图 9-5　污染场地修复工程施工阶段环境监理工作程序**

要点，并需要对处理设施密闭情况、尾气收集处理情况等进行监理，在修复工程周边及场界设置大气环境监测点。

③回填/外运环节　对修复后土壤的回填过程进行监督管理，监督回填土壤是否根据土地利用规划合理回填；监督固化稳定化技术处理土壤的基坑防渗和地表阻隔措施是否完善。

(2) 土壤原位修复工程　须对修复区域边界进行严格监督管理，并在周边区域设置采样点，避免修复工程对周边土壤和地下水产生影响。

(3) 地下水修复工程　对于地下水修复工程或在长期风险控制过程中，应对污染源修复效果或地下水中污染物衰减效果进行定期监测，并且针对不同的修复措施应采取不同的监督措施。例如，若进行地下水抽出处理，需要在外排之前进行采样检测，以确保符合相关排放标准要求；若进行空气注射等原位修复措施，需要对空气注射周边及下游地下水监测井、土壤气体监测设施等进行采样监测，避免修复工程对周边土壤和地下水造成二次污染。

**2. 修复工程环境影响监测**

需要针对场地土壤中挥发性及半挥发性有机污染物可能带来的环境影响进行有效监控，监测和评价施工过程中污染物的排放是否达到有关规定。在治理修复过程中，若向水体和大气中排放污染物，应进行布点监测。监测点位应按照修复工程技术设计的要求布设。例如，热脱附、土壤气提、化学氧化、生物通风、自然生物降解法等应在废气排放口布点；热脱附、淋洗法等应在废水排放口布点。

（1）大气环境监测　大气环境监测内容一般包括污染土壤清挖、修复区修复施工过程中污染物无组织排放空气样品的采集、分析及质量评价，污染土壤修复设施（车间）污染物排放尾气样品的采集、分析及污染物排放评价。一般根据场区污染土壤修复作业功能区域规划及修复作业进度，分别在场地边界及环境敏感点设置大气监测点。

无组织排放大气污染物的采集采用连续监测 1 h 采集 1 个样品的方法。现场监理每月不少于 1 次；对建设项目、限期治理项目现场监理每月不少于 1 次，污染场地修复现场监测频次按每月 1 次执行。

（2）水污染排放监测　对修复工程施工和运行期产生的工业废水和生活污水的来源、排放量、水质指标及处理设施的建设过程、沉淀池的定期清理和处理效果等进行检查、监督，并根据水质监测结果，检查工业废水和生活污水是否达到了排放标准要求。

（3）噪声污染源监测　噪声污染源环境监理主要监督检查工程施工和修复过程中的主要噪声源的名称、数量、运行状况；检查修复工程影响区域内声环境敏感目标的功能、规模、与工程的相对位置关系及受影响的人数；检查项目采取的降噪措施和实际降噪效果，并附图表或照片加以说明。

（4）固体废物污染源监测　固体废物污染源环境监理应调查固体废物利用或处置相关政策、规定和要求；核查工程产生的固体废物的种类、属性、主要来源及产生量；调查固体废物的处置方式。对固体废物的利用或处置是否符合实施方案的要求进行核查，对不符合环保要求的行为进行现场处理并要求限期整改，使施工区达到环境安全和现场清洁整齐的要求。施工阶段垃圾应由各施工单位负责处理，不得随意抛弃或填埋，保证工程所在现场清洁整齐，对环境无污染。

## （五）环境监理工作方法

环境监理的工作方法主要包括核查、监督、报告、咨询、宣传培训等。

**1. 核查**

在修复工程实施之前，修复方案中的修复技术、修复地点、相关环保措施等内容可能会出现调整变化。环境监理应根据相关法规仔细审核修复方案与相关文件的符合性，对调整的内容及其可能产生的环境影响进行初步判断，并及时反馈业主，建议业主完善相关环保手续或要求修复单位对修复方案进行补充完善。

修复方案实施过程中，环境监理应审查各承包商报送的分项施工组织设计、施工工艺等涉及环境保护的内容，做好对施工方案的审核，在环境监理审核通过后方可进行相关施工工序。若因其他原因调整修复方案，环境监理应通过资料核对和现场调查的方式，全程持续调查修复项目实际的工程内容、污染防治措施等是否按照设计文件施工。

重点核查以下内容：核查修复工程与修复技术方案的变化情况，如发生重大变化，应尽快督促业主履行相关手续。重点关注修复工程与相关敏感区位置关系的变化、施工方案的变化可能带来的对环境敏感区影响的变化。重点关注针对环境敏感区采取的环保措施等是否落实到修复方案及实施过程中。

**2. 巡视**

修复环境监理单位在及时与修复工程实施单位沟通的前提下，按照一定频次对项目现场开展巡视检查，掌握修复工程实际情况和进度，对修复工程方案符合性、环保达标等方面现场查找问题、提出建议，并做好现场巡视记录。

**3. 旁站**

在关键工程开始前到场旁站，重点检查要求的污染防治措施和生态保护措施是否落实到位、环保设备是否按照设计要求进行施工及安装等，在关键工序和环保设备安装结束后方可离开，离开前应检查评估施工可能造成的污染是否控制在既定目标内。在旁站过程中，环境监理单位应做好定时记录，并将评估结果整理上报建设单位。

**4. 跟踪检查**

在巡视和旁站过程中发现的问题，以环境监理通知单建议修复工程实施单位进行整改，在相关环保问题的整改完成后，环境监理应对相应问题的整改情况进行跟踪检查。

**5. 环境监测**

为掌握修复工程实施情况及日常施工造成的环境污染情况，环境监理单位通过便携式环境监测仪器进行简单的现场环境监测，辅助环境监理工作；复杂的环境监测内容可以建议修复工程实施单位另行委托有资质的单位开展。

**6. 环境监理会议**

环境监理工作会议主要包括第一次环境监理工作会议、环境监理例会、环境监理专题会议等形式。其中环境监理例会应在开工后的施工期间定期举行，一般每月召开一次，具体时间间隔根据工程实际情况由环境监理技术负责人确定，在会议上承包商需提交环保工作月报，定期汇报当月环保工作情况。

**7. 信息反馈**

环境监理人员现场巡视检查发现施工引起的环境污染问题时，应立即通知施工单位的现场负责人员纠正和整改。一般性或操作性的问题，采取口头通知形式。口头通知无效或有污染隐患时，监理人员应将情况报告总环境监理技术负责人，总环境监理技术负责人签发环境监理整改通知单，要求施工单位限期整改，并同时抄送建设单位。整改完成后，由环境监理会同建设单位、工程监理单位对整改结果是否满足要求进行检查。对于一般性问题，环境监理单位下发环境监理业务联系单。

**8. 记录和报告**

记录包括现场记录和事后总结记录。现场记录包括环境监理人员日常填写的监理日志、现场巡视和旁站记录等；事后总结记录包括环境监理会议记录、主体工程施工大事记录、环保污染事故记录等。

报告包括定期报告、专题报告、阶段报告、总结报告。

(1) 定期报告　根据工程进度，编制工作月报、季报、年报等定期报告提交至建设单位，对当前阶段环保工作的重点和取得的成果、现存的主要环境保护问题、建议解决的方案、下阶段工作计划等进行及时总结。应包括以下内容：工程概况、环境保护执行情况、主体工程环保工程进展、施工营地和工程环保措施落实情况、环保事故隐患或环保事故、环境监理现存问题及建议。

（2）专题报告　在项目出现方案不符、环保措施落实不到位或其他重大环保问题时，需形成环境监理专题报告报建设单位。工程施工涉及环境敏感目标时，编制专题报告，反映环保重点关注对象，提出环保要求。

（3）阶段报告　项目完成施工后、运行之前，应就修复工程设计、施工过程中的环境监理工作进行总结。

（4）总结报告　就修复过程中环保设计、实施、运行情况进行总结，反映存在的问题并提出建议，是竣工验收的必备材料。

## （六）环境监理工作制度

环境监理单位应建立一系列工作制度，以保证环境监理工作规范有序地进行。常用的工作制度包括以下九项。

（1）工作记录制度　环境监理记录是信息汇总的重要来源，是环境监理人员做出行为判断的重要基础资料。环境监理人员应根据场地修复、环境监理工作情况编制工作记录，重点描述对项目现场环境保护工作的检查监督情况，描述当时发现的主要环境问题，问题发生的责任单位，分析产生问题的主要原因，提出对问题的处理意见。工作记录主要包括监理日志、现场巡视和旁站记录、会议记录、气象及灾害记录、工程建设大事记录、监测记录等。

（2）文件审核制度　文件审核制度是指环境监理单位对项目承建单位编制的，与场地修复工程相关的环境保护措施和环境保护设施的施工组织设计，进行审核的规定。

施工单位编制的施工组织设计和施工措施计划中的环境保护措施、环境保护设施的施工计划等，均应经环境监理单位审核。环境监理单位对上述文件的审核意见，是场地修复工程监管单位批准上述文件的重要参考之一。

（3）报告制度　环境监理报告是项目建设中环境保护工作的一项重要内容，监理报告制度是环境监理单位对现场环境监理情况定期报告的规定，包括环境监理月报、季报、半年报、环境监理专题报告、设计阶段和施工阶段环境监理报告、环境监理总报告。

（4）函件来往制度　环境监理人员在现场检查过程中发现的环境问题，应通过下发环境监理通知单形式，通知修复工程实施单位需要采取的纠正或处理措施；对修复工程实施单位某些方面的规定或要求，必须通过书面形式通知。情况紧急需口头通知时，随后必须以书面函件形式予以确认。同样，修复工程实施单位对环境问题处理结果的答复以及其他方面的问题，也应致函环境监理人员。

（5）会议制度　会议制度是指环境监理单位确定的必须参加或组织的各种会议的规定。环境监理机构应建立环境保护会议制度，在会议期间，施工单位对近一段时间的环境保护工作进行回顾性总结，环境监理人员对该阶段环境保护工作进行全面评议，肯定工作中的成绩，提出存在的问题及整改要求。每次会议都要形成会议纪要，如有重大事故发生，可随时召开会议。

（6）应急报告及处理制度　应急报告与处理制度是环境监理单位在现场发生环境紧急事件应采取的报告和处理的规定。环境监理单位针对环境监理范围内可能出现的环境风险，制订环境紧急事件报告和处理措施应急预案。应急预案中应明确需要及时报告项目建设单位以及环境保护、公安、卫生等行政主管部门的事项，并应明确需要采取的应急措施。

（7）人员培训和宣传教育制度　对相关现场人员进行培训和宣传教育，统一环保认识、提高环保意识。

（8）档案管理制度　环境监理应结合工程实际建立环保信息管理体系，制定文件管理制度，对文件分类、归档等方面予以规定，对环保信息进行及时梳理和分析，指导和规范现场工作。

（9）质量保证制度　为保证和控制环境监理的工作质量，环境监理应严格按照国家与地方有关规定开展工作，环境监理应严格按照监理方案和实施细则进行。

### （七）环境监理重要文件资料的编制

环境监理报告主要包括环境监理方案、环境监理细则、环境监理定期报告、环境监理总结报告。

（1）环境监理方案　包括工作由来、依据、场地调查评估、修复方案及其备案要求；修复工程概况，介绍修复工程主要内容及概况，检查实施方案是否满足要求，与修复方案是否变化；环境保护目标，必要时对修复实施前周边环境状况进行监测，明确修复实施对周边环境是否存在影响；环境监理工作目标和范围；工作内容和程序；主要环境影响及污染治理防治措施，根据项目特点、场地调查评估及修复方案，说明本监理过程的关注点及监理要求；工作方法；工作制度；组织机构及职责，明确项目环境监理工作参与人员，并说明各自履行的工作职责；主要成果，明确修复各阶段环境监理单位要提交的工作成果。

（2）环境监理细则　应在监理方案的基础上，对方案中宏观的工作内容和程序进行细节上的规定，同时根据修复过程中具体事项对监理内容进行明确，以指导具体工作的开展。包括以下内容：工作由来、依据、场地环境调查评估、修复方案及其他要求；环境监理工作目标和范围；工作程序、工作内容、工作方式、环境监理对问题的处理、环境监理工作制度及细则；组织机构及职责，明确项目环境监理工作参与人员，并说明各自的工作职责；各阶段环境监理实施细则，根据实施方案，说明修复实施具体各阶段、各工序环境监理的关注点及监理要求。

（3）环境监理单位根据工作进度，定期编制监理工作月报、季报、年报等定期报告提交至建设单位。环境监理定期报告主要内容包括工程概况、环境保护执行情况、修复进展、环保措施落实情况、环境事故隐患或环境事故、存在的主要问题及建议。

（4）环境监理总结报告　主要内容包括：项目背景，介绍修复背景、场地环境调查评估和修复方案编制时间、备案部门、备案时间及报告书备案文号等；场地修复基本情况，介绍修复规模、修复方案、修复地点、时间安排、施工单位、工程监理单位，修复过程、验收过程情况说明和结论等；施工区环境概况，介绍项目周边环境敏感点情况；工程主要环境影响，包括水、空气、声、固废、生态和其他环境影响；环境监理工作展开情况，包括工作依据、组织机构、范围和工作内容、工作程序、管理体系、工作方法和大事记；环境监理工作成果，环保措施落实情况、环境污染事故的处理和其他成果；结论及建议；影像资料附件。

## 第三节 验收与后期管理

污染场地修复验收是在污染场地修复完成后，对场地内土壤和地下水进行调查和评价的过程，主要是通过文件审核、现场勘察、现场采样和检测分析等，进行场地修复效果评价，主要判断是否达到验收标准，若需开展后期管理，还应评估后期管理计划的合理性及落实程度。在场地修复验收合格后，场地方可进入再利用开发程序，必要时需按后期管理计划进行长期监测和后期风险管理。修复验收工作内容包括场地土壤和地下水清理情况验收、场地土壤和地下水修复情况验收，必要时还包括后期管理计划合理性及落实程度评估。后期管理是按照后期管理计划开展包括设备及工程的长期运行与维护、长期监测、长期存档与报告等制度、定期和不定期的回顾性检查等活动的过程。

### 一、场地修复验收

污染场地修复验收工作程序包括文件审核与现场勘察、确定验收对象和标准、采样布点方案制订、现场采样与实验室检测、修复效果评价、验收报告编制六步，如图 9-6 所示。

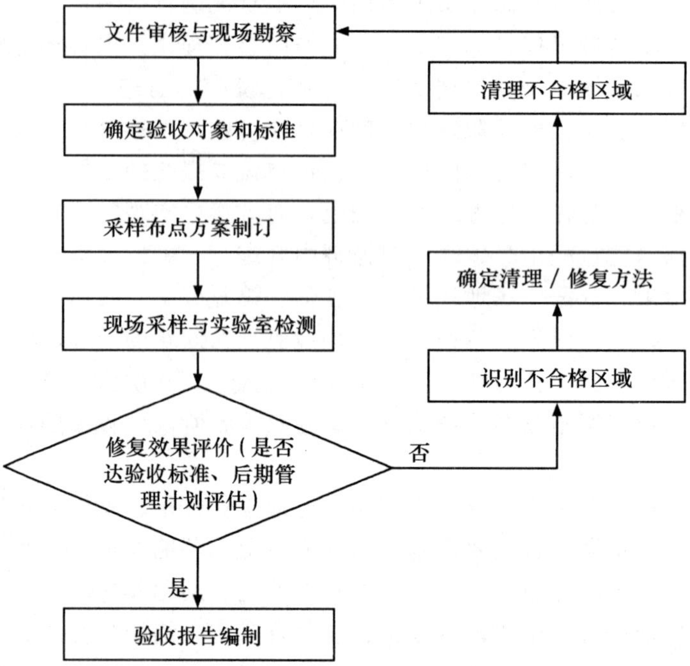


图 9-6 污染场地修复验收工作程序

#### （一）文件审核与现场勘察

在验收工作开展之前，应收集与场地环境污染和修复相关的资料进行审核，需要审核的文件资料包括：

（1）场地环境调查评估及修复方案相关文件 场地环境调查评估报告书及其备案意见、

场地修复方案及其备案意见、其他相关资料。

(2) 场地修复工程资料　修复过程的原始记录、修复实施过程的记录文件（如污染土壤清挖和运输记录）、回填土运输记录、修复设施运行记录、二次污染物排放记录、修复工程竣工报告等。

(3) 工程及环境监理文件　工程及环境监理记录和监理报告。

(4) 其他文件　环境管理组织机构、相关合同协议（如委托处理污染土壤的相关文件和合同）等。

(5) 相关图件　场地地理位置示意图、总平面布置图、修复范围图、污染修复工艺流程图、修复过程照片和影像记录等。

对收集的资料进行整理和分析，并通过与现场负责人、修复实施人员、监理人员等相关人员进行访谈，明确以下内容：根据场地环境调查评估报告、修复方案及相关行政文件，确定场地的目标污染物、修复范围和修复目标，作为验收依据；通过审查场地修复过程监理记录和监测数据，核实修复方案和环保措施的落实情况；通过审查相关运输清单和接收函件，结合修复过程监理记录，核实污染土壤的数量和去向；通过审查相关文件和检测数据，核实异位修复完成后的回填土的数量和质量，回填土壤质量应达到修复目标值。

现场勘察是验收的重要工作程序之一，污染场地修复验收现场勘察主要包括核定修复范围和识别现场遗留污染痕迹。根据场地环境调查评估报告中的钉桩资料或地理坐标等，结合修复过程工程监理与环境监理出具的相关报告，确定场地修复范围和深度，核实修复范围是否符合场地修复方案的要求。对场地表层土壤及侧面裸露土壤状况、遗留物品等进行观察和判断，可使用便携式测试仪器进行现场测试，辅以目视、嗅觉等方法，识别现场遗留污染痕迹。

### （二）确定验收对象和标准

污染场地修复验收的对象主要包括以下几项内容，针对不同的验收对象应监理可测的验收标准。

(1) 场地内部清挖污染土壤后遗留的基坑，验收时须对基坑遗留土壤进行采样检测，分析修复区域是否还存在污染，验收指标为场地修复的目标污染物，验收标准为场地土壤修复目标值。

(2) 原位修复后的土壤和地下水，验收指标为场地修复的目标污染物，验收标准为场地污染物修复目标值。

(3) 异位修复治理后的土壤和地下水，应针对不同类型的修复技术开展验收。对于以消除或降低污染物浓度为目的的修复技术（土壤淋洗、土壤气相抽提、热脱附、空气注射等），验收指标为修复介质中目标污染物的浓度；对于化学氧化、生物降解等还应考虑可能产生的有毒有害中间产物；对于降低迁移性或毒性的修复技术（如固化/稳定化），验收指标为目标污染物的浸出限值。异位修复的验收标准根据土壤的最终去向和未来用途确定：①若回填到本场地，验收标准为场地土壤修复目标值；②若外运到其他地方，以土壤中污染物浓度不对未来受体和周围环境产生风险影响为验收标准。必要时需根据目的地实际情况进行风险评估，确定外运土壤的验收标准。

抽出处理的地下水，若修复后排放到市政管道，应符合相关的排放标准；若修复后回灌到本场地，应达到本场地地下水修复目标值。

(4) 修复过程可能产生的二次污染区域，二次污染区域包括污染土临时储存和处理区域，设施拆除过程的遗撒区域，修复技术应用过程造成可能的污染扩散区域。验收指标为场地调查及二次污染的特征污染物，验收标准为场地污染物修复目标值。

(5) 工程控制设施，对于切断污染途径的工程控制技术，验收指标一般为各种工程指标，如阻隔层厚度和渗透系数等。

### (三) 采样布点方案制定

采样布点方案应包括采样介质、采样区域、采样点位、采样深度、采样数量、检测项目等内容。应根据目标污染物、修复目标值的不同情况在场地修复范围内进行分区采样；采样点的位置和深度应覆盖场地修复范围及其边缘；场地环境调查评估确定的污染最重的区域，必须进行采样。

**1. 场地内基坑土壤采样布点要求**

对于异位修复场地，应对修复范围内部和边缘的原址土进行采样，采样点位于坑底和侧壁，以表层样为主，不排除深层采样，挥发性有机物土壤样品的采集深度一般为表层以下0.2 m。坑底表层采用系统布点的方法，一般随机布置第一个采样点，构建通过此点的网格，在每个网格交叉点采样。网格大小根据采样面积和采样数量确定，采样数量可参考表9-8、表9-9中的规定，原则上网格大小不超过20 m × 20 m。

**表 9-8 土壤采样布点——底部采样数量**

| 采样区域面积/$m^2$ | 土壤采样点数目/个 | 采样区域面积/$m^2$ | 土壤采样点数目/个 |
|---|---|---|---|
| 小于100 | 3 | 1 500～2 500 | 7 |
| 100～500 | 4 | 2 500～3 500 | 8 |
| 500～1 000 | 5 | 3 500～5 000 | 9 |
| 1 000～1 500 | 6 | 大于5 000 | ≥10 |

**表 9-9 土壤采样布点——侧壁采样数量**

| 采样区域周长/m | 土壤采样点数目/个 | 采样区域周长/m | 土壤采样点数目/个 |
|---|---|---|---|
| 50 | 4 | 200～300 | 7 |
| 50～100 | 5 | 300以上 | ≥8 |
| 100～200 | 6 | | |

修复范围侧壁采用等距离布点方法，根据边长确定采样点数量。当修复深度小于等于1 m时，侧壁不进行垂向分层采样。当修复深度大于1 m时，侧壁应进行垂向分层采样，第一层为表层土（0～0.2 m），0.2 m以下每1～3 m分一层，不足1 m时与上一层合并。各层采样点之间垂向距离不小于1 m，采样点位置可依据土壤异常气味和颜色，并结合场地污染状况确定。

**2. 原位修复后的土壤采样布点要求**

对于原位修复场地，水平方向布点方案与异位修复后的基坑布点方法相同。修复范围内部应钻孔分层采样，采样点深度要求与异位修复采样要求相同。应根据场地的土壤与水文地质条件的非均质性，结合污染物的迁移特性、修复技术特点等，根据修复效果空间差异，在修复效果的薄弱处增加采样点。

**3. 异位修复治理后的土壤采样布点要求**

对于异位修复后的土壤，采用随机布点法布设采样点，原则上每个样品代表的土壤体积不应超过 500 $m^3$，布点数量应根据修复技术修复效果、土壤的均匀性等实际情况进行调整。

**4. 地下水采样布点要求**

应依据地下水流向及污染区域地理位置设置地下水监测井，修复范围上游地下水采样点不少于 1 个，修复范围内采样点不少于 3 个，修复范围下游采样点不少于 2 个。原则上监测井布设在地下水环境调查确定的污染最严重的区域，或者根据不同类型的修复（防控）工程进行合理的布设。

由于地下水监测井建井较为烦琐，并有可能对地下水造成扰动，因此规定原则上可以利用场地环境调查评估和修复时的监测井，但原监测井的使用数量不应超过验收时总监测井数的 60％。未通过验收前，被验收方应尽量保持场地环境调查评估和修复过程中使用的地下水监测井完好。监测井的设置技术要求与现场采样相同。

**5. 修复过程可能产生的二次污染区域采样布点要求**

对于场地内修复范围外可能产生二次污染的区域，可采用判断布点的方法，结合实际情况进行布点。

**6. 工程控制措施**

对于工程措施（如隔离、防迁移扩散等）效果的监测，应依据工程设计相关要求进行监测点位的布设。

## （四）现场采样与实验室检测

明确土壤样品和地下水样品的采样方法、现场质量控制、现场质量保证、样品的保存与运输方法、样品分析方法、实验室质量控制，现场人员防护和现场污染应急处理等。对于非挥发性有机物，可采集少量土壤混合样，混合样采样方法和要求按照《土壤环境监测技术规范》（HJ/T 166—2004）的规定执行。验收项目检测方法的检出限应低于修复目标值。实验室检测报告内容应包括检测条件、检测仪器、检测方法、检测结果、检出限、质量控制结果等。

## （五）修复效果评价

修复验收时，除了进行严密的采样和实验室检测之外，还需要对检测数据进行科学合理的分析，确定场地污染物是否达到验收标准，以判定场地修复效果是否达到要求。若达不到要求，需要给出继续清理或修复建议。场地若需开展后期管理，还应评估后期管理计划合理性及落实程度。

## （六）评价方法

当某场地或堆土采样数量少于 8 个时，采用逐个对比法判断整个场地是否达到修复效果；当某场地或堆土采样数量大于或等于 8 个时，可运用整体均值的 95％置信上限法判断整个场地的修复效果；若采样数量大于或等于 8 个，同时样品中同一污染物平行样数量累积大于或等于 4 组时，还可用 $t$ 检验评估法来判断整个场地的修复效果。各评价方法具体使用如下：

（1）逐个对比法　当样本点检测值低于或等于修复目标值时，达到验收标准；当样本点检测值高于修复目标值时，未达到验收标准。采用逐个对比法时，只有所有样品的污染物检测值均达到验收标准，方可判定场地达到修复效果。

（2）95%置信上限评价方法　当某场地或堆土采样数量大于等于 8 个时，可运用整体均值的 95%置信上限与修复目标比较，分析整个场地的修复效果：当样本点检测值整体均值的 95%置信上限大于修复目标，则认为场地未达到修复效果。当场地样本点同时符合下述情况，则认为场地达到修复效果。①样本点检测值整体均值的 95%置信上限小于或等于修复目标；②样本点检测值最大值不超过修复目标的两倍；③样本超标点不相对集中在某一区域。

（3）$t$ 检验评价方法　$t$ 检验评价方法首先要确定采样点的检测结果与修复目标的差异，然后评估场地是否达到修复效果。当样本点的检测结果显著低于修复目标值或与修复目标差异不显著，则认为达到验收标准；若某样本点的检测结果显著高于修复目标值，则认为未达到验收标准。采用 $t$ 检验评价方法时，只有所有样品的污染物检测值均达到验收标准，方可判定场地达到修复效果。

对于基坑，若某处验收采样检测不合格，则根据网格对局部污染土壤进行再次清理和验收，必要时可在局部进行详细采样，详细采样布点采用网格布点方法。对于修复后的土壤堆体，若某堆体验收采样检测不合格，则将污染土运至处置设施处，重新运行修复设施进行修复后，再次进行采样验收。

### （七）编制验收报告

验收报告内容应真实、全面，至少包括以下内容：场地环境调查评估结论概述、修复方案实施情况、验收工作程序与方法、文件审核与现场勘察、采样布点计划、现场采样与实验室检测、修复效果评价、验收结论和建议、修复环境监理报告和检测报告。

## 二、场地后期管理

### （一）后期管理对象

为确保场地采取修复活动的长期有效性、确保场地不再对周边环境和人体健康产生危害，一般来讲，如果选择的修复技术方案没有彻底消除污染，依赖于对土壤、地下水等的使用限制，或者使用了物理和工程控制措施的场地，需要进行后期管理，主要包括以下 3 种类型：

（1）场地污染没有完全清除，或者场地修复行动可能在场地遗留危害物质，导致场地的用途受到限制。

（2）修复工程时间较长，如原位监测型自然衰减，或采取工程控制措施的场地。

（3）采取限制用地方式等制度控制措施的场地。

### （二）后期管理内容

后期管理是按照科学合理的后期管理计划，根据场地的实际情况采取包括设备及工程的长期运行与维护、长期监测、长期存档、报告等制度，以及定期和不定期的回顾性检查等工作内容的过程，目标是评估场地修复活动的长期有效性、确保场地不再对周边环境和人体健康产生危害。

后期管理必须与制度建设相结合才能发挥实效，即需要建立一套长期监测、跟踪、回顾性检查与评估及后期风险管理制度，做好制度的设计、构建，明确技术要求及各相关方责任。

回顾性检查与评估是场地后期管理中非常核心的一个内容，包括场地资料回顾与现场踏勘、场地潜在风险识别与诊断、后期管理优化措施及建议、回顾性报告编制四个步骤，工作程序见图 9-7。

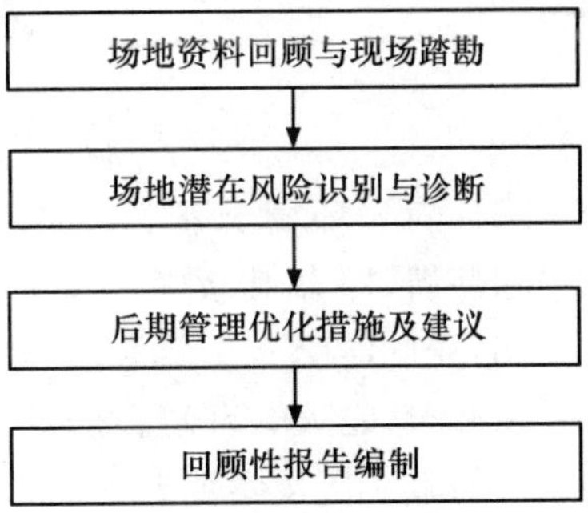


**图 9-7　场地后期管理回顾性检查与评估工作程序**

回顾性检查与评估每一步具体工作内容如下：

（1）场地资料回顾与现场踏勘　开展回顾性检查的人员首先要进行场地资料回顾与现场踏勘，包括场地基本资料收集查阅、场地数据回顾与分析、场地踏勘、人员访谈等工作。

（2）场地潜在风险识别与诊断　通过场地资料回顾与现场调查，识别判断可能现有修复方式或措施可能存在的问题，例如，不完善的制度控制措施、修复目标难以达到、修复目标不准确、场地修复行动未按照设计运行、暴露途径是否变化、场地使用方式是否变化等问题，从而判断场地修复行动是否可达到保护人体和环境的目的。

（3）后期管理优化措施及建议　根据场地潜在风险识别与诊断，若判断场地修复行动不能或难以达到保护目的，则需提出并采取进一步的措施和建议对修复实施方案进行优化，包括长期响应行动、操作与维护、实施制度控制、修复方案优化、补充调查等方式。

（4）回顾性报告编制　根据上述调查与诊断，给出回顾性结论，决定是否需要采取进一步措施、是否要持续进行回顾性检查及时间跨度等，编制回顾性报告。

对于一些较为复杂的场地，由于回顾性检查时间跨度较大使得场地监管较为困难时，可同时采取制度控制等方式进行后期管理。

场地回顾性检查与评估由场地修复责任方依据场地情况委托具有相应能力的机构组织开展。场地回顾性报告应报当地环保部门备案并在回顾性检查与评估实施过程中接受环保部门的监督指导。

### （三）后期管理时间

后期管理一般在修复完成后场地开发建设阶段介入，采取多种修复技术长期修复的场地也可在修复启动时介入，具体可根据政策要求、场地修复方案等因素确定。

场地回顾性检查与评估在场地修复验收后五年开展第一次，贯穿于场地全过程，直至场地不再对周边环境和人体健康产生影响，后续的场地回顾性检查与评估时间根据前一次回顾检查的结论确定，根据实际情况可提前回顾或增加回顾的频率。

## 思考题

1. 如何编制污染土壤修复方案？
2. 阐述农用地污染土壤修复工程实施过程、监理与验收程序。
3. 阐述建设用地污染土壤修复工程实施过程、监理与验收程序。

# 参考文献


[1] 陈怀满．环境土壤学．北京:科学出版社,2005.

[2] 陈怀满,郑春荣,周东美,等．土壤环境质量研究回顾与讨论．农业环境科学学报,2006,25:821-827.

[3] 陈玲,赵建夫．环境监测．北京:化学工业出版社,2003.

[4] 方如康．环境学词典．北京:科学出版社,2003.

[5] 龚子同,张甘霖,陈志诚．土壤发生与系统分类．北京:科学出版社,2007.

[6] 黄昌勇．土壤学．北京:中国农业出版社,2000.

[7] 黄宗理．地球科学大辞典．北京:地质出版社,2005.

[8] 骆永明,滕应,过园．土壤修复——新兴的土壤科学分支学科．土壤,2005,37(3):230-235.

[9] 曲向荣．土壤环境学．北京:清华大学出版社,2010.

[10] 孙英杰,孙晓杰,赵由才．冶金企业污染土壤和地下水整治与修复．北京:冶金工业出版社,2008.

[11] 王果．土壤学．北京:高等教育出版社,2009.

[12] 王建国．蚯蚓、黄粉虫、蝇蛆养殖．北京:中国农业科学技术出版社,2002.

[13] 吴贻忠,等．土壤学．北京:中国农业出版社,2008.

[14] 周国华,秦绪文,董岩翔．土壤环境质量标准的制定原则与方法．地质通报,2005,24:721-727.

[15] 夏家淇,骆永明．关于耕地土壤污染调查与评价的若干问题探讨．土壤,2006,38(5):667-670.

[16] 鲁如坤．土壤农业化学分析方法．北京:中国农业科技出版社,2000.

[17] 方晓航,仇荣亮．农药在土壤环境中的行为研究．土壤与环境,2002,11(1):94-97.

[18] 郜红建,蒋新,魏俊岭,等．蚯蚓对污染物的生物富集与环境指示作用．农业资源与环境科学,2006,22(11):360-363.

[19] 华晓梅,江希流,金怡,等．甲基异柳磷等四种农药的水解特性研究．环境化学,1992,11(3):16-21.

[20] 孟庆昱,储少岗,徐晓白．多氯联苯的环境吸附行为研究进展．科学通报,2000(15):1572-1583.

[21] 王焕校．污染生态学．3版．北京:高等教育出版社,2012.

[22] 崔岩山,陈晓晨,朱永官．利用3种invitro方法比较研究污染土壤中铅、砷生物可给性．农业环境科学学报,2008,27:414-419.

[23] 段小丽,魏复盛,张军锋,等．多环芳烃暴露评价的生物标志物研究．工业卫生与职业病,2008,34:129-132.

[24] 傅伯杰,陈利顶,马克明,等．景观生态学原理及应用．北京:科学出版社,2002.

[25] 胡二邦,彭理通. 环境风险评价实用技术和方法. 北京:中国环境科学出版社,2000.
[26] 李国旗,安树青,陈兴龙,等. 生态风险研究述评. 生态学杂志,1999,18:57-64.
[27] 刘良,颜小品,王印,等. 应用物种敏感性分布评估多环芳烃对淡水生物的生态风险. 生态毒理学报,2009,4:647-654.
[28] 刘柳,张岚,李琳,等. 健康风险评估研究进展. 首都公共卫生,2013,7:264-268.
[29] 刘志全,李丽和,李秀金,等. 石油化工污染土壤中萘的生态风险评价. 中国环境科学,2006,26:746-750.
[30] 龙涛,邓绍坡,吴运金,等. 生态风险评价框架进展研究. 生态与农村环境学报,2015,31:822-830.
[31] 毛小苓,倪晋仁. 生态风险评价研究述评. 北京大学学报,2005,41:646-654.
[32] 施烈焰,曹云者,张景来,等. RBCA 和 CLEA 模型在某重金属污染场地环境风险评价中的应用比较. 环境科学研究,2009,22:241-247.
[33] 颜增光,何巧力,李发生. 蚯蚓生态毒理试验在土壤污染风险评价中的应用. 环境科学研究,2007,20:134-142.
[34] 阳文锐,王如松,黄锦楼,等. 生态风险评价及研究进展. 应用生态学报,2007,18:1869-1876.
[35] 杨彦,李定龙,王红梅. 电子废弃物拆解对女性 8-羟基脱氧鸟苷水平的影响. 现代预防医学, 2010,37:1834-1836.
[36] 杨彦,于云江,杨洁,等. 浙江沿海地区居民环境健康风险评价中涉水和涉气活动的皮肤暴露参数研究. 环境与健康杂志,2012,29:324-327.
[37] 曾建军,邹明亮,郭建军,等. 生态风险评价研究进展综述. 环境监测管理与技术,2017,29:1-5,10.
[38] 周军英,单正军,石利利,等. 农药生态风险评价与风险管理技术. 北京:中国环境科学出版社,2012:31-41.
[39] 陈怀满,郑春荣,周东美,等. 德兴铜矿尾矿库植被重建后的土壤肥力状况和重金属污染初探. 土壤学报,2005,42(1):29-36.
[40] 高国龙,蒋建国,李梦露. 有机物污染土壤热脱附技术研究与应用. 环境工程,2012,30(1):128-131.
[41] 胡孙,陈纪赛,周永贤,等. 异位热脱附技术在某污染场地中试试验. 环境科技,2017,30(4):33-38.
[42] 刘少卿,姜林,黄喆,等. 挥发及半挥发有机物污染场地蒸汽抽提修复技术原理与影响因素. 环境科学,2011,32(3):825-833.
[43] 刘甜甜,成剑雄,陈晨,等. 固定/稳定化土壤修复技术的应用与优化分析. 土壤,2014,46(3):407-412.
[44] 宋云,李培土,郝润琴. 我国土壤固化/稳定化技术应用现状及建议. 环境保护,2015,44(15):28-33.
[45] 王铭剑,汤克敏. 热解吸技术在有机污染场地环境修复中的应用初探. 广东化工,2011,38(8):262-263.
[46] 徐泉,黄星发,程炯佳,等. 电动力学及其联用技术降解污染土壤中持久性有机污染物的

研究进展．环境科学，2006，27(11)：2363-2368.
[47] 张长波，罗启仕，付融平，等．污染土壤的固化/稳定化处理技术研究进展．土壤，2009，41(1)：8-15.
[48] 张锡辉，王慧，罗启仕．电动力学技术在受污染地下水和土壤修复中新进展．水科学进展，2001，12(2)：249-255.
[49] 赵胜勇．地下水污染场地的控制与修复．北京：科学出版社，2015.
[50] 崔海炜，孙继朝，向小平，等．PRB技术在地下水污染修复中的研究进展．地下水，2010，32(3)：81-83.
[51] 黄莹，徐民民，李书鹏，等．还原稳定化法修复六价铬污染土壤的中试研究．环境工程学报，2015，9(2)：951-958.
[52] 李实，张翔宇，潘利祥．重金属污染土壤淋洗修复技术研究进展．化工技术与开发，2014，43(11)：27-31.
[53] 唐小龙，吴俊锋，王文超，等．有机污染土壤原位化学氧化药剂投加方式的综述．化工环保，2015，35(4)：376-380.
[54] 杨丽琴，陆泗进，王红旗．污染土壤的物理化学修复技术研究进展．环境保护科学，2008，34(5)：42-45.
[55] 杨世迎，陈友媛，胥慧真，等．过硫酸盐活化高级氧化新技术．化学进展，2008，20(9)：1433-1438.
[56] 郑建中，石美，李娟，等．化学还原固定化土壤地下水中六价铬的研究进展．环境工程学报，2015，9(7)：3077-3085.
[57] 陈少华，罗建军，胡美英，等．一株拟除虫菊酯农药降解菌的分离鉴定及其降解特性与途径．环境科学学报，2011，31(8)：1616-1626.
[58] 段云霞，韩振为，隋红，等．生物通风技术中微生物对污染物甲苯二种形式降解的对比研究．农业环境科学学报，2004，23(3)：475-478.
[59] 滕应，骆永明，李振高．污染土壤的微生物修复原理与技术进展．土壤，2007，39(4)：497-502.
[60] 刘五星，骆永明，余冬梅，等．石油污染土壤的生态风险评价和生物修复Ⅳ．油泥的预制床修复及其微生物群落变化．土壤学报，2010，47(4)：621-627.
[61] 倪妮，宋洋，王芳，等．多环芳烃污染土壤生物联合强化修复研究进展．土壤学报，2016，53(3)：561-571.
[62] 隋红，茹旭，黄国强，等．土壤石油污染物生物通风修复的研究进展．生态环境，2003，12(2)：216-219.
[63] 隋红，徐世民，李鑫钢，等．生物通风技术去除土壤中甲苯．化工进展，2003，22(10)：1112-1114.
[64] 滕菲，杨雪莲，李凤梅，等．微生物对环境中难降解有机污染物共代谢作用．微生物学杂志，2016，36(3)：80-85.
[65] 孙东平，胡凌燕，周伶俐，等．微生物混合堆制法处理油污土壤的净化效果．生态环境，2007，16(3)：871-874.
[66] 王建龙，文湘华．现代环境生物技术．北京：清华大学出版社，2000.

[67] 安凤春,莫汉宏,郑明辉,等. 化学农药污染土壤植物修复中的环境化学问题. 环境化学,2003,22:420-425.

[68] 陈同斌,黄泽春,陈煌. 废弃物中水溶性有机质对土壤吸附 Cd 的影响及其机制. 环境科学学报,2002,22:150-155.

[69] 程立娟,周启星. 野生观赏植物长药八宝对石油烃污染土壤的修复研究. 环境科学学报,2014,34:980-986.

[70] 范淑秀,李培军,何娜,等. 多环芳烃污染土壤的植物修复研究进展. 农业环境科学学报,2007,26:2007-2013.

[71] 旷远文,温达志,周国逸. 有机物及重金属植物修复研究进展. 生态学杂志,2004,23:90-96.

[72] 蓝俊康. 植物修复技术在污染治理中的应用现状. 地质灾害与环境保护,2004,15:46-51.

[73] 李福燕,张黎明,李许明,等. 土壤-植物系统锌污染与修复技术研究进展. 安徽农业科学,2006,34:5920-5921,5979.

[74] 李圣发. 土壤砷污染及其植物修复的研究进展与展望. 地球与环境,2011,39:429-433.

[75] 李文学,陈同斌,刘颖茹. 刈割对蜈蚣草的砷吸收和植物修复效率的影响. 生态学报,2005,25:538- 542.

[76] 廖晓勇,陈同斌,阎秀兰,等. 提高植物修复效率的技术途径与强化措施. 环境科学学报,2007,27:881-893.

[77] 林道辉,朱利中,高彦征. 土壤有机污染植物修复的机理与影响因素. 应用生态学报,2003,14:1799-1803.

[78] 刘威,束文圣,蓝崇枉. 宝山堇菜 (*Viola baoshanensis*)—— 一种新的镉超富集植物. 科学通报,2003,48:2046-2049.

[79] 刘亚云,陈桂珠. 植物修复多氯联苯研究进展. 应用生态学报,2006,17:325-330.

[80] 龙新宪,王艳红,刘洪彦. 不同生态型东南景天对土壤中 Cd 的生长反应及吸收积累的差异性. 植物生态学报,2008,32:168-175.

[81] 苗欣宇,周启星. 污染土壤植物修复效率影响因素研究进展. 生态学杂志,2015,34:870-877.

[82] 彭胜巍,周启星. 持久性有机污染土壤的植物修复及其机理研究进展. 生态学杂志,2008,27:469-475.

[83] 沈源源,滕应,骆永明,等. 几种豆科、禾本科植物对多环芳烃复合污染土壤的修复. 土壤,2011,43:253-257.

[84] 束文圣,杨开颜,张志权,等. 湖北铜绿山古铜矿冶炼渣植被与优势植物的重金属含量研究. 应用与环境生物学报,2001,7:7-12.

[85] 孙铁珩,周启星,李培军. 污染生态学. 北京:科学出版社,2001.

[86] 孙向辉,滕应,骆永明,等. 多氯联苯复合污染农田土壤的植物协同修复效应. 中国环境科学,2010,30:1281-1286.

[87] 汤叶涛,仇荣亮,曾晓雯,等. 一种新的多金属超富集植物——圆锥南芥(*Arabis paniculata*). 中山大学学报,2005,44:135-136.

[88] 王鹏程,胡鹏杰,钟道旭,等．镉锌超积累植物伴矿景天产后鲜样快速处置技术．环境工程学报,2017,11:5307-5311.
[89] 王新,贾永锋．土壤砷污染及修复技术．环境科学与技术,2007,30:107-111.
[90] 韦朝阳,陈同斌．重金属超富集植物及植物修复技术研究进展．生态学报,2001,21:1196-1203.
[91] 韦朝阳,陈同斌,黄泽春,等．大叶井口边草—— 一种新发现的富集砷的植物．生态学报,2002,22:777-778.
[92] 魏树和,杨传杰,周启星．三叶鬼针草等7种常见菊科杂草植物对重金属的超富集特征．环境科学,2008,29:2912-2918.
[93] 魏树和,周启星,王新,等．一种新发现的镉超积累植物龙葵(*Solanum nigrum*). 科学通报,2004,49:2569-2573.
[94] 许超,夏北成．土壤多环芳烃污染根际修复研究进展．生态环境,2007,16:216-222.
[95] 薛生国,陈英旭,林琦,等．中国首次发现的锰超积累植物——商陆．生态学报,2003,23:935-937.
[96] 杨肖娥,龙新宪,倪吾钟．超积累植物吸收重金属的生理及分子机制．植物营养与肥料学报,2002,8:8-15.
[97] 赵玲,滕应,骆永明．中国农田土壤农药污染现状和防控对策．土壤,2017,49:417-427.
[98] 周建军,周桔,冯仁国．我国土壤重金属污染现状及治理战略．中国科学院院刊,2014,29:315-320.
[99] 周启星,宋玉芳．植物修复的技术内涵及展望．安全与环境学报,2001 ,1:48-53.
[100] 周守标,徐礼生,吴龙华,等．镉和锌在皖景天细胞内的分布及化学形态．应用生态学报,2008,19:2515- 2520.
[101] AFZAL M,KHAN Q M,SESSITSCH A. Endophytic bacteria:Prospects and applications for the phytoremediation of organic pollutants. Chemosphere,2014,117:232-242.
[102] ALI H,KHAN E,SAJAD M A. Phytoremediation of heavy metals-Concepts and applications. Chemosphere,2013,91:869-881.
[103] ALKORTA I,GARBISU C. Phytoremediation of organic contaminants in soils. Bioresource Technol,2001,79:273-276.
[104] CAMPANELLA B,PAUL R. Presence,in the rhizosphere and leaf extracts of zucchini (*Cucurbita pepo* L.) and melon (*Cucumis melo* L.),of molecules capable of increasing the apparent aqueous solubility of hydrophobic pollutants. Int J Phytoremediat,2000,2:145-158.
[105] CHEKOL T,VOUGH L R,CHANEY R L. Phytoremediation of polychlorinated biphenyl-contaminated soils:the rhizosphere effect. Environ Int,2004,30:799-804.
[106] DOTY S L. Enhancing phytoremediation through the use of transgenics and endophytes. New Phytol. ,2008,179:318-333.
[107] MA L Q,KOMAR K M,TU C,et al. A fern that hyperaccumulates arsenic - A hardy,versatile,fast-growing plant helps to remove arsenic from contaminated soils. Nature,2001,409:579-579.

[108] ZHAO F J, MA J F, MEHARG A A. Arsenic uptake and metabolism in plants. New Phytol., 2009, 181: 777-794.

[109] ZIMMER D, BAUM C, LEINWEBER P, et al. Associated bacteria increase the phytoextraction of cadmium and zinc from a metal-contaminated soil by mycorrhizal willows. Int J Phytoremedia, 2009, 11: 200-213.

[110] WEI J, FURRER G, KAUFMANN S, et al. Influence of clay minerals on the hydrolysis of carbamate pesticides. Environ. Sci. Technol., 2001, 35(11): 2226-2232.

[111] SINGER A C, JURY W, LEUPROMCHAI E, et al. Contribution of earthworms to PCB bioremediation. Soil Biol Biochem, 2001, 33: 765-775.

[112] CALOW P, FORBES V E. Does ecotoxicology inform ecological risk assessment? Environ Sci Technol, 2003, 37: 146a-151a.

[113] DOMENE X, RAMIREZ W, MATTANA S, et al. Ecological risk assessment of organic waste amendments using the species sensitivity distribution from a soil organisms test battery. Environ Pollut., 2008, 155: 227-236.

[114] FRYER M, COLLINS C D, FERRIER H, et al. Human exposure modelling for chemical risk assessment: A review of current approaches and research and policy implications. Environ Sci Policy. 2006, 9: 261-274.

[115] HANSON M L, SOLOMON K R. New technique for estimating thresholds of toxicity in ecological risk assessment. Environ Sci Technol, 2002, 36: 3257-3264.

[116] SOLOMON K, GIESY J, JONES P. Probabilistic risk assessment of agrochemicals in the environment. Crop Prot, 2000, 19: 649-655.

[117] UDDH-SODERBERG T E, GUNNARSSON S J, HOGMALM K J, et al. An assessment of health risks associated with arsenic exposure via consumption of homegrown vegetables near contaminated glassworks sites. Sci Total Environ, 2015, 536: 189-197.

[118] CHEN K F, CHANG Y C, CHIOU W T. Remediation of diesel-contaminated soil using in situ chemical oxidation (ISCO) and the effects of common oxidants on the indigenous microbial community: A comparison study. J Chem Technol Biotechnol, 2016, 91(6): 1877-1888.

[119] DERMONT G, BERGERON M, MERCIER G, et al. Soil washing for metal removal: A review of physical/chemical technologies and field applications. J Hazard Mater, 2008, 152: 1-31.

[120] FAISAL L K, TAHIR H, RAMZI H. An overview and analysis of site remediation technologies. J Environ Management, 2004, 71: 95-102.

[121] GATES D D, SIEGRIST R L, CLINE S R. Comparison of potassium permanganate and hydrogen peroxide as chemical oxidation for organically contaminated soils. J Environ Eng, 2001, 127(4): 337-347.

[122] GUERIN T F, HORUER S, MCGOVEM T, et al. An application of permeable reactive barrier technology to petroleum hydrocarbon contaminated groundwater. Water Res, 2002, 36: 15-24.

[123] HO S V, ATHMER C H, SHERDAN P W, et al. The Lasagna technology for in situ soil remediation. 1. Small field test. Environ Sci Technol, 1993, 33: 1086-1091.

[124] JURATE V, MIKA S, PETRI L. 2002, Electrokinetic soil remediation-critical overview. Sci Total Environ, 289: 97-121.

[125] FERNANDO R. Degradation of alkanes by bacteria. Environmental Microbiology. 2009, 11(10): 2477-2490.

[126] FUCHS G, BOLL M, HEIDER J. Microbial degradation of aromatic compounds-from one strategy to four. Nature Reviews Microbiology, 2011, 9: 803-816.

[127] GHOSH U, WEBER A S, JENSEN J N. Relationship between PCB desorption equilibrium, kinetics, and availability during land biotreatment. Environmental Science & Technology, 2000, 34(12): 2542-2548.

[128] SEKINE M, TANIKAWA S, OMATA S. Sequence analysis of three plasmidsharboured in *Rhodococcus erythropolis* strian PR4. Environ Microbiol. 2006, 8: 334-346.

[129] VAN BEILEN J B, PUNHOFF E G. Cytochrome P450 alkane hydroxylases of the CYP153 family are common in alkane-degrading eubacteria lacking integral menbrane alkane hydroxylases. Appl Environ Microbiol. 2006, 72: 59-65.

[130] LV Y C, LI L H, CHEN Y C. Effects of glucose and biphenyl on aerobic cometabolism of polybrominated diphenyl ethers by *Pseudomonas putida*: Kinetics and degradation mechanism. International Biodeterioration & Biodegradation, 2016, 108: 76-84.